水工混凝土施工技术

主 编 崔 瑞 赫文秀
副主编 孙玲玉 李忠民 孙菲菲

中国水利水电出版社
www.waterpub.com.cn
·北京·

内 容 提 要

本教材以水工混凝土施工技术为主线，从水工混凝土的制备、运输、浇筑、养护等方面入手，系统介绍了水工混凝土的施工工艺流程和施工质量控制。全书共有 7 个项目，包括认识混凝土、混凝土工程施工、碾压混凝土施工、泵送混凝土施工、预应力混凝土施工、水下混凝土施工和文明施工与安全防护。教材大量引入新规范、新标准、新技术、新方法，内容翔实、简单易懂，形式新颖，能够完全满足学习者的学习要求。教材还配有丰富的数字资源，扫描二维码便可自主学习，轻松掌握核心要点。

本教材可作为水利水电工程、水利工程监理、水利工程造价、水利水电工程管理等专业的教材及相关专业的教学参考书，也可为水利水电类技术人员培训提供参考。

图书在版编目（CIP）数据

水工混凝土施工技术 / 崔瑞，赫文秀主编. -- 北京 : 中国水利水电出版社，2024. 9. -- ISBN 978-7-5226-2828-8

Ⅰ. TV544

中国国家版本馆CIP数据核字第20247GV989号

书　名	**水工混凝土施工技术** SHUIGONG HUNNINGTU SHIGONG JISHU
作　者	主编　崔　瑞　赫文秀 副主编　孙玲玉　李忠民　孙菲菲
出版发行	中国水利水电出版社 （北京市海淀区玉渊潭南路 1 号 D 座　100038） 网址：www.waterpub.com.cn E-mail：sales@mwr.gov.cn 电话：（010）68545888（营销中心）
经　售	北京科水图书销售有限公司 电话：（010）68545874、63202643 全国各地新华书店和相关出版物销售网点
排　版	中国水利水电出版社微机排版中心
印　刷	北京市密东印刷有限公司
规　格	185mm×260mm　16 开本　15 印张　365 千字
版　次	2024 年 9 月第 1 版　2024 年 9 月第 1 次印刷
印　数	0001—1000 册
定　价	**59.00** 元

前言

本教材是根据中共中央办公厅、国务院办公厅印发的《关于推动现代职业教育高质量发展的意见》，国务院印发的《国家职业教育改革实施方案》，教育部印发的《职业院校教材管理办法》《高等学校课程思政建设指导纲要》《“十四五”职业教育规划教材建设实施方案》，水利部、教育部印发的《关于进一步推进水利职业教育改革发展的意见》等文件精神，组织编写的职业教育水利类新形态一体化教材。本教材以学生能力培养为主线，注重吸收产业升级和行业发展的新知识、新技术、新工艺、新方法、新规范，是理论联系实际、教学面向生产的高职高专水利类精品教材，具有鲜明的时代特点，体现了实用性、实践性和创新性的特色。

在水利水电工程建设快速发展的新形势下，水利水电工程建设领域对施工现场管理人员的职业素质提出了更高的要求。为全面贯彻、执行水利行业法律法规和规范标准，提高水利水电工程施工现场管理人员的专业素质和业务水平，编者针对当前水利高等职业教育发展现状，结合新形势下的职业岗位需求，以培养实用型技术技能型人才为核心，按照项目化要求编写教材，以典型工作任务为中心，让学生在完成学习任务过程中能够完成相应工作任务，并构建相关理论知识，发展职业能力，增强学生的自主学习能力。

在教材编写过程中，考虑到高等职业教育的教学要求和特点，本着贯彻“少而精”，力求突出科学性、先进性、针对性和实用性的原则，从水工混凝土的制备、运输、浇筑、养护等方面入手，系统介绍了水工混凝土的施工流程和质量控制要求。重点讲述了普通混凝土、碾压混凝土、泵送混凝土、预应力混凝土和水下混凝土的施工过程和施工方法。本书注重引入新规范、新标准，力求内容简单新颖、突出实用性。

本教材由辽宁生态工程职业学院崔瑞、赫文秀担任主编，孙玲玉、李忠民、孙菲菲担任副主编。编写分工如下：辽宁生态工程职业学院赫文秀编写项目 1 认识混凝土和项目 2 混凝土工程施工中的任务 1.1、任务 1.2、任务 1.3、任务 2.1 和任务 2.2，重庆交通大学牟平、辽宁泽龙水利实业有限责任公司季闯编写项目 2 混凝土工程施工中的任务 2.3；辽宁生态工程职业学院崔瑞编写项目2混凝土工程施工中的任务2.4和任务2.5，辽宁生态工程职业学院李忠民编写项目3碾压混凝土施工，辽宁生态工程职业学院张迪编写项目4泵送混凝土施工，辽宁生态工程职业学院孙玲玉编写项目5预应力混凝土施工，辽宁生态工程职业学院孙菲菲编写项目6水下混凝土施工，辽宁生态工程职业学院刘桂杰编写项目7文明施工与安全防护。

本教材编写中引用了相关文献资料，在此对有关文献作者表示感谢！

由于编者水平有限，书中难免存在不足之处，敬请广大读者批评指正，以便再版时加以改进。

编者

2024年6月

目 录

项目1　认识混凝土

项目1
认识混凝土

学习情境　混凝土的组成材料

情境描述

三峡工程为混凝土重力坝，由拦河大坝及泄水建筑物、电站厂房、通航建筑物等组成，混凝土浇筑总量为2794万m^3。

水泥、砂子、石子、水、掺合料和外加剂作为混凝土的组成材料，其质量和性能直接关乎工程的安全和稳定，确保材料性能、技术指标符合工程设计和施工要求是至关重要的环节。在三峡工程混凝土施工中，严格按照规范要求对水泥、砂子、石子等原材料进行试验检验，保证了三峡工程混凝土的浇筑质量。

学习目标

1. 知识目标

（1）了解组成混凝土的材料有哪些。

（2）掌握混凝土组成材料的性能要求。

2. 能力目标

（1）能根据工程要求选择合适的材料。

（2）能独立进行混凝土材料的检测。

3. 素质目标

（1）遵守道德准则和行为规范。

（2）培养学生动手操作能力，使学生的综合素质得到全面提升。

4. 思政育人目标

（1）自觉执行水利行业规范、标准和规程。

（2）在工程建设中，践行勇于实践、甘于奉献的水利精神。

任务书

表1.1　任务单表

分组编号		组　　长		日　　期	
施工任务：混凝土的组成材料					
任务内容： 1. 了解混凝土的组成材料有哪些 2. 掌握混凝土各组成材料的试验检验方法 3. 掌握混凝土各种组成材料的合格标准					

任务分组

表1.2　学生任务分配表

班　级		分组编号		指导教师	
组长					
组员	姓名				
	学号				
	姓名				
	学号				
任务分工					

获取信息

学习内容：混凝土的组成材料、性能要求和试验检验方法，并能够根据工程设计和规范施工要求，判定材料的质量。可以通过学习情境的知识点、网络搜索、数字资源等多种形式获取信息，并完成下列问题。

引导问题1：简述混凝土的定义和分类。

____

引导问题2：混凝土的基本组成材料有哪些？各起什么作用？

____

引导问题3：混凝土砂子、石子、水泥、粉煤灰、外加剂的相关规范有哪些？

工作计划

按照任务要求，制定混凝土组成材料实施方案，完成表1.3、表1.4内容。

表1.3　混凝土组成材料实施方案

步　骤	工作内容	负责人	步　骤	工作内容	负责人
1			5		
2			6		
3			7		
4			8		

表1.4　工具、耗材和器材清单

序　号	名　称	型号与规格	单　位	数　量	备　注

进行决策

(1) 各小组选派代表详细阐述工作方案。

(2) 各组对其他组的工作方案提出各自的不同看法。

(3) 教师根据各组汇报的内容进行点评，提出方案存在的问题。

(4) 各组根据教师和同学提出的意见进行完善修改。

工作实施

1. 按照各小组的工作方案实施混凝土细骨料检测

引导问题4：按照《建设用砂》（GB/T 14684—2022）的有关规定，混凝土细骨料需要检测哪些指标？合格标准是什么？

引导问题5：简述混凝土细骨料各项指标的检测步骤。

2. 按照各小组的工作方案实施混凝土粗骨料检测

引导问题6：按照《建设用卵石、碎石》（GB/T 14685—2022）的有关规定，混凝土粗骨料需要检测哪些指标？合格标准是什么？

引导问题7：简述混凝土细骨料各项指标的检测步骤。

3. 按照各小组的工作方案实施硅酸盐水泥检测

引导问题 8：按照《通用硅酸盐水泥》（GB 175—2007）的有关规定，硅酸盐水泥需要检测哪些指标？合格标准是什么？

引导问题 9：简述硅酸盐水泥各项指标的检测步骤。

4. 按照各小组的工作方案学习混凝土掺合料相关内容

引导问题 10：混凝土掺合料有哪些？各有什么用途？

引导问题 11：按照《用于水泥和混凝土中的粉煤灰》（GB/T 1596—2017）的有关规定，粉煤灰需要检测哪些指标？合格标准是什么？

5. 按照各小组的工作方案学习混凝土外加剂的相关内容

引导问题 12：混凝土外加剂的种类和主要用途有哪些？

引导问题 13：按照《混凝土外加剂》（GB 8076—2016）的有关规定，混凝土外加剂需要检测哪些指标？合格标准是什么？

考核评价

表1.5 项目考核评价表

项目名称	评价内容	分值	评价结果		
			自评	互评	教师评
职业素养评价 40%	学习准备	7			
	安全责任意识	7			
	积极参与项目	10			
	沟通协作	6			
	纪律	10			
专业能力评价 60%	专业知识查找及时准确	8			
	引导问题填写准确完整	10			
	操作规范，效率高	18			
	按时完成任务	10			
	完成质量	14			
创新性评价+5分	项目创新	5			
总分		105			
总评	自评（25%）+互评（25%）+教师评（50%）		教师（签名）：		

凡由胶凝材料（胶结料）、粗细骨料、水和其他材料，按照适当比例配合、拌和而成的具有一定形状、强度和耐久性的人造石材，都称为混凝土。

任务1.1 混凝土的组成材料

普通混凝土组成材料是水泥、细骨料、粗骨料、混凝土用水、混凝土外加剂、混凝土掺合料。

1.1.1 水泥

1.1.1.1 水泥品种的选择

选择水泥品种主要考虑工程特点、工程所处环境及施工条件。一般按以下原则确定。

（1）水位变化区外部混凝土、溢流面和经常受水流冲刷部位的混凝土及有抗冻要求的混凝土，宜选用中热硅酸盐水泥或硅酸盐水泥，也可选用普通硅酸盐水泥。

（2）内部混凝土、水下混凝土和基础混凝土，宜选用中热硅酸盐水泥，也可选用低热矿渣硅酸盐水泥、矿渣硅酸盐水泥、火山灰质硅酸盐水泥、粉煤灰硅酸盐水泥、普通硅酸盐水泥和低热微膨胀水泥。

1.1.1.2 水泥性能检验

1. 水泥细度检验

（1）仪器设备。电子分析天平：量程不大于200g，感量不大于0.01g；负压筛析仪：

方孔边长0.08mm。

（2）试验步骤。

1）将拌匀的水泥样品过0.9mm方孔筛，记录筛余物情况。

2）筛析试验前，调节负压至4000～6000Pa范围内。

3）称取试样25g，置于洁净的负压筛中，盖上筛盖，放在筛座上，开动筛析仪连续筛析2min，如有试样附着在筛盖上，可轻轻敲击。筛毕，用天平称取筛余物，精确至0.01g。

4）当工作负压小于4000Pa时，应清理吸尘器内水泥，使负压恢复正常。

（3）结果评定。水泥试样筛余百分率按下列公式计算，精确至0.1%。

$$F=\frac{R_s}{m}\times 100\% \tag{1.1}$$

式中 F——水泥试样的筛余百分率，%；

R_s——水泥筛余物的质量，g；

m——水泥试样的质量，g。

2. 水泥标准稠度用水量检验

（1）仪器设备：水泥净浆搅拌机、标准维卡仪、湿气养护箱、电子天平、量水器。

（2）试验步骤（标准法）。

1）仪器的校核与调整。检查维卡仪搅拌机是否运行正常。

2）水泥净浆的拌制。用水泥净浆搅拌机搅拌，搅拌锅和搅拌叶片先用湿布擦过，将拌和水倒入搅拌锅内，然后在5～10s内小心将称好的500g水泥加入水；将锅放在搅拌机的锅座上，升至搅拌位置，低速搅拌120s，停15s，接着高速搅拌120s停机。

3）标准稠度用水量测定。将拌制好的水泥净浆装入试模中，用小刀插捣振动数次，刮去多余的净浆；抹平后迅速将其移动到维卡仪上，降低试杆直接与水泥净浆表面接触，拧紧螺钉1～2s后，突然放松，使试杆垂直自由沉入水泥净浆中。在试杆停止沉入或释放试杆30s时记录试杆距底板之间的距离（整个操作应该在1.5min内完成）。以试杆沉入净浆并距底板（6±1）mm的水泥净浆为标准稠度净浆，其拌和水量为该水泥的标准稠度用水量P。

（3）结果评定。标准稠度用水量按下式计算，即

$$P=\frac{W}{500}\times 100\% \tag{1.2}$$

式中 W——用水量，mL。

3. 水泥凝结时间检验

（1）仪器设备：水泥净浆搅拌机、标准维卡仪、湿气养护箱、电子天平、量水器。

（2）试验步骤。

1）初凝时间的测定。试件在湿气养护箱中养护30min时进行第一次测定。将其从湿气养护箱中取出放到试针下，减少试针与水泥净浆表面接触，拧紧螺钉1～2s，突然放松，试针垂直自由地沉入水泥净浆。观察试针停止下沉或释放试针30s时试针的读数。试针沉至距底板（4±1）mm时，为水泥达到初凝状态，由水泥全部加入水中至初凝状态所经历的时间为水泥的初凝时间，用“min”表示。

2）终凝时间的测定。在完成初凝时间测定后，立即将试模连同浆体以平移的方式从玻璃板上取下，翻转180°，直径大端向上、小端向下，放入湿气养护箱中继续养护，临近终凝时间时每隔15min测定一次。当试针沉入试体0.5mm时，为水泥达到终凝状态，由水泥全部加入水中至终凝状态所经历的时间为水泥的终凝时间，用“min”表示。

4. 水泥安定性检验

（1）仪器设备。雷氏夹膨胀测定仪：其标尺最小刻度为0.5mm，沸煮箱水泥净浆搅拌机、天平、湿气养护箱、小刀等。

（2）试验步骤。

1）将制备好的标准稠度水泥净浆立即一次装满雷氏夹，装浆时一只手轻轻扶持雷氏夹，另一只手用宽约25mm的直边刀在浆体表面轻轻插捣3次，抹平，盖上涂油的玻璃板，然后将试件移至湿气养护箱内养护（24±2）h。

2）移去玻璃板取下试件，先测量雷氏夹两指针尖的距离A，精确至0.5mm。然后将试件放入沸煮箱水中的试件架上，指针朝上，试件之间互不交叉，调好水位与水温，接通电源，在（30±5）min之内加热至沸腾，并恒沸（180±5）min。

3）沸煮结束后，取出煮沸后冷却至室温的试件，用雷氏夹膨胀测定仪测量试件雷氏夹两指针尖的距离C，精确至0.5mm。

当两个试件煮沸后增加的距离$C-A$的平均值不大于5.0mm时既认为水泥安定性合格。当两个试件煮沸后增加的距离$C-A$的平均值大于5.0mm时，应用同一样品立即重做一次试验。如若结果相同，则该水泥安定性不合格。

5. 水泥强度检验

（1）仪器设备：行星式胶砂搅拌机，试模（40mm×40mm×160mm）、胶砂试件成型振实台、套膜、拨料器2个、刮平直尺、标准养护箱等。

（2）水泥胶砂试件制作与养护。

1）试验前，试模四周与底座上应涂黄油，防止漏浆。内壁均匀刷薄层机油。

2）胶砂配合比。水泥：（450±2）g；标准砂：（1350±5）g；拌和水：（225±1）mL。

3）将称量好的水加入锅内，再加称好的水泥，把锅放在固定架上，上升至固定位置，开动机器，低速搅拌30s后，在第二个30s开始的同时均匀加入标准砂。标准砂全部加完后，把机器转至高速再拌30s。接着停拌90s，在刚停的15s内用刮平直尺将叶片和锅壁上的胶砂刮至拌和锅内。最后高速搅拌60s。总搅拌时间为4min。

4）胶砂制备后立即进行成型。把试模固定在振实台上，用勺子将胶砂分两层装入试模。每个槽内约放300g胶砂，用大拨料器垂直加在模套顶部，沿每个模槽来回一次将料层拨平，接着振实60次；再装第二层，用小拨料器拨平，再振实60次。

5）振实完毕后，取下试模，用刮平直尺以近似90°的角度，沿试模长度方向，以横向锯割动作向另一端移动，一次刮去高出试模多余的胶砂。最后用同一刮尺以近乎水平的角度将试模表面抹平。然后在试模上作标记或加字条。

6）成型后立即将做好标记的试模放入雾室或湿气养护箱的水平架子上养护，养护时试模不应重叠。养护到规定的脱模时间（24±2）h时取出，对试件进行标记。

7）脱模。成型20～24h后脱模。

8）水中养护。将做好标记的试件水平或竖直放在（20±1）℃的水中养护，水平放置时刮平面应朝上。养护期间，试件间隔和试件上表面的水深不得小于5mm，且不允许全部更换养护水。每个养护池（或容器）内只能养护同类型的水泥试件。

（3）抗折强度试验。

1）将抗折试验机夹具的圆柱表面清理干净，并调整杠杆处于平衡状态。

2）用湿布擦去试件表面的水分和砂粒，将试件放入夹具内，使试件成型时的侧面与夹具的圆柱接触。调整夹具，使杠杆在试件折断时尽可能接近平衡位置。

3）以（50±10）N/s的速度进行加荷，直到试件被折断，记录抗折强度 f_f（MPa）。

4）按下式计算每条试件的抗折强度，计算结果精确至0.1MPa。

$$f_f = 3PL/(2bh^2) = 0.00234P \tag{1.3}$$

式中　P——破坏荷载，N；

L——支撑圆柱的中心距离，为100mm；

b、h——试件断面的宽和高，均为40mm。

5）每组试件的抗折强度，以3条棱柱体试件抗折强度测定值的算数平均值作为试验结果。当3个测定值中仅有1个超出平均值的±10%时，应剔除这个数据，再以其余2个测定值的平均数作为试验结果。

（4）抗压强度试验。

1）将抗折试验后的6个断块进行抗压试验。应将试件受压面与抗压夹具清理干净，试件的底面应紧靠夹具上的定位梢，断块露出上压板外的部分应不少于10mm。

2）在整个加荷过程中，夹具应位于压力机承压板中心，以（2400±200）N/s的速率均匀地加荷直至破坏，记录破坏荷载 P（kN）。

3）按下式计算每块试件的抗压强度 f_c，计算结果精确至0.1MPa。

$$f_c = P/A = 0.625P \tag{1.4}$$

式中　P——破坏荷载，kN；

A——受压面积，40mm×40mm。

4）每组试件的抗压强度，以3条棱柱上得到的6个抗压强度测定值的算数平均值作为试验结果。如6个测定值中仅有1个超出平均值的±10%时，应剔除这个数据，再以其余5个数的平均值作为试验结果；如果其余5个值中仍有超出其平均值±10%的，则该组结果作废。

1.1.2　细骨料

公称粒径在0.15～5.0mm之间的骨料称为细骨料，亦即砂。砂按产源可分为天然砂和机制砂两类。

常用的细骨料根据技术要求可分为Ⅰ类、Ⅱ类和Ⅲ类。Ⅰ类宜用于强度等级大于C60的混凝土；Ⅱ类宜用于C30～C60及抗冻抗渗或其他要求的混凝土；Ⅲ类宜用于小于C30的混凝土和建筑砂浆。

细骨料的主要技术指标有以下几种。

1. 有害杂质含量

细骨料中的有害杂质主要包括两方面：①黏土和云母。它们黏附于砂表面或夹杂其中，严重降低水泥与砂的黏结强度，从而降低混凝土的强度、抗渗性和抗冻性，增大混凝土的收缩。②有机质、硫化物及硫酸盐。它们对水泥有腐蚀作用，从而影响混凝土的性能。

根据《建设用砂》(GB/T 14684—2022）规定，细骨料有害杂质含量上限见表1.6。

表1.6　砂中有害物质限量

类　别	Ⅰ类	Ⅱ类	Ⅲ类
云母（按质量计）/%	≤1.0	≤2.0	
轻物质（按质量计）/%	≤1.0		
有机物	合格		
硫化物及硫酸盐（折算成SO，按质量计）/%	0.5		
氯化物（以氯离子质量计）/%	≤0.01	≤0.02	≤0.06
贝壳（按质量计）/%	≤3.0	≤5.0	≤8.0

2. 砂的含泥量

砂的含泥量为天然砂中粒径小于75μm的颗粒含量。

砂的含泥量检测具体如下。

(1) 试验仪具。天平：称量1kg，感量不大于1g；烘箱：能控温在（105±5)℃；标准筛：孔径0.075mm及1.18mm的方孔筛；筒、浅盘等。

(2) 试样制备。将试样用四分法缩分至规定的质量（注意防止细粉丢失），并置于温度为（105±5)℃的烘箱内烘干至恒重，冷却至室温后分成两份备用。

(3) 试验步骤。

1) 取烘干的试样一份置于筒中，并注入洁净的水，使水面高出砂面约20cm，充分拌和均匀后，浸泡24h，然后用手在水中淘洗试样，使尘屑、淤泥和黏土与砂粒分离，并使之悬浮水中，缓缓地将浑浊液倒入1.18mm、0.075mm的套筛上，滤去小于0.075mm的颗粒。

注意：不得直接将试样放在0.075mm筛上用水冲洗，或者将试样放在0.075mm筛上后在水中淘洗，以避免误将小于0.075mm的砂颗粒当作泥冲走。

2) 再次加水于筒中，重复上述过程，直至筒内砂样洗出的水清澈为止。

3) 用水冲洗存留在筛上的细粒，并将0.075mm筛放在水中（使水面略高出筛中砂粒的上表面）来回摇动，以充分洗除小于0.075mm的颗粒；然后将两筛上筛余的颗粒和筒中已经洗净的试样一并装入浅盘，置于温度为（105±5)℃的烘箱中烘干至恒重，冷却至室温，称取试样的质量（m_1）。

(4) 结果计算。砂的含泥量按下式计算，精确至0.1%。

$$Q_n=\frac{m_0-m_1}{m_0}\times 100\% \tag{1.5}$$

式中　Q_n——砂的含泥量，%；

m_0——试验前的烘干试样质量，g；

m_1——试验后的烘干试样质量，g。

以两个试样试验结果的算术平均值作为测定值。两次结果的差值超过0.5%时，应重新取样进行试验。

根据《建设用砂》（GB/T 14684—2022）有关规定：砂的含泥量Ⅰ类≤1.0%；Ⅱ类≤3.0%；Ⅲ类≤5.0%。

3. *砂的表观密度*

（1）试验仪器：容量瓶、天平、鼓风干燥箱。

（2）试验制备。试样按规定取样，并将试样缩分至660g，放在烘箱中于（105±5）℃下烘干至恒量，待冷至室温后，分成大致相等的2份备用。

（3）试验步骤。

1）称取试样300g（G_0），装入容量瓶，注入冷开水至接近500mL的刻度处，用手旋转摇动容量瓶，使砂样充分摇动，排除气泡，塞紧瓶盖，静置24h，然后用滴管小心加水至容量瓶颈500mL刻度线处，塞紧瓶塞，擦干瓶外水分，称其质量（G_1），精确至1g。

2）将瓶内水和试样全部倒出，洗净容量瓶，再向瓶内注水至瓶颈500mL刻度线处，擦干瓶外水分，称其质量（G_2），精确至1g。试验时试验室温度应在20～25℃。

（4）试验结果。砂的表观密度按下式计算，精确至10kg/m³。

$$\rho_0=\left(\frac{G_0}{G_0+G_2-G_1}\right)\times\rho_{水} \tag{1.6}$$

式中　ρ_0——砂的表观密度，kg/m³；

$\rho_{水}$——水的密度，1000kg/m³；

G_0——烘干试样的质量，g；

G_1——试样、水及容量瓶的总质量，g；

G_2——水及容量瓶的总质量，g。

表观密度取两次试验结果的算术平均值，精确至10kg/m³；如两次试验结果之差大于20kg/m³，须重新试验。

4. *砂的堆积密度*

（1）试验仪器：鼓风烘箱、容量筒、天平、标准漏斗、直尺、浅盘、毛刷等。

（2）试样制备。按规定取样，用搪瓷盘装取试样约3L，置于温度为（105±5）℃的烘箱中烘干至恒量，待冷却至室温后，筛除大于4.75mm的颗粒，分成大致相等的2份备用。

（3）试验步骤。

1）松散堆积密度的测定。取一份试样，用漏斗或料勺从容量筒中心上方50mm处慢慢装入，等装满并超过筒口后，用直尺沿筒口中心线向两个相反方向刮平（试验过程应防止触动容量筒），称出试样与容量筒的总质量，精确至1g。

2）紧密堆积密度的测定。取试样1份分两次装入容量筒。装完第一层后，在筒底垫一根直径为10mm的圆钢，按住容量筒，左右交替颠击地面25次。然后装入第二层，装满后用同样的方法进行颠实（但所垫放圆钢的方向与第一层的方向垂直）。再加试样直至超过筒口，然后用直尺沿中心线向两个相反的方向刮平，称出试样与容量筒的总质量，精确至0.1g。

3）称出容量筒的质量，精确至1g。

（4）试验结果计算与评定。砂的松散或紧密堆积密度按下式计算，精确至10kg/m³。

$$\rho_1=\frac{G_1-G_2}{V} \tag{1.7}$$

式中　ρ_1——砂的松散或紧密堆积密度，kg/m³；

G_1——试样与容量筒总质量，g；

G_2——容量筒的质量，g；

V——容量筒的容积，L。

堆积密度取两次试验结果的算术平均值，精确至10kg/m³。

5. 砂的含水率

（1）试验仪具。烘箱：能控温在（105±5）℃；天平：称量2kg，感量不大于2g；浅盘等。

（2）试验步骤。取2份约500g的代表性试样，分别放入已知质量（m_1）的干燥容器中称量，记下每盘试样与容器的总量（m_2），将容器连同试样放入温度为（105±5）℃的烘箱中烘干至恒重，称烘干后的试样与容器的总量（m_3）。

（3）结果处理。按下式计算细集料的含水率，精确至0.1%。

$$w=\frac{m_2-m_3}{m_3-m_1}\times 100\% \tag{1.8}$$

式中　w——细集料的含水率，%；

m_1——容器质量，g；

m_2——未烘干的试样与容器总质量，g；

m_3——烘干后的试样与容器总质量，g。

6. 砂的粗细程度和颗粒级配

砂的粗细程度是指不同粒径的砂粒混合体平均粒径大小。通常用细度模数（M_x）表示，细度模数是衡量砂粗细程度的指标。其值并不等于平均粒径，但能较准确反映砂的粗细程度。细度模数M_x越大，表示砂越粗；M_x越小，则砂比表面积越大。

砂的颗粒级配是指不同粒径的砂粒搭配比例。良好的级配指粗颗粒的空隙恰好由中颗粒填充，中颗粒的空隙恰好由细颗粒填充，如此逐级填充使砂形成最密致的堆积状态，空隙率达到最小值，堆积密度达最大值。这样可达到节约水泥，提高混凝土性能的目的。

砂的粗细程度和颗粒级配用筛析法测定，用细度模数表示粗细，用级配区表示砂的级配。根据《建筑用砂》（GB/T 14684—2022），筛析是用一套孔径为4.75mm、2.36mm、1.18mm、0.60mm、0.30mm、0.15mm的标准筛，将500g干砂由粗到细依次过筛，称量各筛上的筛余量m_i（g），计算各筛上的分计筛余百分率a_i（%），再计算累计筛余百分率A（%），计算见表1.7。

表 1.7　　累计筛余与分计筛余计算关系

筛孔尺寸/mm	筛余量/%	分计筛余/%	累计筛余/%
4.75	a_1	$a_1=\frac{m_1}{500}\times 100$	$A_1=a_1$
2.36	a_2	$a_2=\frac{m_2}{500}\times 100$	$A_2=a_1+a_2$
1.18	a_3	$a_3=\frac{m_3}{500}\times 100$	$A_3=a_1+a_2+a_3$
0.60	a_4	$a_4=\frac{m_4}{500}\times 100$	$A_4=a_1+a_2+a_3+a_4$
0.30	a_5	$a_5=\frac{m_5}{500}\times 100$	$A_5=a_1+a_2+a_3+a_4+a_5$
0.15	a_6	$a_6=\frac{m_6}{500}\times 100$	$A_6=a_1+a_2+a_3+a_4+a_5+a_6$

砂的细度模数按下式计算（精确至0.01），即

$$M_x=\frac{(A_2+A_3+A_4+A_5+A_6)-5A_1}{100-A_1} \tag{1.9}$$

式中　M_x——细度模数；

A_1、A_2、A_3、A_4、A_5、A_6——4.75mm、2.36mm、1.18mm、0.60mm、0.30mm、0.15mm筛的累计筛余百分率。

砂的颗粒级配根据0.60mm筛孔对应的累计筛余百分率A_4，分成Ⅰ区、Ⅱ区和Ⅲ区三个级配区，见表1.8。级配良好的粗砂应落在Ⅰ区；级配良好的中砂应落在Ⅱ区；细砂则在Ⅲ区。实际使用的砂颗粒级配可能不完全符合要求，除了4.75mm和0.60mm对应的累计筛余百分率外，其余各档允许有5%的超界，当某一筛档累计筛余百分率超界5%以上时，说明砂级配很差，视作不合格。

表 1.8　　砂的颗粒级配区范围

筛孔尺寸/mm	累计筛余/%		
	Ⅰ区	Ⅱ区	Ⅲ区
9.5	0	0	0
4.75	10～0	10～0	10～0
2.36	35～5	25～0	15～0
1.18	65～35	50～10	25～0
0.60	85～71	70～41	40～16
0.30	95～80	92～70	85～55
0.15	100～90	100～90	100～90

注　1. 天然砂的颗粒级配应符合表中规定，人工砂0.15mmnⅠ区，Ⅱ区、Ⅲ区累计筛余百分率范围分别为100%～85%、100%～80%、100%～75%。

2. 砂的实际颗粒级配与表中所列的累计筛余百分率相比，除孔径4.75mm和0.60mm筛档外，其他各筛的累计筛余可以略有超出，但各级累计筛余超出值总和应不大于5%。

以累计筛余百分率为纵坐标，筛孔尺寸为横坐标，根据表1.6绘制砂级配曲线，如图1.1所示。在筛分曲线上可以直观地分析砂的颗粒级配优劣。

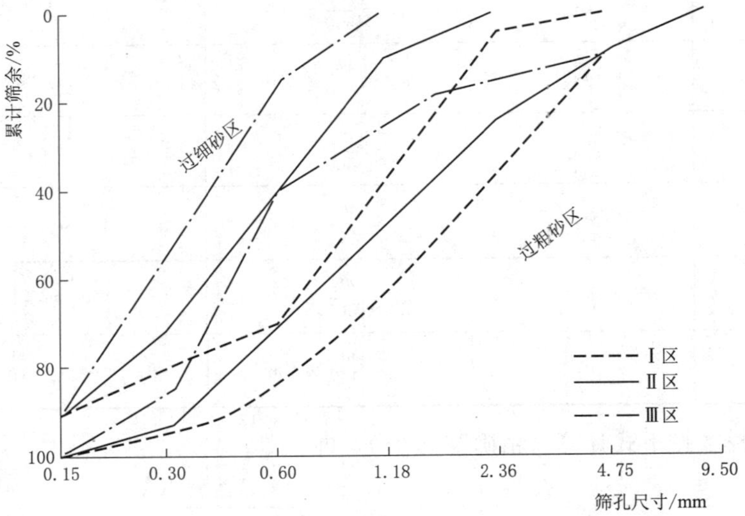

图1.1　砂级配曲线图

配制混凝土时应优先采用Ⅱ区砂，当采用Ⅰ区砂时，应提高砂率，并保持足够的水泥用量，以满足混凝土的和易性；当采用Ⅲ区砂时，宜适当降低砂率，以保证混凝土强度。另外，对于泵送混凝土宜选用中砂。

1.1.3　粗骨料

1. 有害物质含量

卵石、碎石中的有害物质主要有硫化物及硫酸盐、有机物等。根据《建设用卵石、碎石》（GB/T 14685—2022）有害物质应符合表1.9的规定。

表1.9　粗骨料有害物质含量

项　目	指　标		
	Ⅰ	Ⅱ	Ⅲ
有机物	合格	合格	合格
硫化物及硫酸盐含量（按 SO_3 质量计）/%	≤0.5	≤1.0	≤1.0

2. 含泥量

含泥量为卵石、碎石中粒径小于75μm的颗粒含量。

（1）试验仪具。台秤：感量不大于称量的0.1%；烘箱：能控温（105±5）℃；标准筛：孔径为1.25mm、0.07mm；容器：容积约为10L的桶或搪瓷盘；浅盘、毛刷等。

（2）试验步骤。

1）按规定取样，并将试样缩分至略大于表1.10规定的数量，放在烘箱中于（105±5）℃下烘干至恒量，待冷却至室温后，分为大致相等的2份备用。

表 1.10　　　　　　　　　　　　　　含泥量试验所需试样数量

最大粒径/mm	9.5	16.0	19.0	26.5	31.5	37.5
最少试样质量/kg	2.0	2.0	6.0	6.0	10.0	10.0

2）称取按表1.10规定数量的试样1份，精确到1g，将试样放入淘洗容器中，注入清水，使水面高于试样上表面150mm，充分搅拌均匀后，浸泡2h，然后用手在水中淘洗试样，使尘屑、淤泥和黏土与石子颗粒分离，把浑水缓缓倒入1.18mm及75μm的套筛上，滤去小于75μm的颗粒。试验前筛子的两面应先用水润湿。在整个试验过程中应小心防止大于75μm颗粒流失。

3）再向容器中注入清水，重复上述操作，直至容器内的水目测清澈为止。

4）用水淋洗剩余在筛上的细粒，并将75μm筛放在水中（使水面略高出筛中石子颗粒的上表面）来回摇动，以充分洗掉小于75μm的颗粒，然后将两只筛上筛余的颗粒和清洗容器中已经洗净的试样一并倒入搪瓷盘中，置于烘箱中于（105±5）℃下烘干至恒量，待冷却至室温后，称出其质量，精确至1g。

（3）试验结果计算与评定。含泥量按下式计算，精确至0.1%。

$$Q_a = (G_1 - G_2)/G_1 \times 100\% \tag{1.10}$$

式中　Q_a——含泥量，%；

G_1——试验前烘干试样的质量，g；

G_2——试验后烘干试样的质量，g。

含泥量取两次试验结果的算术平均值，精确至0.1%。

根据《建设用砂》（GB/T 14684—2022）的规定：Ⅰ类石子含泥量不大于0.5，Ⅱ类石子含泥量不大于1.0，Ⅲ类石子含泥量不大于1.5。

3. 颗粒级配

（1）试验仪器。方孔筛：孔径分别为90mm、75.0mm、63.0mm、53.0mm、37.5mm、31.5mm、26.5mm、19.0mm、16.0mm、9.5mm、4.75mm、2.36mm；天平：称量10kg，感量1g；铁锹、铁盘；摇筛机。

（2）试验步骤。

1）将试样按筛孔大小顺序过筛，当每号筛上筛余层的厚度大于试样的最大粒径值时，应将该号筛上的筛余分成2份，再次进行筛分，直至各筛每分钟的通过量不超过试样总量的0.1%。

2）称取各筛筛余的质量，精确至1g。将筛上的所有分计筛余量和筛底剩余的总和与筛分前测定的试样总量相比，其相差不得超过1%，否则须重新试验。

（3）试验结果。

1）由各筛上的筛余量除以试样总质量，计算得出该筛的分计筛余百分率（精确至0.1%）。

2）每号筛计算得出的分计筛余百分率与大于该筛各筛的分计筛余百分率相加，计算得出其累计筛余百分率（精确至1%）。筛分后，如每号筛的筛余量与筛底的筛余量之和同原试样质量之差超过1%，应重新试验。

3）以两次测值的平均值作为试验结果。根据各筛的累计筛余百分率，评定该试样的颗粒级配。

4．表观密度

（1）试验仪具：鼓风烘箱、吊篮、台秤、方孔筛、盛水容器（有溢水孔）、温度计、浅盘、毛巾。

（2）试验方法步骤。

1）取试样1份装入吊篮，并浸入盛有水的容器中，液面至少高出试样表面50mm。浸水24h后，移放到称量用的盛水容器内，然后上下升降吊篮以排除气泡（试样不得露出水面）。吊篮每升降一次约1s，升降高度为30～50mm。

2）测定水温后（吊篮应全浸在水中），准确称出吊篮及试样在水中的质量，精确至5g。（称量盛水容器中水面的高度由容器的溢水孔控制）。

3）提起吊篮，将试样倒入浅盘，置于烘箱中烘干至恒重，冷却至室温，称出其质量，精确至5g。

4）称出吊篮在同样温度水中的质量，精确至5g（称量时盛水容器内水面的高度由容器的溢水孔控制）。

（3）试验结果计算与评定。石子的表观密度按下式计算，精确至$10kg/m^3$。

$$\rho_0=\left(\frac{G_0}{G_0+G_2-G_1}\right)\times\rho_{水} \tag{1.11}$$

式中　ρ_0——石子的表观密度，kg/m^3；

$\rho_{水}$——水的密度，$1000kg/m^3$；

G_0——烘干试样的质量，g；

G_1——吊篮及试样在水中的质量，g；

G_2——吊篮在水中的质量，g。

表观密度取两次试验结果的算术平均值，精确至$10kg/m^3$；如两次试验结果之差大于$20kg/m^3$，须重新试验。对材质不均匀的试样，如2次试验结果之差大于$20kg/m^3$，可取4次试验结果的算术平均值。

5．堆积密度

（1）试验仪具。台秤：称量10kg，感量10g；磅秤：称量50kg或100kg，感量50g；容量筒、垫棒、直尺等。

（2）试验步骤。

1）按规定称取试样，放入浅盘，在（105±5）℃的烘箱中烘干，也可摊在清洁的地面上风干，拌匀并把试样分为大致相等的2份备用。

2）松散堆积密度的测定。取试样1份，用取样铲从容量筒口中心上方50mm处，让试样自由落下，当容量筒上部试样呈锥体并向四周溢满时，停止加料。除去凸出容量筒表面的颗粒，以适当的颗粒填入凹陷处，使凹凸部分的体积大致相等。称出试样和容量筒的总质量，精确至10g。

3）紧密堆积密度的测定。将容量桶置于坚实的平地上，取试样1份，用取样铲将试样分3次自距容量桶上口50mm高度处装入桶中，每装完一层后，在桶底放一根垫棒，将桶按住，左右交替颠击地面25次。将三层试样装填完毕后，再加试样直至超过桶口，用直尺沿桶口边缘刮去高出的试样。称出试样和容量筒的总质量，精确至10g。

4）称出容量筒的质量，精确至10g。

（3）试验结果计算与评定。

石子的松散或紧密堆积密度按下式计算，精确至10kg/m³。

$$\rho_1=\frac{G_1-G_2}{V} \tag{1.12}$$

式中　ρ_1——石子的松散或紧密堆积密度，kg/m³；

G_1——试样与容量筒总质量，g；

G_2——容量筒的质量，g；

V——容量筒的容积，L。

堆积密度取两次试验结果的算术平均值，精确至10kg/m³。

6. 针片状颗粒含量

（1）试验仪具。混凝土石子针状规准仪和片状规准仪；台秤：感量不大于称量值的0.1%；标准筛：孔径分别为4.75mm、9.5mm、16mm、19mm、26.5mm、31.5mm、37.5mm。

（2）试验步骤。

1）将试样风干至表面干燥，并用四分法缩分至满足表1.11规定的质量，称量，然后筛分成表1.11所规定的粒级备用。

2）目测挑出接近立方体形状的规则颗粒，将目测有可能属于针片状颗粒的石子按表1.11所规定的粒级用规准仪逐粒对试样进行鉴定，挑出颗粒长度大于针状规准仪上相应间距而不能通过者，为针状颗粒。

表1.11　　针片状颗粒试验所需的试样最小质量

公称最大粒径/mm	9.5	16	19	26.5	31.5	37.5	37.5	37.5
试样的最小质量/kg	0.3	1	2	3	5	10	10	10

3）将通过针状规准仪上相应间距的非针状颗粒逐粒对试样进行片状颗粒鉴定，挑出厚度小于片状规准仪上相应孔宽能通过者，为片状颗粒。

4）称量由各粒级挑出的针状颗粒和片状颗粒的质量，其总质量为m_1。

（3）试验结果。碎石或砾石中针片状颗粒含量按下式计算，精确至0.1%。

$$q_s=\frac{m_1}{m_0}\times 100\% \tag{1.13}$$

式中　q_s——试样的针片状颗粒含量，%；

m_1——试样中所含针状颗粒与片状颗粒的总质量，g；

m_0——试样总质量，g。

表1.12　　针片状颗粒含量

项　目	指　标		
	Ⅰ	Ⅱ	Ⅲ
针片状颗粒总含量（按质量计）/%	≤5	≤10	≤15

7. 压碎指标值

（1）试验仪具：压力试验机、压碎值测定仪、方孔筛、天平、台秤、垫棒等。

（2）试样制备。按规定取样，风干后筛除大于 19.0mm 及小于 9.50mm 的颗粒，并去除针片状颗粒，拌匀后分成大致相等的 3 份备用（每份 3000g）。

（3）试验步骤。

1）置圆模于底盘上，取试样 1 份，分两层装入模内，每装完一层试样后，一手按住模子，一手将底盘放在圆钢上左右交替颠击地面各 25 次，两层颠实后，平整模内试样表面，盖上压头。

2）装有试样的模子置于压力机上，开动压力试验机，按 1kN/s 的速度均匀加荷 200kN 并稳荷 5s，然后卸荷，取下受压圆模，倒出试样，用孔径 2.36mm 的筛筛除被压碎的细粒，称取留在筛上的试样质量，精确至 1g。

（4）结果计算与评定。压碎指标值按下式计算，精确至 0.1%。

$$Q_e=\frac{G_1-G_2}{G_1}\times 100\% \tag{1.14}$$

式中　Q_e——压碎指标值，%；

G_1——试样的质量，g；

G_2——压碎试验后筛余的试样质量，g。

压碎指标值取三次试验结果的算术平均值，精确至 1%。

表 1.13　　压碎指标值

项　　目	指　　标		
	Ⅰ	Ⅱ	Ⅲ
碎石压碎指标/%	≤10	≤20	≤30
卵石压碎指标/%	≤12	≤14	≤16

8. 粗骨料最大粒径

混凝土所用粗骨料的公称粒级上限称为最大粒径。骨料粒径越大，其表面积越小，通常空隙率相应减小，有利于节约水泥、降低成本，并改善混凝土性能。所以在条件许可的情况下，应尽量选择较大粒径的骨料。但在实际工程上，骨料最大粒径受到以下多种条件的限制。

（1）大粒径不得大于构件最小越面尺寸的 1/4，同时不得大于钢筋净距的 3/4。

（2）对于混凝土实心板，最大粒径不宜超过板厚的 1/3，且不得大于 40mm。

（3）对于泵送混凝土，当泵送高度在 50m 以下时，最大粒径与输送管内径之比，碎石不宜大于 1∶3；卵石不宜大于 1∶2.5。

（4）大体积混凝土（如混凝土坝或围堤）或疏筋混凝土，往往受到搅拌设备和运输、成型设备条件的限制。

1.1.4　混凝土用水

混凝土拌和用水和混凝土养护用水的总称，包括饮用水、地表水、地下水、再生水、混凝土企业设备洗刷水等。

为使混凝土性能符合技术要求，必须保证混凝土用水的质量，根据《混凝土拌合[1]用水标准》(JGJ 63—2006) 的规定，凡符合国家标准的生活用水，均可拌制各种混凝土。海水可拌制素混凝土，但不宜拌制有饰面要求的素混凝土，更不得拌制钢筋混凝土和预应力混凝土。混凝土用水水质应符合表1.14规定。

表1.14　混凝土拌和用水物质含量限值

项　目	预应力混凝土	钢筋混凝土	素混凝土
pH值	>4	>4	>4
不溶物/(mg/L)	<2000	<2000	<5000
可溶物/(mg/L)	<2000	<5000	<10000
氯化物（以 Cl^- 计）/(mg/L)	<5000	<1200	<3500
硫酸盐（以 SO_4^{2-} 计）/(mg/L)	<600	<2700	<2700
硫化物（以 S^{2-} 计）/(mg/L)	<100	—	—

1.1.5　混凝土外加剂

常用的混凝土外加剂有以下几种。

1. 减水剂

减水剂是指在混凝土坍落度相同的条件下，能减少拌和用水量；或者在混凝土配合比和用水量均不变的情况下，能增加混凝土坍落度的外加剂。根据减水率大小或坍落度增加幅度分为普通减水剂和高效减水剂两大类。

(1) 减水剂的用途。

1）配合比不变时显著提高流动性。

2）流动性和水泥用量不变时，减少用水量，降低水灰比，提高强度。

3）保持流动性和强度不变时，节约水泥用量，降低成本。

(2) 常用减水剂品种。

1）木质素系减水剂：主要适用于夏季混凝土施工、滑模施工、大体积混凝土和泵送混凝土施工，也可用于一般混凝土工程。其不宜用于蒸汽养护混凝土制品和工程。

2）萘磺酸盐系减水剂：主要适用于配制高强、早强、流态和蒸养混凝土制品和工程。

3）树脂系减水剂：非引气型早强高效减水剂，1d强度提高一倍以上，7d强度可达基准28d强度，长期强度也能提高，且可显著提高混凝土的抗渗、抗冻性和弹性模量。

4）糖蜜类减水剂：常作为缓凝剂使用。适宜掺量0.2%～0.3%，减水率10%左右。主要用于大体积混凝土、大坝混凝土和有缓凝要求的混凝土工程。

2. 引气剂及引气减水剂

引气剂是一种能使混凝土在搅拌过程中引入大量均匀、封闭的微小气泡，从而改善混凝土和易性与耐久性的外加剂。

引气剂本身是一种表面活性剂，主要品种包括：①松香树脂类：如松香热聚物、松香皂等；②烷基苯磺酸盐类：如烷基苯磺酸盐、烷基苯酚聚氧乙烯醚等；③脂肪醇磺酸盐

[1] 根据术语在线平台的推荐用词，书中统一采用“拌和”。

类：如脂肪醇聚氧乙烯醚、脂肪酸聚氧乙烯磺酸钠等；④其他：如蛋白质盐、石油磺酸盐。兼有引气和减水作用的外加剂称为引气减水剂。

引气剂及引气减水剂，可用于抗冻混凝土、防渗混凝土、抗硫酸盐混凝土、泌水严重的混凝土、贫混凝土、轻骨料混凝土以及对饰面有要求的混凝土。但引气剂不宜用于蒸汽养护的混凝土及预应力混凝土。

3. 泵送剂

改善混凝土拌合物泵送性能的外加剂称为泵送剂。泵送性，就是混凝土拌和物顺利通过输送管道，不阻塞、不离析、黏塑性良好的性能。

(1) 适用范围。适用于各种需要采用泵送工艺的混凝土。

(2) 应用技术要点。

1) 泵送剂的掺量随品牌而异，相差很大，使用前应仔细了解说明书的要求，超掺泵送剂也可能造成堵泵现象。

2) 掺泵送剂的混凝土性能试验与其他外加剂有所不同，泵送混凝土性能试验应用Ⅱ区中砂，水泥用量：采用卵石时水泥用量为（330±5）kg/m^3，采用碎石时水泥用量为（340±5）kg/m^3，砂率为42%。用水量分别以达到空白混凝土坍落度（8±1）cm，被检混凝土坍落度（18±1）cm为准。

3) 掺泵送剂的混凝土黏聚性、流动性要好，泌水率要低。坍落度试验时，坍落度扩展后的混凝土试样中心部分不能有粗骨料堆积，边缘部分不能有明显的浆体和游离水分离出来。

4) 应用泵送剂的混凝土温度不宜高于35℃。

5) 混凝土温度越高，运输或泵管输送距离越长，对泵送剂品质要求就越高。

4. 速凝剂

速凝剂是能使混凝土或砂浆迅速凝结硬化的外加剂。速凝剂主要用于喷射混凝土、砂浆及堵漏抢险工程。

速凝剂用途不同，化学成分也不同，因此按用途或化学成分，大致都可以分为以下3类。

(1) 喷射混凝土速凝剂。喷射混凝土速凝剂主要是使喷至土面、岩石面上的混凝土迅速凝结硬化，以防脱落。喷射混凝土的早期强度稍高些即可。红星一型、阳泉一型、西古尼特等都属于这类速凝剂。

(2) 复合硫铝酸盐型速凝剂。其主要用于喷射混凝土。由于成分中加入石膏或矾泥等硫酸盐类和硫铝酸盐，使后期强度与不掺的相比损失较小，含碱量较低，因而对人体的腐蚀性较小。

(3) 硅酸钠型堵漏速凝剂。硅酸钠型堵漏速凝剂是止水堵水用速凝早强剂。这类速凝剂除要求混凝土混合物迅速凝结硬化，还必须有较高的早期强度，以抵抗水流冲刷作用。

5. 早强剂

早强剂是指能加速混凝土早期强度发展的外加剂。主要功能是缩短混凝土施工养护期，加快施工进度，提高模板的周转率。主要适用于有早期强度要求的混凝土工程及低温、负温施工混凝土、有防冻要求的混凝土、预制构件、蒸汽养护等。

(1) 氯化钙早强剂。工程上最常用的早强剂是氯化钙，其使混凝土3d强度提高50%～100%，7d强度提高20%～40%，但后期强度低于基准混凝土。

(2) 硫酸钠早强剂。硫酸钠早强剂早强效果不及氯化钙。对矿渣水泥混凝土早强效果较显著，但后期强度略有下降。硫酸钠早强剂在预应力混凝土结构中的掺量不得大于1%；潮湿环境中的钢筋混凝土结构中掺量不得大于1.5%；严格控制最大掺量，超掺可导致混凝土后期膨胀开裂，强度下降；混凝土表面起“白霜”，影响外观和表面装饰。

1.1.6　混凝土掺合料

混凝土掺合料是指以氧化硅、氧化铝为主要成分，在混凝土中可以代替部分水泥、改善混凝土性能，且掺量不小于5%的具有火山灰活性的粉体材料。

1.1.6.1　粉煤灰

1. 粉煤灰种类

粉煤灰按煤种分为F类和C类。

F类粉煤灰——由无烟煤或烟煤煅烧收集的粉煤灰。

C类粉煤灰——由褐煤或次烟煤煅烧收集的粉煤灰，其氧化钙含量一般大于10%。

粉煤灰按其品质分为Ⅰ级、Ⅱ级、Ⅲ级三个等级。

2. 粉煤灰的技术要求

根据《用于水泥和混凝土中的粉煤灰》(GB/T 1596—2017) 的有关规定，拌制混凝土和砂浆所用粉煤灰应符合表1.15中技术要求。

表1.15　粉煤灰的技术指标要求

项目		Ⅰ级	Ⅱ级	Ⅲ级
细度/%	F类粉煤灰	≤12.0	≤25.0	≤45.0
	C类粉煤灰			
需水量比/%	F类粉煤灰	≤95	≤105	≤115
	C类粉煤灰			
烧失量/%	F类粉煤灰	≤5.0	≤8.0	≤15.0
	C类粉煤灰			
含水量/%	F类粉煤灰	≤1.0		
	C类粉煤灰			
三氧化硫/%	F类粉煤灰	≤3.0		
	C类粉煤灰			
游离氧化钙/%	F类粉煤灰	≤1.0		
	C类粉煤灰	≤4.0		
安定性/mm	C类粉煤灰	≤5.0		

3. 运输和储存

粉煤灰散装运输时，必须采取措施，防止污染环境。干粉煤灰宜储存在有顶盖的料仓中，湿粉煤灰可堆放在带有围墙的场地上。袋装粉煤灰的包装袋上应清楚标明“粉煤灰”及其厂名、等级、批号及包装日期。

4. 粉煤灰的应用

Ⅰ级粉煤灰用于后张预应力钢筋混凝土构件及跨度小于6m先张预应筋混凝土构件。

Ⅱ级粉煤灰主要用于普通钢筋混凝土和轻骨料钢筋混凝土。经过专门试验，或与减水剂复合，也可以作为Ⅰ级灰使用。

Ⅲ级粉煤灰主要用无筋混凝土和砂浆。经过专门试验，也可用于钢筋混凝土。

1.1.6.2　粒化高炉矿渣粉

1. 粒化高炉矿渣粉的技术要求

根据《用于水泥、砂浆和混凝土中的粒化高炉矿渣粉》(GB/T 18046—2017)的有关规定，拌制混凝土和砂浆用粒化高炉矿渣粉应符合表1.16中技术要求。

表1.16　粒化高炉矿渣粉技术指标要求

项　目		S105级	S95级	S5级
密度/(g/cm³)		≥2.8		
比表面积/(m²/kg)		≥500	≥400	≥300
活性指数/%	7d	≥95	≥75	55
	28d			
流动度/%		≥95		
含水量/%		≤1.0		
三氧化硫(质量分数)/%		≤4.0		
氯离子(质量分数)/%		≤0.06		
烧失量/%		≤3.0		
玻璃体含量(质量分数)/%		≥85		
放射性		合格		

2. 粒化高炉矿渣粉的应用

混凝土中的粒化高炉矿渣粉越细，掺量越大，则拌和物越稠，往往需加粉煤灰复合掺入，可以使拌和物的和易性得到改善。利用粒化高炉矿渣粉替代部分水泥，不仅可以提高混凝土的后期强度，还能降低水化热，节约成本。其次，掺磨细矿渣的高性能混凝土对抗海水侵蚀、抗硫酸盐侵蚀以及抑制碱骨料反应都是有很好的效果。

1.1.6.3　沸石粉

沸石粉是用天然沸石粉配以少量无机物经细磨而成，沸石主要成分二氧化硅(60%～70%)和三氧化铝(12%～14%)，是一种良好的火山灰质材料。天然沸石凝灰岩中，因活性成分差异很大，其中仅钙型沸石适于作混凝土的细掺料。用于高性能混凝土的超细沸石粉，与其他火山灰质掺合料类似，平均粒径小于10μm，具有微填充效应与火山灰活性效应，因而能降低新拌混凝土的泌水与离析，提高混凝土的密实性，使强度提高、耐久性改善。

根据《天然沸石粉在混凝土与砂浆中应用技术规程》(JGJ/T 112—2019)的有关规定，沸石粉技术指标应符合表1.17中技术要求。

表 1.17　　沸石粉技术指标要求

项　　目	Ⅰ级	Ⅱ级	Ⅲ级
吸铵值（meq/100g）	≥130	≥100	≥90
细度（0.08mm 筛筛余）/%	≤4.0	≤10	≤15
沸石粉水泥胶砂需水量比/%	≤125	≤120	≤120
活性指数（28d）/%	≥75	≥70	≥62

1.1.6.4　硅粉

硅粉是铁合金厂在冶炼硅铁合金或金属硅时，从烟尘中收集的一种飞灰。硅粉的颗粒主要呈球状，粒径小于 1μm，平均粒径约 0.1μm。硅粉的主要成分为无定型 SiO_2。由于硅粉高，因此具有极高的火山灰活性，对混凝土早中期的强度发展特别有利。此外，当它均匀地分布于水化产物中时，其极细的颗粒还具有良好的微填充效应，使混凝土的孔结构充分致密。因此，硅粉能够显著提高混凝土的强度与耐久性。

根据《高强高性能混凝土用矿物外加剂》（DL/T 18736—2017）的有关规定，拌制混凝土和砂浆所用硅粉应符合表 1.18 中技术要求。

表 1.18　　硅粉技术指标要求

项　　目		指　　标
含水率/%		≤3.0
烧失量/%		≤6.0
二氧化硅/%		≥85
需水量比/%		≤125
细度	比表面积/(m^2/kg)	≥15000
	45μm 方孔筛筛余/%	≤5.0
活性指数	3d	≥90
	7d	≥95
	28d	≥115

学习情境　混凝土的性能检测

情境描述

某水库由挡水坝段、泄水坝段、输水隧洞等组成，主体结构采用混凝土重力坝，共浇筑混凝土 5.6 万 m^3。该工程要求混凝土具备良好的和易性、强度和耐久性能，以保障建筑物能够安全稳定运行，发挥应有的作用。

学习目标

1. 知识目标

(1) 了解混凝土和易性、强度和耐久性的内容。

(2) 掌握混凝土和易性、强度和耐久性的检测方法。

2. 能力目标

(1) 能根据工程要求，采用合理的方法提高混凝土的性能。

(2) 能独立进行混凝土性能检测。

3. 素质目标

(1) 遵守道德准则和行为规范。

(2) 培养学生的动手操作能力，使学生的综合素质得到全面提升。

4. 思政育人目标

(1) 自觉执行水利行业规范、标准和规程。

(2) 在工程建设中，践行勇于实践、甘于奉献的水利精神。

任务书

表 1.19　　任务单表

分组编号		组　长		日　期	
施工任务：混凝土的性能检测					
任务内容： 1. 掌握混凝土和易性、强度和耐久性的内容 2. 掌握提高混凝土性能的方法 3. 掌握混凝土性能的检测方法					

任务分组

表 1.20　　学生任务分配表

班　级		分组编号		指导教师	
组长					
组员	姓名				
	学号				
	姓名				
	学号				
任务分工					

获取信息

学习内容：混凝土和易性、强度和耐久性能的内容、检测方法和改善措施。通过预习学习情境的知识点、网络搜索等多种形式获取信息，并完成下列问题。

引导问题1：混凝土和易性的定义是什么？

引导问题2：混凝土强度的定义是什么？

引导问题3：混凝土耐久性包括哪些内容？

工作计划

按照任务书要求，制定混凝土性能检测实施方案，完成表1.21、表1.22内容。

表1.21　　混凝土性能检测实施方案

步　骤	工作内容	负责人	步　骤	工作内容	负责人
1			5		
2			6		
3			7		
4			8		

表 1.22　　工具、耗材和器材清单

序　号	名　称	型号与规格	单　位	数　量	备　注

进行决策

（1）各小组选派代表详细阐述工作方案。

（2）各组对其他组的工作方案提出各自的不同看法。

（3）教师根据各组汇报的内容进行点评，提出方案存在的问题。

（4）各组根据教师和同学提出的意见进行完善修改。

工作实施

1. 按照各小组的工作方案实施混凝土和易性检测

引导问题4：按照《普通混凝土拌合物性能试验方法标准》（GB/T 50080—2016）的有关规定，混凝土和易性的检测方法有哪些？各自的适用条件是什么？

____

____

____

____

____

____

____

引导问题5：简述混凝土坍落度的检测步骤。

____

____

____

____

____

____

引导问题6：在了解混凝土和易性影响因素的基础上，提出改善和易性的措施。

2. 按照各小组的工作方案实施混凝土强度检测

引导问题7：混凝土强度有哪些？混凝土立方体抗压强度是如何进行分级的？

引导问题8：简述混凝土立方体抗压强度的检测步骤。

引导问题9：改善混凝土强度的措施有哪些？

3. 按照各小组的工作方案实施混凝土耐久性检测

引导问题10：什么是混凝土抗冻性？混凝土冻融破坏的原因是什么？

引导问题11：简述混凝土冻融循环试验的步骤。

引导问题12：改善混凝土抗冻性能的措施有哪些？

引导问题13：什么是混凝土的抗渗性？水工混凝土渗透破坏的原因是什么？

引导问题14：按照《水工混凝土试验规程》（SL/T 352—2020）的有关规定，简述混凝土抗渗性试验步骤。

引导问题15：改善混凝土抗渗性的措施有哪些？

考核评价

表 1.23 项目考核评价表

项目名称	评价内容	分值	评价结果		
			自评	互评	教师评
职业素养评价 40%	学习准备	7			
	安全责任意识	7			
	积极参与项目	10			
	沟通协作	6			
	纪律	10			
专业能力评价 60%	专业知识查找及时准确	8			
	引导问题填写准确完整	10			
	操作规范，效率高	18			
	按时完成任务	10			
	完成质量	14			
创新性评价+5分	项目创新	5			
总分		105			
总评	自评（25%）+互评（25%）+教师评（50%）		教师（签名）：		

任务1.2 混凝土的性能检测

1.2.1 混凝土的和易性

1.2.1.1 混凝土和易性的定义

新拌混凝土的和易性，也称工作性，是指拌和物易于搅拌、运输、浇捣成型，并获得质量均匀密实的混凝土的一项综合技术性能。通常用流动性、黏聚性和保水性表示。

（1）流动性。流动性是指混凝土拌和物在自重或施工振捣作用下，能产生流动并均匀密实地填满模板的性能。流动性越大，越易于捣实、成型。

（2）黏聚性。黏聚性是指混凝土拌和物组成材料在施工过程中相互间具有一定的黏聚力，不致产生分层和离析现象。混凝土黏聚性差，会导致混凝土硬化后产生蜂窝、麻面等缺陷。

（3）保水性。保水性是指混凝土拌和物在施工过程中，具有一定的保水能力，不致产生严重的泌水现象。它反映了混凝土拌和物的稳定性。

1.2.1.2 和易性检测

按照《普通凝土拌合物性能试验方法标准》（GB/T 50080—2016）的规定，混凝土拌和物的稠度可采用坍落度、维勃稠度或坍落扩展度表示。坍落度法适用于坍落度不小于

10mm 的混凝土，维勃稠度法适用于维勃稠度 5～30s 的混凝土，坍落扩展度适用于泵送混凝土和自密实混凝土。

(1) 坍落度法。本方法适用于骨料最大粒径不大于 40mm、坍落度不小于 10mm 的混凝土拌和物稠度测定。

湿润坍落度筒及底板，把筒放在底板中心，然后用脚踩住两边的脚踏板。将搅拌好的混凝土试样用小铲分三层均匀地装入筒内，捣实后使每层高度为筒高的 1/3 左右。每层用捣棒插捣 25 次。抹刀抹平后垂直平稳地提起坍落度筒，混凝土则在自重作用下坍落，测量筒高与坍落后混凝土试体最高点之间的高度差，即为该混凝土拌和物的坍落度值（单位：mm），如图 1.2 所示。坍落度值代表混凝土的流动性，坍落度越大，则流动性越好。

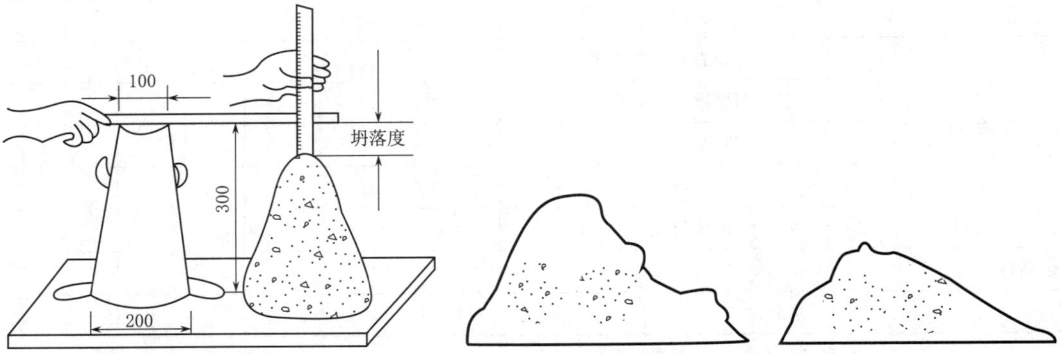

(a) 坍落度测试　　(b) 黏聚性欠佳　　(c) 黏聚性不良

图 1.2　混凝土拌和物和易性测定（单位：mm）

黏聚性通过观察坍落度测试后混凝土所保持的形状，及用捣棒在已坍落的混凝土锥体侧面轻轻敲打后的形状判定。此时如果锥体逐渐下沉，则表示黏聚性良好，如图 1.2 (a) 右图形状，表示黏聚性良好；如果锥体突然倒塌、部分崩裂或发生石子离析如图 1.2 (b)、(c) 形状则表示黏聚性不好。敲击后出现图 1.2 (b) 形状，则黏聚性欠佳；敲击后出现图 1.2 (c) 形状，则黏聚性不良。

保水性是以混凝土拌和物稀浆析出的程度来评定，坍落度筒提起后如有较多的稀浆从底部析出，锥体部分的混凝土也因失浆而骨料外露，则表明此混凝土拌和物的保水性能不好；如坍落度筒提起后无稀浆或仅有少量稀浆自底部析出，则表示此混凝土拌和物保水性良好。

一般情况下，坍落度可按表 1.24 选用。

表 1.24　　混凝土浇筑时的坍落度　　单位：mm

构件种类	坍落度
基础或地面等的垫层、无配筋的大体积结构（挡土墙、基础等）或配筋稀疏的结构	10～30
板、梁和大型及中型截面的柱子等	30～50
配筋密列的结构（薄壁、斗仓、筒仓、细柱等）	50～70
配筋特密的结构	70～90

（2）维勃稠度法。维勃稠度法是将坍落度筒置于维勃稠度仪上的容器内，并固定在规定的振动台上。把拌制好的混凝土拌合物装入坍落度筒内，抽出坍落度筒，将维勃稠度仪上的透明圆盘转至试体顶面，使之与试体轻轻接触。开启振动台，同时用秒表计时，振动至透明圆盘底面被水泥浆布满的瞬间关闭振动台并停止秒表，由秒表读出的时间，即是该拌和物的维勃稠度值。维勃稠度值小，表示拌和物的流动性大。

维勃稠度法适用于骨料最大粒径不大于40mm，维勃稠度为5～30s的混凝土拌和物，主要用于测定碾压混凝土的流动性。

（3）坍落扩展度法。坍落扩展度法适用于骨料最大粒径不大于40mm，坍落度值大于220mm的大流动性混凝土。

坍落扩展度法是指在坍落度试验的基础上，用钢尺测量混凝土扩展后最终的最大直径和最小直径，在两直径之差小于50mm的条件下，用其算术平均值作为坍落扩展度值。

1.2.1.3　影响混凝土和易性的因素

1. 单位用水量

单位用水量是混凝土流动性的决定因素。用水量增大，流动性随之增大。但用水量大易产生泌水分层离析，从而影响混凝土的强度和耐久性。

2. 浆骨比

浆骨比指水泥浆用量与砂石用量之比值。在水灰比一定的前提下，浆骨比越大，即水泥浆量越大，混凝土流动性越好。通过调整浆骨比大小，既可以满足流动性要求，又能保证良好的黏聚性和保水性。

3. 水灰比（用 W/C 表示）

水灰比即用水量与水泥用量之比。在水泥用量和骨料用量不变的情况下，水灰比增大则拌和物流动性也增大，水灰比减小则拌和物流动性也降低。合理的水灰比是混凝土拌和物流动性、保水性和黏聚性的良好保证。

4. 砂率 β_s

砂率是指砂子占砂石总重量的百分率，按下式计算：

$$\beta_s=\frac{m_s}{m_s+m_g}\times 100\% \tag{1.15}$$

式中　β_s——砂率，%；

m_s——砂子用量，kg；

m_g——石子用量，kg。

砂率对混凝土的和易性影响较大。在水泥用量和水灰比一定的条件下，随砂率增大，混凝土流动性增大。另外随砂率减小，混凝土的黏聚性和保水性均下降，易产生泌水、离析和流浆现象。但砂率过大，当水泥浆不足以包裹骨料表面时，则黏聚性反而下降。

合理砂率是指砂子填满石子空隙并有一定的富余量，能在石子间形成一定厚度的砂浆层，以减少粗骨料间的摩擦阻力，使混凝土流动性达最大值。或者在保持流动性不变的情况下，使水泥浆用量达最小值。

5. 水泥品种及细度

水泥品种不同时，达到相同流动性的需水量往往不同，从而影响混凝土流动性。另一方面，不同水泥品种对水的吸附作用往往不等，从而影响混凝土的保水性和黏聚性，如由火山灰水泥、矿渣水泥配制的混凝土流动性比普通水泥小。在流动性相同的情况下，矿渣水泥的保水性能较差，黏聚性也较差。同品种水泥越细，流动性越差，但黏聚性和保水性越好。

6. 骨料的品种和粗细程度

卵石表面光滑，碎石粗糙且多棱角，因此卵石配制的混凝土流动性较好，但黏聚性和保水性则相对较差，河砂与山砂的差异与上述相似。对级配符合要求的砂石料来说骨料粒径越大，砂子的细度模数越大，则流动性越大，但黏聚性和保水性有所下降。

7. 外加剂

改善混凝土和易性的外加剂主要有减水剂和引气剂。它们能使混凝土在不增加用水量的条件下增加流动性，并具有良好的黏聚性和保水性。

8. 时间、施工条件和环境因素

随着水泥水化和水分蒸发，混凝土的流动性将随着时间的延长而下降。气温高湿度小、风速大将加速流动性的损失。

时间对混凝土拌和物坍落度的影响如图1.3所示。施工中应考虑到混凝土拌和物随时间延长对流动性的影响，并采取相应的措施。另外，一般情况下采用机械搅拌的混凝土拌和物的和易性好于人工拌合的混凝土拌和物的和易性。

环境温度的变化会影响到混凝土的和易性。因为环境温度升高，水分蒸发及水化反应加快，坍落度损失也加快，因此在施工中为保证混凝土拌和物的和易性，要考虑温度的影响，并采取相应的措施。温度对混凝土拌和物坍落度的影响如图1.4所示。

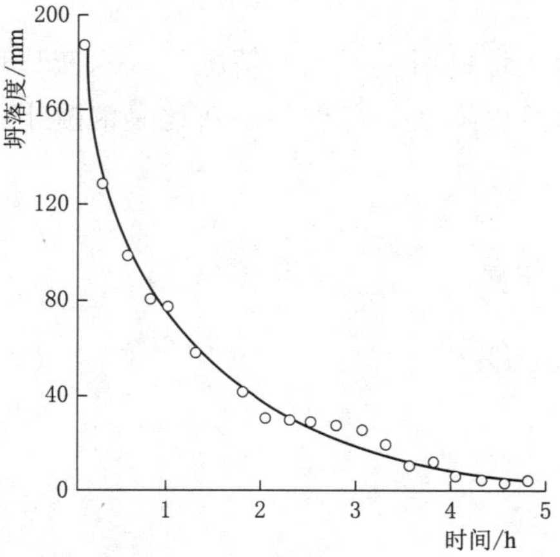

图1.3　时间对混凝土拌和物坍落度的影响

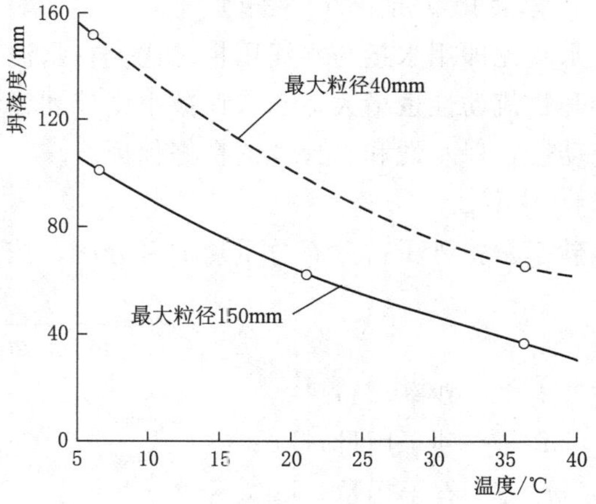

图1.4　温度对混凝土拌和物坍落度的影响

1.2.1.4　混凝土和易性的调整措施

在实际工程应用过程中，可采取以下措施改善混凝土拌和物的和易性。

(1) 当混凝土流动性小于设计要求时，为了保证混凝土的强度和耐久性，须保持水灰比不变，增加水泥浆用量。

(2) 当坍落度大于设计要求时，可在保持砂率不变的前提下，增加砂石用量。

(3) 改善骨料级配，既可增加混凝土流动性，也能改善黏聚性和保水性。

(4) 掺减水剂或引气剂，是改善混凝土和易性的最有效措施。

(5) 尽可能选用最优砂率。当黏聚性不足时可适当增大砂率。

【案例分析1.1】混凝土未完成硬化的原因分析

现象： 某工程为钢筋混凝土基础，混凝土设计强度等级为C30。混凝土配合比为（水泥：砂：石：水）1：1.24：3.04：0.44。混凝土所用材料为当地水泥厂的32.5级普通水泥，本地砂石，自来水及NF减水剂。现场混凝土施工为普通搅拌，小车运输、振捣棒振捣，施工时温度为22℃。当混凝土浇筑后，第二天发现混凝土没有完全硬化，部分结块、部分呈疏松状，混凝土强度显然没达到设计要求，工程被迫停工。

原因分析： 经过检测，砂中含泥量为6.4%，细度模数1.82，属细砂。分析如下：

(1) 砂子质量。当混凝土强度等级在C30以上时，砂的含泥量需不大于3.0%，现场用砂的含泥量已达6.4%，超过了标准一倍以上。含泥量的增多，不但需要更多的水泥浆包裹，而且泥粒本身强度低，降低了混凝土的强度。另一个原因是现场砂子偏细，颗粒较小。在质量相同的情况下，表面积大大增加，要包裹它们需要的水泥应大大增多，否则部分砂子表面没有水泥浆，这就大大降低了混凝土的强度。

(2) 水泥用量。在砂子偏细、含泥量增大的前提下，按常规混凝土配合比设计，水泥用量偏少，结果就出现混凝土中砂子成团、松散的现象，导致混凝土强度下降很多。

1.2.2　混凝土的强度

混凝土的强度包括抗压强度、抗拉强度、抗剪强度、抗弯强度以及钢筋与混凝土的黏结强度等。混凝土抗压强度最大，抗拉强度最低，在工程中混凝土主要用于承受压力。

1.2.2.1　混凝土立方体抗压强度 f_{cu}

按照国家标准《普通混凝土力学性能试验方法》(GB/T 50081—2002) 的规定，将混凝土拌和物制成150mm×150mm×150mm的立方体试件，在标准条件下［温度（20±2)℃，相对湿度95%以上］养护28d（从搅拌加水开始计时），用标准试验方法所测得的抗压强度值称为混凝土立方体抗压强度，用 f_{cu} 表示。

在实际施工中，允许采用非标准尺寸的试件。按照《混凝土结构工程施工质量验收规范》(GB 50204—2002) 规定，混凝土强度等级小于60MPa时，用非标准件测得的强度值均应乘以尺寸换算系数，对于200mm×200mm×200mm试件其值为1.05。对于100mm×100mm×100mm试件其值为0.95。当混凝土强度不小于60MPa时，宜采用标准试件。

混凝土的强度等级是根据立方体抗压强度标准值划分的。混凝土立方体抗压强度标准值指在立方体抗压强度总体分布中，具有95%保证率的强度，共分为C15、C20、C25、C30、C35、C40、C45、C50、C55、C60、C65、C70、C75、C80等14个等级，强度等级采用符号C与立方体抗压强度标准值来表示。例如，C30表示28d混凝土立方体抗压强度的标准值是30MPa。

1.2.2.2　混凝土轴心抗压强度 f_{ck}

混凝土轴心抗压强度又称棱柱体抗压强度，用 f_{ck} 表示。在实际结构中，钢筋混凝土受压构件大部分是棱柱体和圆柱体。为了使测得的混凝土强度接近于混凝土结构构件的实际情况，在计算轴心抗压构件时都采用轴心抗压强度作为计算依据。轴心抗压强度的测定采用 150mm×150mm×300mm 的棱柱体作为标准试件。

1.2.2.3　混凝土抗拉强度 f_{tk}

混凝土抗拉强度是指试件受拉力后断裂时所承受的最大荷载除以截面面积所得的应力值，用 f_{tk} 来表示，单位为 MPa。

1.2.2.4　混凝土的抗折强度 f_{cf}

混凝土的抗折强度是指处于受弯状态下混凝土抵抗外力的能力，混凝土抗折强度是以 150mm×150mm×550mm 的梁形试件，在标准养护条件下达到规定龄期（28d）后，在净跨 450mm、双支点荷载作用下的弯拉破坏。

1.2.2.5　混凝土立方体抗压强度检测

1. 试件制作与养护

（1）应以同一龄期者为一组，每组至少为 3 个同时制作并同样养护的混凝土试件。

（2）采用实验室拌制的混凝土制作试件时，其材料用量应以质量计，称量的精度为：水泥、掺合料、水和外加剂均为±0.2%；骨料为±0.5%。

（3）制作试件前应将试模擦拭干净并在其内壁均匀涂刷一薄层矿物油或其他不与混凝土发生反应的隔离剂。试模内壁隔离剂应均匀分布，不应有明显沉积。

（4）宜根据混凝土拌和物的稠度或试验目的确定适宜的成型方法，混凝土应充分密实，避免分层离析。

采用振动台成型时，应将混凝土拌和物一次性装入试模，装料时应用抹刀沿试模内壁插捣并使混凝土拌合物高出试模上口。振动时应防止试模在振动台上自由跳动。振动应持续到表面出浆且无明显大气泡溢出为止，不得过振。

人工插捣时，混凝土拌合物应分两层装入试模，每层的装料厚度大致相等。插捣应按螺旋方向从边缘向中心均匀进行。插捣底层混凝土时，捣棒应达到试模底部；插捣上层时，捣棒应贯穿上层后插入下层 20～30mm；插捣时捣棒应保持垂直，不得倾斜，插捣后应用抹刀沿试模内壁插拔数次。10000mm^2 截面积内每层的插捣次数不得少于 12 次。插捣后用橡皮锤或木槌轻轻敲击试模四周，直至插捣棒留下的空洞消失为止。刮除多余的混凝土，并用抹刀抹平。

（5）试件成型后刮除试模上口多余的混凝土，待混凝土临近初凝时，用抹刀沿着试模口抹平。试件表面与试模边缘的高度差不得超过 0.5mm。

（6）试件成型后应用塑料薄膜覆盖表面，或采取其他保持试件表面湿度的方法。成型后应在温度为（20±5）°C、相对湿度大于 50%的室内静置 1～2d，然后编号标记、拆模。

2. 立方体抗压强度检测方法

（1）试件自养护室取出后，随即擦干并标出其尺寸（精确至 1mm）。计算试件的受压而积 A（mm^2）

（2）试件放入试验机前，应将试件表面与上、下承压板面擦拭干净。以试件成型时的侧面为承压面，应将试件安放在试验机的下压板或垫板上，试件的中心应与试验机下压板中心对准。启动试验机，试件表面与上、下承压板或钢垫板应均匀接触。

（3）试验过程中应连续均匀加荷。当立方体抗压强度小于 30MPa 时，加荷速度宜取

0.3～0.5MPa/s；立方体抗压强度为30～60MPa时，加荷速度宜取0.5～0.8MPa/s；立方体抗压强度不小于60MPa时，加荷速度宜取0.8～1.0MPa/s。

手动控制压力机加荷速度时，当试件接近破坏开始急剧变形时，应停止调整试验机油门，直至破坏，并记录破坏荷载。

(4) 试验结果处理。混凝土立方体抗压强度 f_{cu} 按下式计算（MPa，精确至0.01MPa)，即

$$f_{cu}=\frac{P}{A} \tag{1.16}$$

式中　f_{cu}——混凝土立方体试件抗压强度，MPa；

P——破坏荷载，N；

A——试件受压面积，mm^2。

以三个试件测值的算术平均值作为该组试件的抗压强度值。三个测值中的最大值或最小值中有一个与中间值的差值超过中间值的15%时，则把最大及最小值剔除，取中间值作为该组试件的抗压强度值。若最大值和最小值与中间值的差值均超过中间值的15%，则该组试件的试验结果无效。

当混凝土强度等级小于C60时，用非标准试件测得的强度值均应乘以尺寸换算系数。对于200mm×200mm×200mm的试件可取1.05，对于100mm×100mm×100mm的试件可取0.95。

当混凝土强度等级不小于C60时，宜采用标准试件；当使用非标准试件，且混凝土强度等级不大于C100时，尺寸换算系数宜由试验确定，在未进行试验确定的情况下，对于100mm×100mm×100mm的试件可取0.95；混凝土强度等级大于C100时，尺寸换算系数应经试验确定。

1.2.2.6　影响混凝土强度的因素

1. 水泥的强度等级和水灰比

水泥是混凝土中的活性组分，其强度的大小直接影响着混凝土强度的高低。在配合比相同的条件下，所用的水泥强度等级越高，制成的混凝土强度也越高。在水泥强度等级相同的情况下，水灰比愈小，水泥石的强度愈高，与骨料黏结力也愈大，混凝土的强度就愈高。但应说明：如果加水太少（水灰比太小)，拌合物过于干硬，在一定的捣实成型条件下，无法保证浇筑质量，混凝土中将出现较多的蜂窝、孔洞，强度也将下降。试验证明，混凝土强度随水灰比的增大而降低，呈曲线关系。

2. 骨料

骨料在混凝土中起稳定和骨架作用。骨料本身的强度一般都比水泥石的强度高（轻骨料除外)，所以不直接影响混凝土的强度，但若骨料经风化等作用而强度降低，则用其配制的混凝土强度也较低；若骨料表面粗糙，则与水泥石黏结力较大，故用碎石配制的混凝土比用卵石配制的混凝土强度要高。

骨料的最大粒径增大，可降低用水量及水灰比，提高混凝土的强度。但对于高强度混凝土，较小粒径的粗骨料，可明显改善粗骨料与水泥石界面的强度，提高混凝土的强度。

3. 养护的温度和湿度

混凝土所处的环境温度和湿度等是影响混凝土强度的重要因素。养护温度高可以增大初期水化速度，混凝土初期强度提高。但急速的初期水化会导致水化物分布不均匀，从而降低整体的强度。在养护温度较低的情况下，由于水化缓慢，具有充分的扩散时间，从而使得水化物在水泥石中均匀分布，有利于后期强度的发展。在严寒的北方地区（如黑龙江等地），气温过低时国家标准规定不允许进行混凝土施工。养护温度对混凝土强度的影响，如图1.5所示。

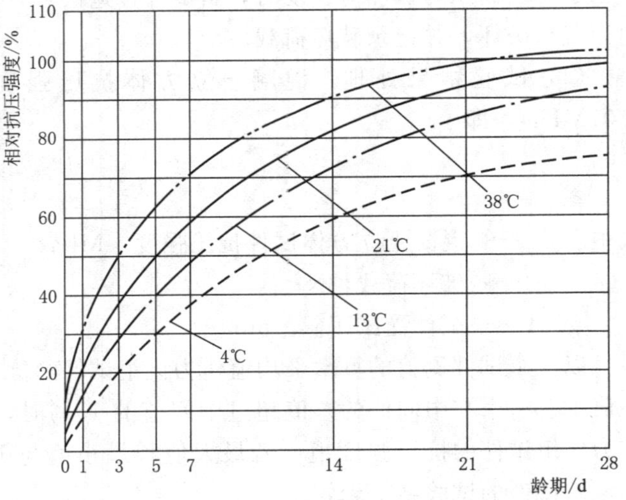

图1.5　养护温度对混凝土强度的影响

湿度适当，水泥水化便能顺利进行，使混凝土强度得到充分发展；如果湿度不够，混凝土会失水干燥而影响水泥水化作用的正常进行，甚至停止水化。所以，为了使混凝土正常硬化，必须在成型后一定时间内维持一定的温度和湿度。一般在混凝土凝结12h以后，在混凝土表面应覆盖草袋等物并不断洒水，这样也能防止其产生干缩裂缝。

4. 龄期

混凝土在正常养护条件下，其强度将随着龄期的增加而增加。最初的7～14d强度增长较快，28d以后增长缓慢，但随着龄期延续其强度仍有所增长。因此，在一定条件下养护的混凝土，可根据其早期强度大致地估计28d的强度。

5. 试验条件

试验过程中，试件的尺寸、形状、表面状态、含水程度及加荷速度都对混凝土的强度值产生一定的影响。

当试件受压面积相同而高度不同时，高宽比越大，抗压强度越小。当混凝土试件受压面上有油脂类润滑物质时，压板与试件间摩阻力减小而使环箍效应影响减弱，试件将出现垂直纹而破坏。试件破坏是当变形达到一定程度时才发生的，当加荷速度较快时，材料变形的增长落后于荷载的增加，故破坏时强度值偏高。

【案例分析1.2】混凝土试件强度不合格

现象：某工程从夏季开始施工，混凝土试件强度一直稳定合格。但进入秋冬季施工以来，混凝土强度却出现偏低现象，甚至有的试件不合格，采用非破损检测工程部位混凝土，强度却合格。

原因分析：搅拌站和施工单位技术人员共同分析原因，找出症结。发现工地试验员做完混凝土试件后，对试件并没有进行“标准养护”而是将试件散落在工地上，夏季施工气温偏高，混凝土试件在自然养护条件下气温高，强度也高；秋冬季气温偏低，混凝土试件强度也随之偏低。

1.2.2.7　提高混凝土强度的措施

根据混凝土强度的影响因素分析，得出提高混凝土强度的主要措施如下。

（1）采用高强度等级的水泥。提高水泥的强度等级可有效增加混凝土的强度，但由于水泥强度等级的提高受原料、生产工艺以及成本的制约，故单靠提高水泥强度来达到提高混凝土强度的目的往往不太经济和现实。

（2）降低水灰比。降低水灰比是提高混凝土强度的有效措施。随着混凝土拌和物水灰比的降低，硬化混凝土的孔隙率也随之降低，从而增加了水泥和骨料间的黏结力，使强度提高。但降低水灰比，又会使混凝土拌和物的和易性降低。因此，必须有相应的技术措施配合，如采用加强机械振捣、掺外加剂等。

（3）湿热养护。除采取蒸汽养护、蒸压养护、冬季骨料预热等技术措施外，还可利用储存水泥本身的水化热来提高强度的增长速度。

（4）龄期调整。混凝土随着龄期的增长，强度会持续上升。试验证明，混凝土的龄期在3～6个月时，强度较28d会提高25%～50%。

（5）改进施工工艺。采用机械搅拌和强力振捣，都可使混凝土拌和物在低水灰比的情况下更加均匀、密实地浇筑，从而获得更高的强度。近年来，国外研制的高速搅拌法、二次投料搅拌法及高频振捣法等新的施工工艺在国内的工程中得到应用，都取得了较好的效果。

（6）掺加外加剂。掺加外加剂是提高混凝土强度的有效方法之一，减水剂和早强剂都对混凝土的强度发展起到明显的作用。尤其是在高强混凝土（强度等级大于C60）的设计中，采用高效减水剂已成为配制高强混凝土的主要技术措施。

1.2.3　混凝土的耐久性

混凝土除应具有设计要求的强度以保证其能安全地承受设计荷载外，还应根据其周围的自然环境以及在使用上的特殊要求，而具有各种特殊性能。混凝土抵抗环境介质作用并长期保持其良好的使用性能、外观完整性，从而维持混凝土结构安全、正常使用的能力称为混凝土的耐久性。

混凝土耐久性能主要包括抗渗、抗冻、抗侵蚀、碳化、碱骨料反应等性能。

1.2.3.1　混凝土的抗渗性

抗渗性是指混凝土抵抗压力水等液体渗透作用的性能。它直接影响混凝土的抗冻性和抗侵蚀性。混凝土的抗渗性主要与其密实度及内部孔隙的大小和构造有关，混凝土内部互相连通的孔隙和毛细管通路，以及由于在混凝土施工成型时，振捣不实产生的蜂窝、孔洞都会造成混凝土渗水。

混凝土的抗渗性一般采用抗渗等级表示。抗渗等级是按标准试验方法，以28d龄期的标准试件，用每组6个试件中4个试件未出现渗水时的最大水压力来表示的。混凝土的抗渗等级有P6、P8、P10、P12及以上等级。如抗渗等级P8，即表示混凝土能抵抗0.8MPa的静水压力而不渗水。

要提高混凝土的抗渗性，可以采取提高混凝土的密实度和改善混凝土中的孔隙结构特征，减少连通孔隙，可掺加引气剂或减水剂，减少水灰比，选择致密、干净、级配良好的骨料，精心施工，加强养护等措施。

混凝土抗渗性检测如下。

(1) 制备和养护试件，每组6个试件。抗渗试验采用上口直径175m、下口直径185mm、高150m的截头圆锥体试件，在成型前用湿筛法筛除粒径大于40mm的骨料。试件拆模后，用钢丝刷刷去两端面的水泥浆膜，然后送入养护室养护。

(2) 到达规定试验龄期时，取出试件，擦拭干净，待表面晾干后，将试件密封及装入模套。用石蜡加松香密封时，在试件侧面滚涂一层熔化的石蜡松香混合物，然后用加压装置将试件压入经过烘箱或电炉预热过的模套中（模套预热温度，以石蜡接触模套即缓慢熔化但不流淌为宜)，使试件与模套底部平齐，模套变冷后才可卸压。用水泥加黄油密封时，其用量比为（2.5～3）∶1，用三角刀均匀刮涂1～2m厚密封材料在试件侧面上，然后用加压装置将试件压入模套，使试件与模套底部齐平。

(3) 启动抗渗仪，开通6个试位的阀门，使水从孔中渗出充满试位坑。关闭抗渗仪，将装好试件的模套安装紧固在试位上。

(4) 试验时，水压从0.1MPa开始，以后每隔8h增加0.1MPa，并随时观察试件端面渗水情况。若试件周边渗水，表明密封不好，应及时关闭对应试位的阀门，取下并重新密封，尽快装回继续试验。

若试件表面渗水，应及时关闭对应试位阀门，结束该试件的试验。出现以下三种情况之一时，停止抗渗试验。

1) 尚未加至规定水压力，表面渗水的试件超过两个，记录此时的水压力并停机。

2) 加至规定水压力，表面渗水的试件不超过两个，可停机。

3) 若需要测试混凝土最大抗渗等级，可继续加压，直至表面渗水的试件超过两个，记录此时的水压力并停机。

(5) 泄压并拆除试件。

(6) 试验结果处理。混凝土的抗渗等级按照下式计算，即

$$P=10(H-0.1) \tag{1.17}$$

式中　P——混凝土抗渗等级数值；

H——6个试件中表面渗水的试件超过两个时的最小水压力，MPa。

当达到某个水压力时，混凝土时间表面渗水超过两个，则按照式（1.17）计算抗渗等级数值，用W表示混凝土抗渗等级。当加压至规定水压力，表面渗水的试件不超过两个，则混凝土的抗渗等级大于设计抗渗等级。

1.2.3.2　混凝土的抗冻性

1. 混凝土抗冻性概述

混凝土的抗冻性是指混凝土在水饱和状态下，经受多次冻融循环作用，能保持强度和外观完整性的能力。在寒冷地区，特别是在接触水又受冻的环境下的混凝土，要求具有较高的抗冻性能。混凝土受冻融作用破坏的原因是混凝土内部孔隙中的水在负温下体积结冰膨胀和因冰水蒸汽压的差别推动未冻水向冻结区的迁移所造成的渗透压力。当这两种压力产生的内应力大于混凝土的抗拉强度时，混凝土就会产生裂缝，多次冻融使裂缝不断扩展直至完全破坏，丧失原有功能。

混凝土抗冻性一般以抗冻等级表示。抗冻等级是采用慢冻法以龄期28d的试块在吸水饱

和后，承受反复冻融循环，以抗压强度下降不超过25%，而且质量损失不超过5%时所能承受的最大冻融循环次数来确定的。将混凝土划分为以下几个抗冻等级：F50、F100、F150、F200、F250和F300等。例如，F100表示混凝土能承受最大冻融循环次数为100次。

提高混凝土抗冻性的有效方法是提高混凝土的密实度和改善孔隙结构。若混凝土的水灰比小、密实度高、含封闭小孔多，则抗冻性好。通过减少水灰比、提高水泥强度等级以及加入引气剂（如松香热聚物等）、减水剂和防冻剂以提高混凝土的抗冻性。

2. 混凝土抗冻性检测

（1）制备和养护试件，每组3个试件。抗冻试验采用100mm×100mm×400mm的棱柱体试件，在成型前用湿筛法去除粒径大于30m的骨料。抗冻试模内侧壁不可用水性脱模剂或塑料薄膜。

（2）到达规定试验龄期前4d，将试件浸泡在（20±2)℃的水中使其吸水饱和。对于水中养护的试件，到达规定试验龄期时即可直接用于试验。强度大于40MPa的抗冻试件拆模后应水养至测试龄期。如环境介质为海水或其他含盐水，试件在养护到期后，应风干2d后再浸泡海水或相应的盐水2d。

（3）试验前，取出试件，用湿布将试件表面擦干，以饱和面干状态称取试件质量（G，精确到1g）。并测定试件初始自振频率（精确到1Hz）。

（4）将试件装入试件盒中，水面应浸没试件顶面不超过20mm。然后将试件盒放入冻融试验机，开机进行试验。试验时应保证冻融箱装满试件，如无正式试件，可用废试件填充。

（5）每做25次冻融循环取出试件检测一次。测试时，逐个将试件盒取出称重和测定自振频率，并做必要的外观描述或照相。每次测试完毕后，应将试件调头装入试件盒，然后放回冻融试验机继续试验。

（6）出现以下三种情况之一时，即可停止相应试件的冻融试验。

1）至抗冻等级对应的冻融循环次数。

2）相对动弹性模量不大于60%。

3）质量损失率大于5%。

（7）试验结果处理。

1）单个试件的相对动弹性模量按照下式计算：

$$P_n=\frac{f_n^2}{f_0^2}\times 100\% \tag{1.18}$$

式中　P_n——n次冻融循环后试件相对动弹性模量；

f_0——冻融循环前的试件自振频率，Hz；

f_n——n次冻融循环后的试件自振频率，Hz。

2）单个试件的质量损失率按照下式计算：

$$w_n=\frac{G_0-G_n}{G_0}\times 100\% \tag{1.19}$$

式中　w_n——n次冻融循环后试件质量损失率；

G_0——冻融循环前的试件质量，g；

G_n——n 次冻融循环后的试件质量，g。

以3个试件相对动弹性模量、质量损失率的平均值作为该组试件的试验结果。若试件的质量损失率出现负值，宜作为异常数据不纳入计算，取其余数值的平均值作为试验结果。如果3个试件的质量损失率均为负值，不应采用质量损失率进行试验结果评定。

（8）试验结果评定。

1）当一组试件的相对动弹性模量小于60%或质量损失率大于5%时，取前一次检测时的冻融循环次数，加前缀F表示混凝土抗冻等级。

2）若至抗冻等级对应的冻融循环次数，相对动弹性模量和质量损失率均未到达上述指标，则混凝土抗冻等级大于设计抗冻等级。

1.2.3.3　混凝土的抗侵蚀性

当混凝土所处环境中含有侵蚀性介质时，混凝土便会遭受侵蚀，通常有软水侵蚀、硫酸盐侵蚀、镁盐侵蚀、碳酸侵蚀、一般酸侵蚀与强碱侵蚀等。

混凝土的抗侵蚀性与所用水泥的品种、混凝土的密实程度和孔隙特征有关。密实和孔隙封闭的混凝土，环境水不易侵入，故其抗侵蚀性较强。所以，提高混凝土抗侵蚀性的措施，主要是合理选择水泥品种、降低水灰比、提高混凝土的密实度和改善孔隙结构。

1.2.3.4　混凝土的碳化性

混凝土的碳化作用是指二氧化碳与水泥石中的氢氧化钙作用，生成碳酸钙和水。碳化使混凝土碱度降低，减弱了对钢筋的保护作用，可能导致钢筋锈蚀。碳化增加混凝土的收缩，提高混凝土的抗压强度，但由于混凝土的碳化会产生碳化收缩，对其核心形成压力，而表面碳化层产生拉应力，可能产生微细裂缝，使混凝土抗拉、抗折强度降低。

1.2.3.5　混凝土的碱骨料反应

碱骨料反应是指混凝土原料水泥、外加剂、混合材料中的强碱（氧化钠和氧化钾）与骨料中的活性二氧化硅反应，在骨料表面形成复杂的碱硅酸胶体，碱硅酸凝胶有吸水膨胀的特点。在工程应用中，碱骨料反应发生在混凝土浇筑成型若干年后，其生成碱硅酸凝胶吸水膨胀使混凝土开裂，导致混凝土失稳破坏。

在工程应用中，可以通过一定的有效措施抑制碱骨料反应的发生。其主要措施如下。

（1）条件许可时选择非活性骨料。

（2）当不可能采用完全没有活性的骨料时，则应严格控制混凝土中总碱量（按 $Na_2O+0.658K_2O$ 计）小于0.6%。

（3）掺用活性混合材料，如硅粉、粉煤灰等对碱骨料反应有明显的抑制效果，因活性混合材料可与混凝土中的强碱起反应，从而降低了混凝土中的含碱量，抑制了碱骨料反应。

1.2.4　提高混凝土耐久性的措施

混凝土在遭受压力水、冰冻或侵蚀作用时的破坏过程虽然各不相同，但对提高混凝土耐久性的措施来说，却有很多共同之处。除原材料的选择外，混凝土的密实度是提高混凝土耐久性的一个重要环节。在工程应用过程中，可以通过以下几个方面来有效提高混凝土的耐久性。

（1）严格控制水胶比，保证足够的水泥用量。水胶比的大小是决定混凝土密实性的主要因素，它不但影响混凝土的强度，而且也严重影响耐久性，故必须严格控制水灰比。

（2）合理选择水泥品种。

（3）选用较好的砂、石骨料，并尽量采用合理砂率。质量良好、技术条件合格的砂、石骨料，是保证混凝土耐久性的重要条件。

（4）掺引气剂、减水剂等外加剂，改善混凝土内部的孔隙率和孔隙结构，提高混凝土的耐久性。

（5）掺入高效活性矿物掺料。大量研究表明，掺粉煤灰、矿渣、硅粉等掺合料能有效改善混凝土的性能，填充内部孔隙，改善孔隙结构，提高密度，高掺量混凝土还能抑制碱骨料反应。因而混凝土掺混合料，是提高混凝土耐久性的有效措施。

（6）在混凝土施工中，应搅拌均匀、振捣密实、加强养护，增加混凝土密实度，提高混凝土质量。

学习情境　混凝土配合比设计

情境描述

某混凝土重力坝，要求混凝土设计强度等级C30，施工坍落度为35～50mm，使用环境为有冻害的室外。所用的原材料情况如下。

（1）水泥：42.5级普通水泥，实测28d抗压强度为46.0MPa，密度 $\rho_c=3100\text{kg/m}^3$。

（2）砂：采用细度模数为2.7的中砂，表观密度 $\rho_s=2650\text{kg/m}^3$。

（3）石子：5～40mm连续级配的碎石，表观密度 $\rho_g=2720\text{kg/m}^3$。

根据上述混凝土的性能要求和材料特性，配制符合设计要求的混凝土配合比，以满足工程施工需要。

学习目标

1. 知识目标

（1）了解混凝土配合比设计的要求。

（2）掌握混凝土配合比设计的方法。

2. 能力目标

（1）能根据工程要求独立完成混凝土配制。

（2）能根据实际情况进行混凝土配合比调整。

3. 素质目标

（1）遵守道德准则和行为规范，具有良好的纪律观念。

（2）培养学生动手操作能力，使学生的综合素质得到全面提升。

4. 思政育人目标

（1）自觉执行水利行业规范、标准和规程。

（2）践行勇于实践、甘于奉献的水利精神。

任务书

表 1.25　任务单表

分组编号		组　长		日　期	
施工任务：混凝土配合比设计					
任务内容： 1. 了解混凝土配合比设计的要求 2. 掌握混凝土配合比设计的方法与步骤 3. 掌握混凝土配合比的调整方法					

任务分组

表 1.26　学生任务分配表

班　级		分组编号		指导教师	
组长					
组员	姓名				
	学号				
	姓名				
	学号				
任务分工					

获取信息

学习内容：混凝土配合比设计的方法、步骤和调整措施。可以通过预习学习情境的知识点、网络搜索等多种形式获取信息，并完成下列问题。

引导问题1：水工混凝土配合比设计的要求有哪些？

引导问题 2：水工混凝土配合比设计依据的规范标准是什么？

引导问题 3：水工混凝土配合比设计的步骤有哪些？

工作计划

按照任务书要求，制定混凝土配合比实施方案，完成表 1.27、表 1.28 内容。

表 1.27　　混凝土的性能检测实施方案

步　骤	工作内容	负责人	步　骤	工作内容	负责人
1			5		
2			6		
3			7		
4			8		

表 1.28　　工具、耗材和器材清单

序　号	名　称	型号与规格	单　位	数　量	备　注

进行决策

（1）各小组选派代表详细阐述工作方案。

（2）各组对其他组的工作方案提出各自的不同看法。

（3）教师根据各组汇报的内容进行点评，提出方案存在的问题。

（4）各组根据教师和同学提出的意见进行完善修改。

工作实施

1. 混凝土材料进场验收

由教师和学生分别模拟施工单位和项目监理机构填写材料进场验收记录模拟表，见表1.29。

表1.29　混凝土材料进场验收表

工程名称			编　号		
材料名称			进场日期		
材料品种		规格		进场数量	
生产厂家		出厂合格证			

验收情况：

1. 水泥：

品种：__________；型号：__________；生产厂家：__________；出厂日期：__________。

2. 砂子：

品种：__________；含水率：__________；细度模数：__________；属于__________砂。

3. 石子：

品种：__________；含水率：__________；最大粒径：__________。

4. 掺合料：

品种：__________；型号：__________；生产厂家：__________；出厂日期：__________。

5. 外加剂：

品种：__________；型号：__________；生产厂家：__________；出厂日期：__________。

施工单位（组长）检查意见：

质检员：　　　材料员：　　　年　月　日

项目监理机构（教师）验收意见：

专业监理工程师：　　　年　月　日

注　本表由施工单位填写，监理机构验收合格后，作为质量证明资料，由施工单位保存。

2. 混凝土初步配合比设计

引导问题4：水工混凝土初步配合比设计的步骤有哪些？

3. 混凝土配合比设计试配与调整

引导问题5：混凝土拌制的基本流程是什么？

引导问题6：混凝土配合比设计的调整方法有哪些？

4. 施工配合比的确定

引导问题7：考虑现场材料含水率，如何将实验室配合比转换成施工配合比？

考核评价

表 1.30　　项目考核评价表

项目名称	评价内容	分值	评价结果		
			自评	互评	教师评
职业素养评价 40%	学习准备	7			
	安全责任意识	7			
	积极参与项目	10			
	沟通协作	6			
	纪律	10			
专业能力评价 60%	专业知识查找及时准确	8			
	引导问题填写准确完整	10			
	操作规范，效率高	18			
	按时完成任务	10			
	完成质量	14			
创新性评价+5分	项目创新	5			
总分		105			
总评	自评（25%）+互评（25%）+教师评（50%）		教师（签名）：		

任务1.3　混凝土配合比设计

1.3.1　混凝土配合比设计的要求

混凝土配合比设计的基本要求如下。

（1）满足施工要求的混凝土拌和物的和易性。

（2）满足混凝土结构设计所要求的强度等级。

（3）满足混凝土的耐久性（如抗冻等级、抗渗等级）。

（4）在满足各项技术要求的前提下，使各组成材料经济合理。

1.3.2　混凝土配合比设计的方法

进行混凝土配合比设计时，首先要正确选用原材料品种，检验原材料质量，然后按混凝土技术要求通过经验公式、经验数据进行初步计算，得出初步计算配合比；在初步计算配合比的基础上，经试拌、检验、调整得出满足和易性要求的基准配合比；通过实验室进行混凝土强度检验、复核，得出实验室配合比（也称设计配合比）；最后根据现场原材料实际情况（如砂、石的实际含水率等）修正实验室配合比从而得出施工配合比。

1.3.2.1 初步计算配合比的参数

1. 确定混凝土配制强度 $f_{cu,o}$

为使混凝土的强度保证率能满足规定的要求，在设计混凝土配合比时必须使混凝土的配制强度 $f_{cu,o}$ 高于设计强度 $f_{cu,k}$。混凝土的强度保证率要求达到95%。

当混凝土的设计强度等级小于C60时，$f_{cu,o}$ 可采用下式计算：

$$f_{cu,o}=f_{cu,k}+1.645\sigma \tag{1.20}$$

式中 $f_{cu,o}$——混凝土配制强度，MPa；

$f_{cu,k}$——混凝土立方体抗压强度标准值，取设计混凝土强度等级值，MPa；

σ——施工单位的混凝土强度标准差，MPa；

1.645——达到95%强度保证率的系数。

σ 表示施工单位的管理水平的高低，σ 越低混凝土施工质量越稳定。σ 的取值，当具有近1～3个月的同一品种、同一强度等级混凝土的强度资料时，可按下式求得。

$$\sigma=\sqrt{\frac{\sum_{i=1}^{n}f_{cu,i}^{2}-nmf_{cu}^{2}}{n-1}} \tag{1.21}$$

式中 $f_{cu,i}$——混凝土第 i 组试件的强度值，MPa；

mf_{cu}——混凝土第 n 组试件的强度平均值，MPa；

n——同品种混凝土试件的总组数。

当设计强度等级大于或等于C60时，配制强度应按下式计算：

$$f_{cm,0}\geqslant 1.15f_{cm,k} \tag{1.22}$$

对于强度等级不大于C30的混凝土：当 σ 不小于3.0MPa时，应按照计算结果取值；当 σ 小于3.0MPa时，σ 应取3.0MPa。对于强度等级大于C30且不大于C60的混凝土：当 σ 不小于4.0MPa时，应按照计算结果取值；当 σ 小于4.0MPa时，σ 应取4.0MPa。

当没有近期同一品种、同一强度等级的资料时，其强度标准差 σ 可按表1.31取值。

表1.31 **σ 取 值** 单位：MPa

混凝土强度标准值	≤C20	C25～C45	C50～C55
σ	4.0	5.0	6.0

2. 水胶比（用 W/B 表示）

混凝土强度等级不大于C60等级时，混凝土水胶比宜按下式计算：

$$\frac{W}{B}=\frac{\alpha_a f_b}{f_{cu,o}+\alpha_a\alpha_b f_b} \tag{1.23}$$

式中 W/B——混凝土水胶比；

α_a、α_b——回归系数，可按表1.32取用；

f_b——胶凝材料（水泥与矿物掺合料按使用比例混合）28d胶砂强度（MPa）实测值。当胶凝材料28d胶砂抗压强度 f_b 无实测值时，可按下式计算：

$$f_b=\gamma_f\gamma_s f_{ce} \tag{1.24}$$

式中 γ_f、γ_s——粉煤灰影响系数和粒化高炉矿渣粉影响系数，可按表1.33选用；

f_{ce}——水泥28d胶砂抗压强度（MPa）实测值，也可按下式计算：

$$f_{ce}=\gamma_e f_{ce,g} \tag{1.25}$$

式中 γ_e——水泥强度等级富余系数，可按实际统计资料确定；当缺乏实际统计资时，也可按表1.34选用；

$f_{ce,g}$——水泥强度等级值，MPa。

表1.32 **回归系数 α_a、α_b 选用表**

系数	品种	
	碎石	卵石
α_a	0.53	0.49
α_b	0.20	0.13

表1.33 **粉煤灰影响系数 γ_f 和粒化高炉矿渣粉影响系数 γ_s**

掺量	种类	
	粉煤灰影响系数 γ_f	粒化高炉矿渣粉影响系数 γ_s
0	1.00	1.00
10%	0.90～0.95	1.00
20%	0.80～0.85	0.95～1.00
30%	0.70～0.75	0.90～1.00
40%	0.60～0.65	0.80～0.90
50%	—	0.70～0.85

注 1. 本表以P·O42.5水泥为准；如采用其他品种水泥，可将掺量20%以上部分计入矿物掺合料。

2. 宜采用Ⅰ级或Ⅱ级粉煤灰；采用Ⅰ级粉煤灰宜取上限值，采用Ⅱ级粉煤灰宜取下限值。

3. 采用S75级粒化高炉矿渣粉宜取下限值，采用S95级粒化高炉矿渣粉宜取上限值，采用S105级粒化高炉矿渣粉可取上限值加0.05。

4. 当超出表中的掺量时，粉煤灰和粒化高炉矿渣粉影响系数应经试验确定。

表1.34 **水泥强度等级值的富余系数 γ_c**

水泥强度等级值	32.5	42.5	52.5
富余系数	1.12	1.16	1.10

3. 用水量和外加剂用量

单位用水量主要根据坍落度及骨料种类、规格来选择。混凝土水胶比在0.40～0.80范围时，每立方米混土的用水量 m_{w0} 可按表1.35选取。

表1.35 **混凝土单位用水量选用表** 单位：kg/m^3

项目	指标	卵石最大粒径/mm				碎石最大粒径/mm			
		10	20	31.5	40	16	20	31.5	40
坍落度/mm	10～30	190	170	160	150	200	185	175	165
	35～50	200	180	170	160	210	195	185	175
	55～70	210	190	180	170	220	205	195	185
	75～90	215	195	185	175	230	215	205	195

续表

项目	指标	卵石最大粒径/mm				碎石最大粒径/mm			
		10	20	31.5	40	16	20	31.5	40
维勃稠度/s	16～20	175	160	—	145	180	170	—	155
	11～15	180	165	—	150	185	175	—	160
	5～10	185	170	—	155	190	180	—	165

注　1. 本表用水量系采用中砂时的平均取值，如采用细砂，每立方米混凝土用水量可增加 5～10kg，采用粗砂时则可减少 5～10kg。

2. 掺用各种外加剂或掺合料时，可相应增减用水量。

3. 本表不适用于水灰比小于 0.4 的混凝土以及采用特殊成型工艺的混凝土。

掺外加剂时，每立方米流动性或大流动性混凝土的用水量 $m_{\omega o}$ 可按下式计算：

$$m_{\omega o}=m'_{\omega o}(1-\beta) \tag{1.26}$$

式中　$m_{\omega o}$——计算配合比每立方米混凝土的用水量，kg/m^3；

$m'_{\omega o}$——未掺外加剂时每立方米混凝土用水量，kg/m^3，以表 1.35 中 90mm 坍落度的用水量为基础，坍落度每增大 20mm 用水量增加 5kg 来计算，当坍落度增大到 180mm 以上时，随坍落度相应增加的用水量可减少；

β——外加剂的减水率,%。

每立方米混凝土中外加剂用量应按下式计算：

$$m_{ao}=m_{bo}\beta_a \tag{1.27}$$

式中　m_{ao}——每立方米混凝土中外加剂用量，kg；

m_{bo}——每立方米混凝土中胶凝材料用量，kg；

β_a——外加剂掺量,%，应经混凝土试验确定。

4. 胶凝材料、矿物掺合料和水泥用量

每立方米混凝土的胶凝材料用量 m_{bo} 应按下式计算，并应进行试拌调整，在拌和物性能满足的情况下，取经济合理的胶凝材料用量。

$$m_{bo}=\frac{m_{\omega o}}{W/B} \tag{1.28}$$

矿物掺合料在混凝土中的掺量应通过试验确定。钢筋混擬土中矿物掺合料掺量宜符合表 1.36 的规定。每立方米混凝土的矿物掺合料用量 m_{fo} 计算应按下式进行：

表 1.36　　钢筋混凝土中矿物掺合料最大掺量

矿物掺合料种类	水胶比	最大掺量/%	
		采用硅酸盐水泥时	采用普通硅酸盐水泥时
粉煤灰	≤0.40	45	35
	>0.40	40	30
粒化高炉矿渣粉	≤0.40	65	55
	>0.40	55	45
钢渣粉	—	30	20

续表

矿物掺合料种类	水胶比	最大掺量/%	
		采用硅酸盐水泥时	采用普通硅酸盐水泥时
磷渣粉	—	30	20
硅灰	—	10	10
复合掺合料	≤0.40	65	55
	>0.40	55	45

注　1. 采用其他通用硅酸盐水泥时，宜将水泥混合材料掺量20%以上的混合材量计入矿物掺合料。

2. 复合掺合料中各组分的掺量不宜超过单掺时的最大掺量。

3. 在混合使用两种或两种以上矿物掺合料时，矿物掺合料总掺量应符合表中复合掺合料的规定。对大体积混凝土，粉煤灰、粒化高炉矿渣粉和复合掺合料的最大掺量可增加5%。

$$m_{fo}=m_{bo}\cdot\beta_f \tag{1.29}$$

式中　m_{fo}——计算配合比每立方米混凝土中矿物格合料用量，kg/m^3；

β_f——矿物掺合料掺量，%。

每立方米混凝土的水泥用量 m_{co} 应按下式计算：

$$m_{co}=m_{bo}-m_{fo} \tag{1.30}$$

式中　m_{co}——每立方米混凝土中水泥用量，kg/m^3。

5. *砂率 β_s*

砂率应根据骨料的技术指标、混凝土拌和物性能和施工要求确定。混凝土砂率应符合下列规定：坍落度小于10mm的混凝土，其砂率应经试验确定；坍落度为10～60mm的混凝土砂率，可根据粗骨料品种、最大公称粒径及水胶比按表1.37选取。坍落度大于60mm的砂率可经试验确定，也可在表1.37的基础上，按坍落度每增大20mm、砂率增大1%的幅度予以调整。

表1.37　　混凝土砂率选用表　　%

水胶比 W/B	卵石最大公称粒径/mm			卵石最大公称粒径/mm		
	10.0	20.0	40.0	16.0	20.0	40.0
0.40	26～32	25～31	24～30	30～35	29～34	27～32
0.50	30～35	29～34	28～33	33～38	32～37	30～35
0.60	33～38	32～37	31～36	36～41	35～40	33～38
0.70	36～41	35～40	34～39	39～44	38～43	36～41

注　1. 本表数值系中砂的选用砂率，对细砂或粗砂，可相应地减少或增大砂率。

2. 采用人工砂配制混凝土时，砂率可适当增大。

3. 只用一个单粒级粗骨料配制混凝土时，砂率应适当增大。

4. 对薄壁构件，砂率宜取偏大值。

6. 计算混凝土粗、细骨料用量

粗、细骨料的用量可用质量法和体积法求得。

当采用质量法计算混凝土配合比时，粗、细骨料的用量按式（1.31）计算；砂率按式（1.32）计算：

$$m_{f0}+m_{c0}+m_{g0}+m_{s0}+m_{\omega 0}=m_{cp} \tag{1.31}$$

$$\beta_s=\frac{m_{s0}}{m_{g0}+m_{s0}}\times 100\% \tag{1.32}$$

式中　m_{g0}——每立方米混凝土的粗骨料用量，kg/m³；

m_{s0}——每立方米混凝土的细骨料用量，kg/m³；

β_s——砂率，%；

m_{cp}——每立方米混凝土的假定质量，kg，可取2350～2450kg；

$m_{\omega 0}$——每立方米混凝土的用水量，kg/m³。

当采用体积法计算时，砂率按式（1.32）计算，粗、细骨料的用量应按式（1.33）计算：

$$\frac{m_{c0}}{\rho_c}+\frac{m_{f0}}{\rho_f}+\frac{m_{g0}}{\rho_g}+\frac{m_{s0}}{\rho_s}+\frac{m_{\omega 0}}{\rho_\omega}+0.01\alpha=1 \tag{1.33}$$

式中　ρ_c——水泥密度，kg/m³，可取2900～3100kg/m³；

ρ_f——矿物掺合料密度，kg/m³；

ρ_g——粗骨料的表观密度，kg/m³；

ρ_s——细骨料的表观密度，kg/m³；

ρ_w——水的密度，kg/m³，可取1000kg/m³；

α——混凝土的含气量百分数，在不使用引气剂或引气型外加剂时，α可取为1。

1.3.2.2　混凝土配合比的试配与调整

初步配合比是借助于一些经验公式和数据计算出来的，或是利用经验资料查得的，因而不一定能符合实际情况，必须要进行试拌调整，直到混凝土拌和物的和易性符合要求为止。

1. 试配

混凝土试配时，试验室成型条件应符合《普通混凝土拌合物性能试验方法标准》(GB/T 50080—2016) 的规定。

每盘混凝土的最小搅拌量如下：骨料最大粒径不大于31.5mm时为20L；骨料最大粒径为40mm时为25L；当采用机械搅拌时，搅拌量不应小于搅拌机公称容量的1/4且不应大于搅拌机的公称容量。

在计算配合比的基础上进行试拌。宜在水胶比不变、胶凝材料用量和外加剂用量合理的原则下调整胶凝材料用量、外加剂用量和砂率等，直到混凝土拌和物性能符合设计和施工要求，确定混凝土的基准配合比。

调整混凝土拌和物和易性的方法：若坍落度过小，可保持水灰比不变，适当增加水泥浆量；若坍落度过大，应在砂率不变的条件下增加砂石用量；如出现含砂不足，黏聚性和保水性不良，可适当增加砂率，反之应减小砂率。每次调整后再试拌，直到和易性符合要求为止。

在试拌配合比的基础上，进行混凝土强度试验，并应至少采用三个不同的配合比。当采用三个不同的配合比时，其中一个为试拌配合比，另外两个配合比的水胶比宜较试拌配合比分别增加和减少0.05，用水量与试拌配合比相同，砂率可分别增加和减少1%。

进行混凝土强度试验时，应继续保持拌和物性能符合设计和施工要求，并检验坍落度、黏聚性、保水性、表观密度、强度等，作为相应配合比的混凝土拌和物性能指标。

2. 调整与确定

根据三个不同配合比的混凝土强度试验结果，绘制强度和胶水比的线性关系图，用图解法或插值法求出与略大于配制强度所对应的胶水比，用水量应在试拌配合比用水量的基础上，根据混凝土强度试验时实测的拌合物性能情况做适当调整；胶凝材料用量应以用水量乘以胶水比计算得出；粗骨料和细骨料用量应在用水量和胶凝材料用量调整的基础上，进行相应调整。

测试调整的配合比的混凝土拌和物表观密度。当实测值与计算值之差的绝对值不超过计算值的2%时，调整的配合比可维持不变；当二者之差超过2%时，应将配合比中每项材料用量均乘以校正系数δ。

调整后的配合比按下式计算混凝土拌和物的表观密度：

$$\rho_{c,c}=m_c+m_f+m_g+m_s+m_w \tag{1.34}$$

按下式计算混凝土配合比校正系数δ：

$$\delta=\frac{\rho_{c,t}}{\rho_{c,c}} \tag{1.35}$$

式中　$\rho_{c,t}$——混凝土拌和物表观密度实测值，kg/m^3；

$\rho_{c,c}$——混凝土拌和物表观密度计算值，kg/m^3。

配合比调整后，应测定拌和物水溶性氯离子含量，并应对设计要求的混凝土耐久性能进行试验，符合设计规定的氯离子含量和耐久性能要求的配合比方可确定为设计配合比。

1.3.2.3　确定施工配合比

实验室得出的配合比是以干燥材料为基准的，而工地存放的砂、石材料都含有一定的水分。所以，现场材料的实际称量应按工地砂、石的含水情况进行修正，修正后的配合比，叫做施工配合比。

假设施工工地测出砂的含水率为$a\%$、石子的含水率为$b\%$，则上述实验室配合比换算成施工配合比为

$$\begin{aligned} m'_c&=m_c\\ m'_s&=m_s(1+a\%)\\ m'_g&=m_g(1+b\%)\\ m'_w&=m_w-m_s a\%-m_g b\% \end{aligned} \tag{1.36}$$

1.3.2.4　普通混凝土配合比设计实例

（一）计算初步配合比

某现浇钢筋混凝土梁，混凝土设计强度等级C30，施工要求坍落度为35～50mm，使用环境为无冻害的室外使用。施工单位无该种混凝土的历史统计资料，该混凝土采用统计法评定。所用的原材料情况如下：

水泥：42.5级普通水泥，实测28d抗压强度为46.0MPa，密度$\rho_c=3100kg/m^3$。

砂：级配合格，$\mu_f=2.7$的中砂，表观密度$\rho_s=2650kg/m^3$。

石子：5～20mm 的碎石，表观密度 $\rho_g=2720kg/m^3$。

试求：该混凝土的设计配合比（试验室配合比）。

施工现场砂的含水率为 3%，碎石的含水率为 1%时的施工配合比。

解：

（一）计算初步配合比

1. 确定配制强度 $f_{cu,0}$

当混凝土强度等级为 C30 时，取 $\sigma=5.0MPa$，得

$$f_{cu,0}=f_{cu,k}+1.645\sigma=30+1.645\times5.0=38.225\ (MPa)$$

2. 计算水灰比 W/C

对于碎石：$\alpha_a=0.53$，$\alpha_b=0.2$，且已知：$f_{ce}=46.0MPa$，则

$$\frac{W}{C}=\frac{\alpha_a f_{ce}}{f_{cu,0}+\alpha_a\alpha_b f_{ce}}=\frac{0.53\times46}{38.225+0.53\times0.2\times46}=0.57$$

3. 确定单位用水量 m_{w0}

根据混凝土坍落度为 35～50mm，砂子为中砂，石子为 5～20mm 的碎石，查表选取单位用水量 $m_{w0}=195kg$。

4. 计算水泥用量 m_{c0}

$$\frac{W}{C}=\frac{m_{w0}}{m_{c0}}=0.57 \longrightarrow \text{水泥用量 } m_{c0} \text{ 为 } 342kg$$

5. 选取确定砂率 β_s

查表 1.37，$W/C=0.57$ 和碎石最大粒径为 20mm 时，可取 $\beta_s=36\%$。

6. 计算粗、细骨料的用量 m_{g0}、m_{s0}

（1）质量法求计算配合比。

假定，$1m^3$ 新拌混凝土的质量为 2400kg。则有

$$342+m_{g0}+m_{s0}+195=2400$$

$$\beta_s=\frac{m_{s0}}{m_{s0}+m_{g0}}=36\%$$

求得：$m_{g0}=1092kg$，$m_{s0}=671kg$。

计算配合比：

$1m^3$ 混凝土：水泥 342kg，水 195kg，砂 671kg，碎石 1092kg。

（2）体积法求计算配合比。

$$\frac{368}{3100}+\frac{m_{g0}}{2720}+\frac{m_{s0}}{2650}+\frac{195}{1000}+0.01\alpha=1$$

$$\beta_s=\frac{m_{s0}}{m_{s0}+m_{g0}}=36\%$$

求得：$m_{g0}=1180kg$，$m_{s0}=664kg$。

计算配合比：

$1m^3$ 混凝土：水泥 342kg，水 195kg，砂 664kg，碎石 1180kg。

（二）确定基准配合比

1. 试配

混凝土试配时，试验室成型条件应符合现行国家标准《普通混凝土拌合物性能试验方法标准》（GB/T 50080—2016）的规定。

每盘混凝土的最小搅拌量有如下规定：骨料最大粒径不大于 31.5mm 时为 20L；骨料最大粒径为 40mm 时为 25L；当采用机械搅拌时，搅拌量不应小于搅拌机公称容量的 1/4 且不应大于搅拌机的公称容量。

按计算配合比试拌 20L 混凝土，各材料用量：

水泥：0.02×342＝6.84（kg）　水：0.02×195＝3.9（kg）

砂：0.02×664＝13.28（kg）　碎石：0.02×1180＝23.6（kg）

2. 调整

拌和均匀后，测得坍落度为 25mm，低于施工要求的坍落度（35～50mm，坍落度每增加 10mm，用水量增加 1%～3%），增加水泥浆量 4%，测得坍落度为 40mm，新拌混凝土的黏聚性和保水性良好。

经调整后各项材料用量：水泥 7.11kg，水 4.06kg，砂 13.28kg，碎石 23.6kg。

因此，基准配合比：$m_{c0}:m_{s0}:m_{g0}$，$W/c=1:1.87:3.32$，0.57。

以基准配合比为基础，采用水灰比为 0.52、0.57 和 0.62 的三个不同配合比，制作强度试验试件，经试验测得其表观密度分别为 2380kg/m^3、2383kg/m^3 和 2372kg/m^3。见表 1.38。

表 1.38　　混凝土配合比的试配结果

编号	混凝土配合比					混凝土实测性能		
	水灰比	水泥 /kg	水 /kg	砂 /kg	石 /kg	坍落度 /mm	表观密度 /(kg/m^3)	28d 抗压强度 /MPa
1	0.52	356	185	664	1180	45	2380	47.8
2	0.57	356	203	664	1180	40	2383	40.2
3	0.62	356	221	664	1180	40	2372	34.0

3 种不同水灰比混凝土的配合比、实测坍落度、表观密度和 28d 强度如表 1.38 所列。由表的结果并经计算可得与 $f_{cu,0}=38.2$MPa 对应的 W/C 为 0.59（内插法）。因此，取水灰比为 0.59，用水量为 203kg，砂率保持不变。调整后的配合比为：水泥 356kg，水 210kg，砂 664kg，石子 1180kg，表观密度 2378kg/m^3。

3. 施工配合比

将设计配合比，换算成施工配合比时，用水量应扣除砂、石所含水量，砂、石用量则应增加砂、石所含水量。因此，施工配合比为

$m'_c=m_c=356$kg

$m'_s=m_s\times$（1＋w 砂）＝664×（1＋3%）＝684（kg）

$m'_g=m_g\times$（1＋w 石子）＝1180×（1＋1%）＝1192（kg）

$m'_w=m_w-m_{gw}-m_{sw}=210-664\times0.03-1180\times0.01=178$（kg）

项目 2　混凝土工程施工

学习情境　混凝土施工

项目 2
混凝土工程
施工

情境描述

某住宅小区，总建筑面积 18327.11m^2，设计分为两个单元，地下 1 层，地上 16 层，结构形式为剪力墙结构。该工程基础混凝土浇筑总方量约为 1600m^3。全部采用 C35 商品混凝土。根据工程特点，制定混凝土施工方案，完成混凝土整个施工浇筑过程。

学习目标

1. 知识目标

(1) 掌握混凝土施工的工艺流程。

(2) 掌握混凝土施工的方法。

2. 能力目标

(1) 能根据工程要求选择合适的施工方法。

(2) 能根据项目特点制定合理的施工方案。

3. 素质目标

(1) 能针对问题，提出有效的解决方案。

(2) 能进行有效的自主学习。

4. 思政育人目标

(1) 自觉执行水利行业规范、标准和规程。

(2) 在工程建设中，践行勇于实践、甘于奉献的水利精神。

任务书

表 2.1　　　　任 务 单 表

分组编号		组　　长		日　　期	
施工任务：混凝土施工					
任务内容： 1. 掌握混凝土施工的工艺流程 2. 掌握混凝土施工的方法					

任务分组

表 2.2　　学生任务分配表

班　级		分组编号		指导教师	
组长					
组员	姓名				
	学号				
	姓名				
	学号				
任务分工					

获取信息

学习内容：混凝土施工工艺流程和施工方法。可以通过学习情境的知识点、网络搜索、数字资源等多种形式获取信息，并完成下列问题。

引导问题1：混凝土拌制过程有哪些？

引导问题2：混凝土运输设备有哪些？

引导问题3：混凝土浇筑过程有哪些？

引导问题4：混凝土的养护方法有哪些？

工作计划

按照任务书要求，制定混凝土施工实施方案，完成表2.3。

表2.3　　混凝土施工实施方案

步　骤	工作内容	负责人	步　骤	工作内容	负责人
1			5		
2			6		
3			7		
4			8		

进行决策

（1）各小组选派代表详细阐述工作方案。

（2）各组对其他组的工作方案提出各自的不同看法。

（3）教师根据各组汇报的内容进行点评，提出方案存在的问题。

（4）各组根据教师和同学提出的意见进行完善修改。

工作实施

引导问题5：混凝土拌和的方法有哪些？各适用于什么情况？

引导问题6：混凝土的投料次序有哪几种方法？各方法的投料顺序如何进行？

引导问题 7：混凝土的搅拌设备有哪些？如何选择混凝土的搅拌设备？

引导问题 8：混凝土的运输设备有哪些？各适用于什么条件？

引导问题 9：混凝土的运输要求和注意事项有哪些？

引导问题 10：混凝土拌和物入仓有何要求？

引导问题 11：如何确定混凝土的铺料厚度？

引导问题 12：混凝土的铺料方式有哪些？

引导问题 13：混凝土的振捣方式有哪些？各适用于什么条件？

引导问题 14：振捣器有哪些类型？各适用于什么条件？

引导问题 15：混凝土养护的类型有哪些？各适用于什么条件？

考核评价

表 2.4　　**项目考核评价表**

项目名称	评价内容	分值	评价结果		
			自评	互评	教师评
职业素养评价 40%	学习准备	7			
	安全责任意识	7			
	积极参与项目	10			
	沟通协作	6			
	纪律	10			

续表

项目名称	评　价　内　容	分值	评　价　结　果		
			自评	互评	教师评
专业能力评价 60%	专业知识查找及时准确	15			
	引导问题填写准确完整	15			
	按时完成任务	15			
	完成质量	15			
创新性评价+5分	项目创新	5			
总分		105			
总评	自评（25%）+互评（25%）+教师评（50%）		教师（签名）：		

混凝土施工是指按照设计图纸的要求，进行钢筋制作绑扎、模板摆放和固定，以及用符合质量要求的原材料按规定的配比进行拌制、运输、浇筑、养护等，同时对各个环节进行全过程质量控制和检验。在水利工程中，它广泛应用于修建闸坝、引水和泄水系统、厂房、泵站以及各类水工建筑物。混凝土工程施工，需根据混凝土的种类、要求的性能、当时的气温条件以及其他施工条件，采用相应的施工方法。

任务2.1　混 凝 土 施 工

2.1.1　混凝土拌和

混凝土拌制是将水、水泥和粗细骨料按一定配合比进行均匀拌和及混合的过程。合理设计混凝土生产的工艺流程，正确选定拌制系统生产设备型式和能力，科学布置拌和厂，严格控制拌和质量，对保证混凝土质量具有重要的作用。

混凝土拌制是一个工艺复杂且机械化、自动化程度较高的工序，其关系如图2.1所示。混凝土拌制主要有两个环节：配料与拌和。

2.1.1.1　混凝土配料

配料的关键是骨料、水泥、水、外加剂的配合比要准确。混凝土拌和必须按照试验部门签发并经审核的混凝土配料单进行配料，严禁擅自更改。混凝土组成材料的配料量均以重量计。称量的允许偏差，不应超过表2.5的规定。

表2.5　混凝土材料称量的允许偏差

材料名称	称量允许偏差/%
水泥、掺合料、水、冰、外加剂溶液	±1
骨料	±2

1. 骨料计量

骨料计量在小工程上可以用箩筐、手推车首次进行称量，此后不需称量，可按同等体积时的首次称量进行计量。一般工程应使用磅秤进行骨料计量。人工配料，劳动强度大，效率低，只适于小型工地。中型工地要求较高，多用轻轨斗车、机动翻斗车、履带式运输机与磅秤或者电动杠杆秤联动的配料装置，其操作简单方便，生产效率较高。大型工程配料要求精确度高，生产效率高，一般设置专门的全自动配料系统。

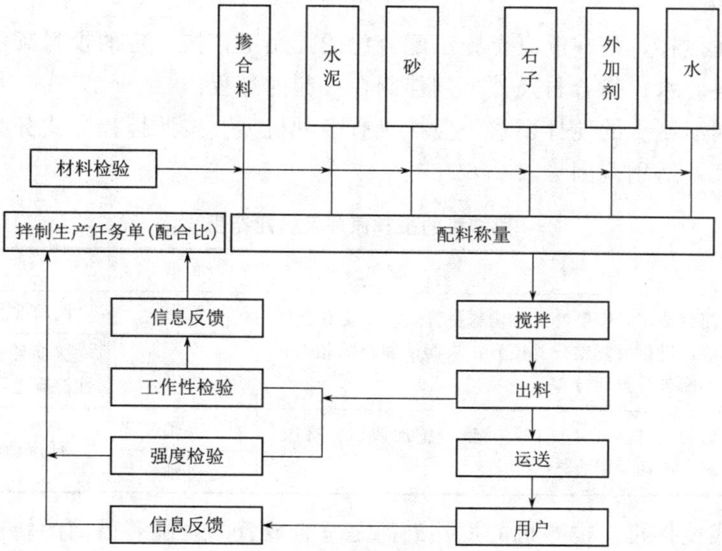

图2.1　混凝土拌制工艺图

2. 胶凝材料

胶凝材料分为袋装和散装。袋装水泥一般直接以一袋为基准，加入一定的骨料和水。这种方法配料简单，但不准确，往往会影响混凝土搅拌质量，在小型工程施工中采用较多。散装水泥一般用磅秤、电子秤称量水泥，计量比较准确。

3. 外加剂和水

外加剂先根据剂量配比配成稀释溶液与水一起使用。在混凝土拌和机上，一般都设有虹吸式量水器，水通过管道注入拌和机内。

2.1.1.2　混凝土拌和

混凝土的施工工艺和管理水平直接影响混凝土的质量。在合理选择混凝土原材料和确定配合比的前提下，采用正确的拌和方法和合理的施工工序是提高混凝土质量的有效途径，混凝土拌和的方法有人工搅拌和机械搅拌两种。

1. 人工搅拌

拌制数量不多的混凝土，一般采用人工搅拌。人工搅拌的混凝土质量差，水泥耗量多，只在工程量很少时采用。

人工搅拌混凝土应在铁板上、清洁平整的水泥地面或砖铺地面进行，一般采用“三干三湿”法，即先按配合比进行备料，然后把砂子摊平，将水泥倒在砂子上，用锹干拌2遍，再加入石子翻拌1遍，此后，边缓慢加水，边反复搅拌（至少拌3遍），直至石子全部被水泥砂浆包住，无离析现象为止，拌和后应在45min内用完。另一种方法是将干拌均匀的水泥和砂堆成圆形，中间呈凹窝状，将石子倒入凹窝中，再倒入2/3左右的拌和用水，一边搅拌，一边将砂浆往石子堆上盖。在搅拌过程中要防止稀浆向外流，当拌至石子基本混合以后，便进行翻拌，边翻拌边洒水，在较干处多洒，较湿处少洒，直至把剩余的拌和水洒完。

2. 机械搅拌

混凝土机械搅拌，是在混凝土施工配合比的控制下，按一定的投料顺序，利用机械将水泥、粗细骨料、水、掺合料及外加剂拌制在一起的过程。

为适应不同混凝土的搅拌要求，搅拌机有多种机型。按照搅拌方式分为自落式和强制式。其搅拌原理及适用范围见表2.6。

表2.6　搅拌机的搅拌原理及适用范围

类别	搅拌原理	机型	适用范围
自落式	筒身旋转，带动叶片将物料提高，在重力作用下洒落，进行反复地分割提升，从而使物料的相对位置不断进行重新分布	鼓形	流动性及低流动性混凝土
		锥形	流动性、低流动性及干硬性混凝土
强制式	筒身固定，叶片旋转，对物料施加剪切、挤压、翻滚、滑动、混合	立轴	低流动性和干硬性混凝土
		卧轴	

（1）自落式搅拌机。搅拌机的搅拌鼓筒是垂直放置的。随着鼓筒的转动，混凝土拌和料在鼓筒内做自由落体式翻转，从而达到搅拌的目的。自落式搅拌机多用于搅拌塑性混凝土和低流动性混凝土。筒和叶片磨损较小，易于清理，但动力消耗大、效率低。搅拌时间为90～120s/盘，其构造见图2.2和图2.3。

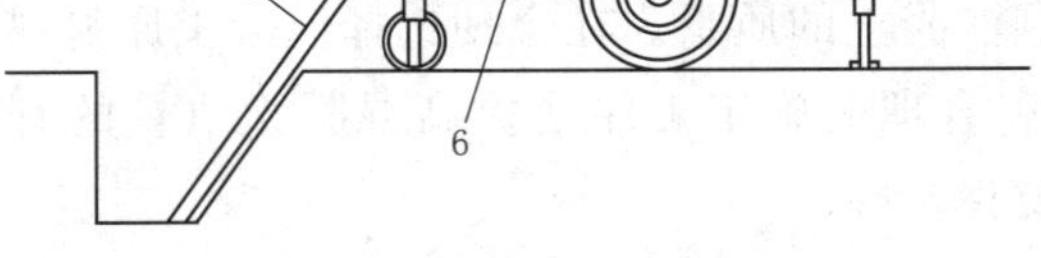

图2.2　自落式锥形搅拌机

1—出料槽；2—搅拌筒；3—水计量器；4—上料卷扬器；5—上料斗；6—大齿轮护罩

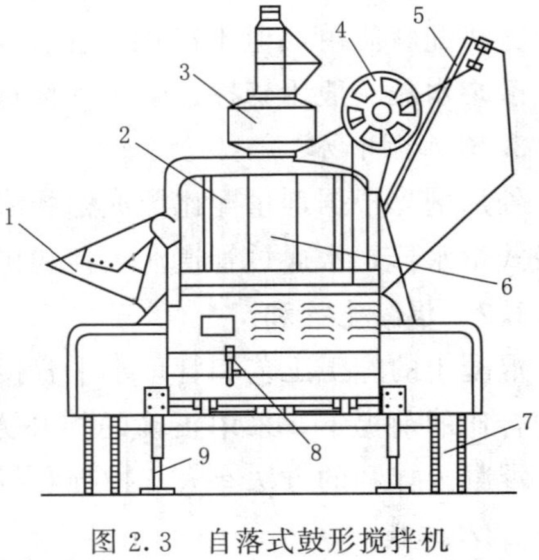

图2.3　自落式鼓形搅拌机

1—上料斗；2—电动机；3—上料轨道；4—搅拌筒；5—开关箱；6—水管；7—行走轮；8—水泵加水器；9—撑脚

自落式搅拌靠叶片对拌和料进行反复的分割提升及洒落，从而使物料的相对位置不断进行重新分布，而跌落时的冲击加强了这种拌和作用。但这种搅拌方式适合于塑性混土，对于干硬性混凝土和轻骨料混凝土不适用。强制式搅拌机，按预定轨迹运动，塑性和干硬性混凝土都可进行有效拌和，但强制式搅拌的转速如果太高，拌和料易离析，转速太低又会使搅拌时间延长，生产效率降低。

（2）强制式搅拌机。强制式搅拌机的鼓筒内有若干组叶片，搅拌时叶片绕立轴或卧轴旋转，将材料强行搅拌，直至搅拌均匀。这种搅拌机的搅拌作用强烈，适宜于搅拌干硬性混凝土和轻骨料混凝土，也可搅拌流动性混凝土，具有搅拌质量好、搅拌速度快、生产效率高、操作简便及安全等优点。但机件磨损严重，一般需用高强合金钢或其他耐磨材料做内衬，多用于集中搅拌站。强制式搅拌机构造见图2.4和图2.5。

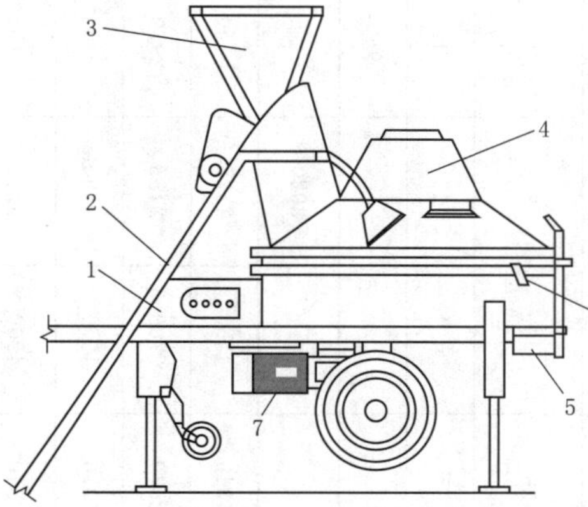

图2.4　立轴强制式搅拌机

1—开关箱；2—上料轨道；3—上料斗；4—搅拌筒；5—出浆口；6—进水管；7—电动机

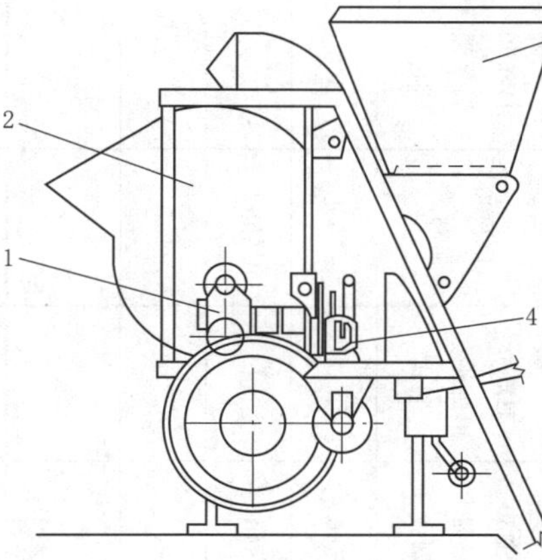

图2.5　卧轴强制式搅拌机

1—变速装置；2—搅拌筒；3—上料斗；4—水泵

常用的混凝土搅拌机的主要技术性能见表2.7。

（3）搅拌机使用注意事项。

1）安装。搅拌机应设置在平坦的位置，用方木垫起前后轮轴，使轮胎搁高架空，以免在开动时发生走动。固定式搅拌机要装在固定的机座或底架上。

2）检查。电源接通后，必须仔细检查，经2～3min空车试转认为合格后，方可使用。试运转时应校验拌筒转速是否合适，一般情况下，空车速度比重车（装料后）稍快2～3r/min，如相差较多，应调整主动轮与传动轮的传动比例。拌筒的旋转方向应符合箭头指示方向，如不符时，应更正电机接线。检查传动离合器和制动器是否灵活可靠，钢丝绳有无损坏，轨道滑轮是否良好，周围有无障碍及各部位的润滑情况等。

3）保护。电动机应装设外壳或采用其他保护措施，防止水分和潮气浸入而损坏。电动机必须安装启动开关，速度由缓变快。开机后，经常注意搅拌机各部件的运转是否正常。停机时，经常检查搅拌机叶片是否打弯，螺丝有否打落或松动。当混凝土搅拌完毕或预计停歇1h以上时，除将余料出净外，应用石子和清水倒人拌筒内，开机转动5～10min，把粘在料筒上的砂浆冲洗干净后全部卸出。料筒内不得有积水，以免料筒和叶片生锈。同时还应清理搅拌筒外积灰，使机械保持清洁完好。下班后及停机不用时，将电动机保险丝取下。

（4）混凝土拌和站。混凝土拌和站是由供料、储料、配料、出料、控制等系统及结构部件组成用于生产混凝土拌和物的成套设备。

在中小工程、分散工程、大型工程的零星部位，一般设拌和站生产混凝土。布置拌和

表 2.7 常用混凝土搅拌机的主要技术性能

项目		J1－250 自落式	JZGR350 自落式	JZC350 双锥自落式	J1－400 自落式	J4－375 强制式	JD250 单卧轴强制式	JS350 双卧轴强制式	JD500 单卧轴强制式	TQ500 强制式	JW500 涡桨强制式	JW1000 涡桨强制式	S4S1000 双卧轴强制式
进料容量/L		250	560	560	400	375	400	560	800	800	800	1600	1600
出料容量/L		160	350	350	260	250	250	350	500	500	500	1000	1000
拌和时间/min		2	2	2	2	1.2	1.5	2	2	1.5	1.5～2.0	1.5～3.0	3
平均搅拌能力/(m^3/h)		3～5		12～14	6～12	12.5	12.5	17.5～21	25.3	20	20		60
拌筒尺寸/(mm×mm)		1218×960	1447×1096	1560×1890	1447×1178	1700×500				2040×650	2042×646	3000×830	
拌筒转速/(r/min)		18	17.4	14.5	18		30	35	26	28.5	28	20	36
电动机	kW	5.5		5.5	7.5	1.0	11	15	5.5	30	30	55	
	r/min	1440		1440	1450	1450	1460				980		
配水箱容/L		40			65					2020			
外形尺寸/mm	长	2280	3500	3100	3700	4000	4340	4340	4580	2375	6150	3900	3852
	宽	2200	2600	2190	2800	1865	2850	2570	2700	2138	2950	3120	2385
	高	2400	3000	3040	3000	3120	4000	4070	4570	1650	4300	1800	2465
整机重量/kg		1500	3200	2000	3500	2200	3300	3540	4200	3700	5185	7000	6500

注 估算搅拌机的产量，一般以出料系数表示，其数值为0.55～0.72，通常取0.6。

站要根据地形确定拌和机的位置、出料运输线路的位置、料堆的位置、进料的方向。拌和站的拌和机布置一般有两种形式，拌和机数量不多的，可采用一字排列布置，拌和机数量多的，可采用双排相向布置，如图 2.6 和图 2.7 所示。

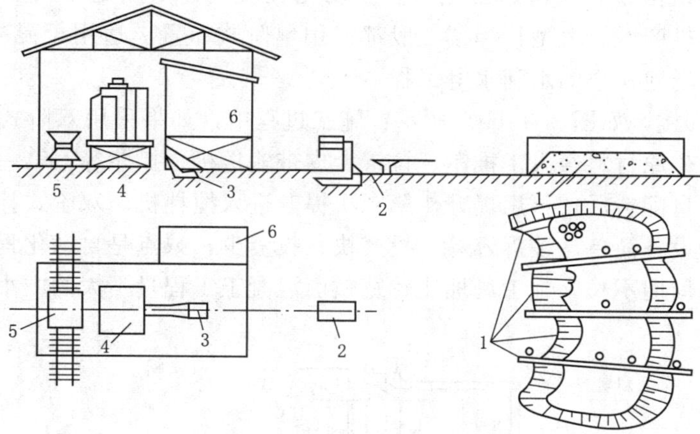

图 2.6　简单拌和站

1—砂石料堆；2—地磅；3—装料斗；4—鼓形搅拌；5—运输混凝土斗车；6—水泥仓库

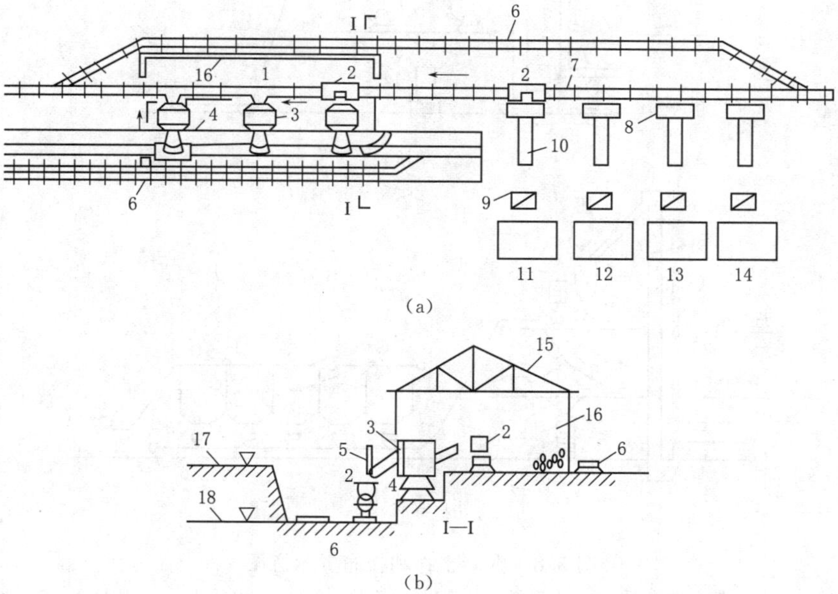

图 2.7　中、小型拌和站

1—水泥仓库；2—斗车；3—搅拌机；4—贮料斗；5—料斗闸门；6—轻车道；7—重车道；8—装料台；9—地磅；10—斜坡道；11—砂堆；12—小石堆；13—中石堆；14—大石堆；15—敞篷；16—墙；17—拌和站设在平地时的地面线；18—拌和站设在台地时的地面线

（5）拌和楼。拌和楼是一种具有连续储料、配料、拌和与出料等功能的生产混凝土的工厂。

混凝土拌和楼按结构型式可分为单阶式拌和楼和双阶式拌和楼两类。

1）单阶式拌和楼，如图 2.8（a）所示：原料一次提升到顶，经贮料斗靠自重下落，进入称量工序和搅拌工序，最后将熟料卸入底部运输工具中。单阶式拌和楼的工艺流程优点是生产效率高、结构布置紧凑、占地少、自动化程度高；缺点是结构复杂、安装高度大、安装费用高，投产慢。大型拌和楼一般都采用单阶式布置。适用于混凝土工程量大、使用周期长、施工场地狭小的水利水电工程。

2）双阶式拌和楼，如图 2.8（b）所示：施工过程中，如果采用双阶式拌和楼，材料需要提升两次。首先原材料经人工推车、拉铲、皮带输送机、抓斗等，第一次提升进入贮料斗，下落经过称量配料后，再用提升斗第二次提升进入搅拌机。双阶式拌和楼的优点是建筑高度小、运输设备简单、装拆容易、投产快、投资少；缺点是自动化程度低、占地面积大。适用于使用周期不长，施工场地比较宽敞而混凝土工程量不大的中小型工程。

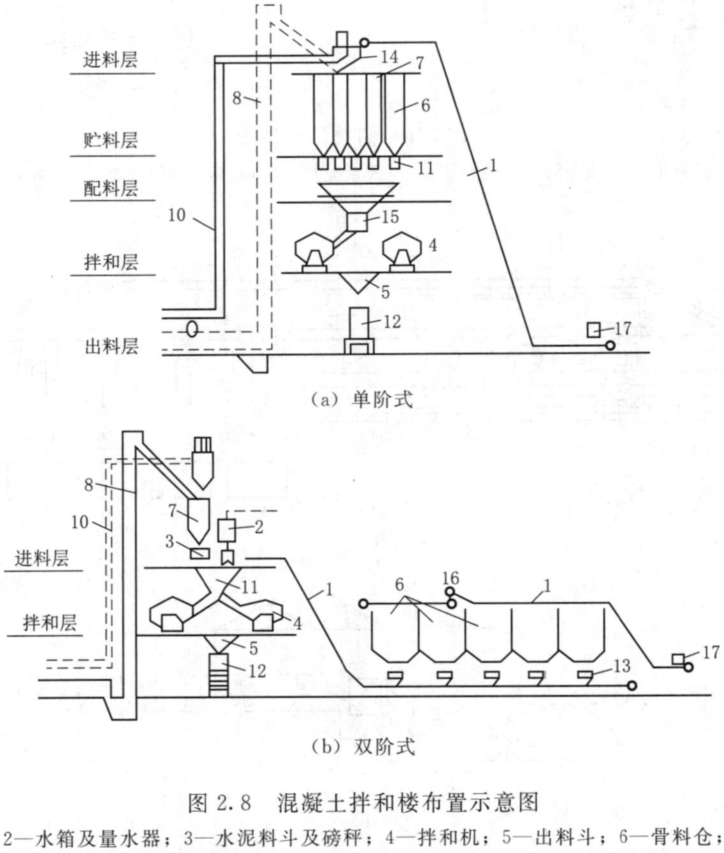

（a）单阶式

（b）双阶式

图 2.8　混凝土拌和楼布置示意图

1—皮带机；2—水箱及量水器；3—水泥料斗及磅秤；4—拌和机；5—出料斗；6—骨料仓；7—水泥仓；8—斗式水泥提升机；9—水泥螺旋机；10—风送水泥管道，11—骨料斗；12—混凝土吊罐；13—配料器；14—回转漏斗；15—回转喂料器；16—御料小车；17—进料斗

（6）拌和站（楼）安装及使用等注意事项。

1）安装。混凝土拌和站的安装，应由专业人员按出厂说明书进行，并应在技术人员主持下，组织调试，在各项技术性能全部符合规定并经验收合格后，方可投产使用，与拌和站配套的空气压缩机、皮带输送机及混凝土搅拌机等设备的安装，应按设备的安装相关规定执行。

2）作业检查。搅拌筒内和各配套机构的传动、运动部位及仓门、斗门轨道等均无异物卡住。各润滑油箱的油面高度符合规定。打开门排放气路系统中气水分离器的过多积水，打开储气筒排污螺塞放出油水混合物。提升斗和拉铲的钢丝绳安装、卷筒缠绕均正确，钢丝绳及滑轮符合规定，提升料斗及拉铲的制动器灵敏有效。各部螺栓已紧固，各进、排阀门无超限磨损，各输送带的张紧度适当，不跑偏。称量装置的所有控制和显示部分工作正常，其精度符合规定。各电器装置能有效控制机械动作，各接触点和动、静触头无明显损伤。

3）保护。应按拌和站的技术性能准备合格的砂、石集料，粒径超出许可范围的不得使用。机组各部分应逐步启动。启动后，各部件运动的情况和各仪表指示情况应正常，油、气、水的压力符合要求，方可开始作业。作业过程中，在储料区内和提升斗下，严禁人员进入。搅拌筒启动前应盖好仓盖。机械运转中，严禁将手、脚伸入料斗或搅拌筒中。

（7）搅拌机参数选择。为了保证混凝土拌和物的搅拌质量，除了正确选定搅拌方式及设备外，还要确定正确的搅拌参数，如转速、搅拌时间、装料容积及投料次序等。

1）搅拌鼓筒的转速。自落式搅拌机的鼓筒最佳转速以 60r/min 为宜。强制式搅拌机鼓筒的转速为 6～7r/min，叶片转轴的速度为 30r/min。

2）搅拌时间。搅拌时间影响混凝土质量及搅拌机生产率。搅拌时间越短，混凝土和易性越低；但搅拌时间过长，不仅降低生产率，而且也会降低混凝土的和易性。轻骨料混凝土宜采用强制式搅拌机搅拌，但搅拌时间应延长 60～90s。掺加掺合料、外加剂及冰时，可延长搅拌时间。按照规定，混凝土最少搅拌时间按表 2.8 规定进行。新拌混凝土的均匀性应经常检查，无明显砂粒及水泥团，石子完全被砂浆包裹，说明拌和较均匀。

表 2.8　　混凝土最少拌和时间

拌和机容量 Q/m^3	最大骨料粒径/mm	最少拌和时间/s	
		自落式拌和机	强制式拌和机
$0.8 \leqslant Q \leqslant 1$	80	90	60
$1 \leqslant Q \leqslant 3$	150	120	75
$Q > 3$	150	150	90

注　1. 人机拌和量应在拌和机额定容量的 110%以内。
2. 加冰混凝土的拌和时间应延长 30s（强制式 15s），出机的混凝土拌和物中不应有冰块。

3）装料容积。装料容积一般为搅拌机几何体积的 1/3～1/2。一次搅拌好的混凝土体积称为“出料体积”，为“装料容积”的 55%～75%。在加料前要根据施工配合比和工地搅拌机的型号，确定搅拌时原材料的每次投料量。

4）投料次序。计算好每次投料量后就要按一定的加料顺序投料。投料方法有一次投料、二次投料、多次投料等几种。一次投料法是按砂子、水泥、石子依次投料入斗，在投料入机的同时，加入全部拌和用水进行搅拌。这种投料顺序使水泥夹在石子和砂中间，水泥不飞扬，也不粘斗底，且水泥和砂先进入搅拌筒形成水泥砂浆，可缩短包裹石子的时间。二次投料法是先将砂、水泥及水投入搅拌机内，拌制成砂浆，然后加入石子搅拌成混凝土，这种投料方法使水泥颗粒充分分散，并包裹在砂子表面，拌和均匀的水泥砂浆又将石子均匀地裹住，从而改善了混凝土的流动性。它克服了一次投料搅拌混凝土常出现的分层泌水现象。在相同配合比例的情况下，同一台搅拌机二次投料比一次投料混凝土的和易性好，在不减少水泥的情况下，坍落度有所提高，强度亦可提高10%～20%。但是二次投料在水灰比较小（0.4以下）时，混凝土不易充分搅拌均匀，故强度增长率不大；只有当水灰比为0.5～0.7时，能得到较好的效果。一次、二次投料法中凝胶材料分布不均，为改善混凝土骨料的胶结状况，条件允许时可采用多次投料法。多次投料搅拌混凝土，又叫造壳混凝土，其机理是在骨料外表面造成一层水泥浆体，以提高混凝土性能。多次投料法的投料次序可参考表2.9进行。

表2.9 多次搅拌混凝土的投料次序

名称	第一次	第二次	第三次
砂浆法	水$_1$、砂、水泥	粗骨料、水$_2$、外加剂	
净浆法	水$_1$、水泥	水$_2$、砂	粗骨料、水$_3$、外加剂
裹砂法	水$_1$、砂	水泥	粗骨料、水$_2$、外加剂
裹石法	水$_1$、粗骨料	水泥	砂、水$_2$、外加剂
裹石砂法	水$_1$、砂、粗骨料	水泥、水$_2$、外加剂	

3. 混凝土拌制的质量要求

在搅拌工序中，应按要求进行混凝土拌和物的均匀性检查。检查均匀性时，应在搅拌机卸料过程中，从卸料流出的1/4～3/4之间部位取样。检测结果应符合下列规定：混凝土中砂浆密度，两次测值的相对误差不应大于0.8%。单位体积混凝土中粗骨料含量，两次测值的相对误差不应大于5%。混凝土搅拌时间，每工作班至少应抽查两次。混凝土拌和物的稠度，应在搅拌地点和浇筑地点分别取样检测，每工作班不应少于1次，评定以浇筑地点的为准。检测坍落度的同时观察混凝土拌和物的黏聚性和保水性，全面评定混凝土拌和物的和易性。根据需要检查混凝土拌和物的其他质量指标时，检测结果应符合相关规定，如含气量、水灰比和水泥含量等。

混凝土拌和物出现下列情况之一者，按不合格料处理：错用配料单已无法补救，混凝土配料时任意一种材料计量失控或漏项，拌和物不均匀或夹带生料，出机口混凝土坍落度超过最大允许值。

2.1.1.3 混凝土拌制流程

1. 施工准备

（1）水泥：水泥的品种、强度等级、厂别及牌号应符合混凝土配合比通知单的要求。水泥应有出厂合格证及进场试验报告。

（2）砂：砂的粒径及产地应符合混凝土配合比通知单的要求。砂中含泥量：当混凝土强度等级不小于C30时，含泥量不大于3%；混凝土强度等级小于C30时，含泥量不大于5%，有抗冻、抗渗要求时，含泥量应不大于3%。砂中泥块的含量（大于5mm的纯泥），当混凝土强度等级不小于C30时，其泥块含量应不大于1%。混凝土强度等级小于C30时，其泥块含量应不大于2%，有抗冻、抗渗要求时，其泥块含量应不大于1%。砂应有试验报告单。

(3) 石子（碎石或卵石）：石子的粒径、级配及产地应符合混凝土配合比通知单的要求。石子的针、片状颗粒含量：当混凝土强度等级不小于 C30 时，应不大于 15%；当混凝土强度等级为 C25～C15 时，应不大于 25%。石子的含泥量（小于 0.8mm 的尘屑、淤泥和黏土的总含量）：当混凝土强度等级不小于 C30 时，应不大于 1%；当混凝土强度等级为 C25～C15 时，应不大于 2%；当对混凝土有抗冻、抗渗要求时，应不大于 1%。石子的泥块含量（大于 5mm 的纯泥）：当混凝土强度等级不小于 C30 时，应不大于 0.5%；当混凝土强度等级小于 C30 时，应不大于 0.7%；当混凝土强度等级不大于 C10 时，应不大于 1%。石子应有试块报告单。

(4) 水：宜采用饮用水。如采用其他水，水质必须符合现行混凝土拌和用水标准的规定。

(5) 外加剂：所用混凝土外加剂的品种、生产厂家及牌号应符合配合比通知单的更求。外加剂应有出厂质量证明书及使用说明，并应有有关指标的进场试验报告。外加剂必须有掺量试验。

(6) 主要机具：混凝土搅拌机宜优先采用强制式搅拌机，也可采用自落式搅拌机。计量设备一般采用磅秤或电子计量设备。水计量可采用流量计、时间继电器控制的流量计或水箱水位管标志计量器。上料设备有双轮手推车、铲车、装载机、砂石输料斗等以及配套的其他设备。现场试验器具，如坍落度测试设备、试模等。

(7) 作业条件：试验室已下达混凝土配合通知单，并将其转换为每盘实际使用的施工配合比；所有原材料经检查，全部符合配合比通知单所提出的要求。

搅拌机及其配套的设备应运转灵活、安全可靠。电源及配电系统符合要求，安全可靠。

所有计量器有检定的有效期标识。地磅下面及周围的砂、石清理干净，计量器具灵敏可靠，并按施工配合比设专人定磅。

管理人员向作业班组进行配合比、操作规程和安全技术交底。

需浇筑混凝土的工程部位已办理隐检、预检手续，混凝土浇筑的申请单已经有相关管理人员批准。

2. 混凝土拌制

(1) 混凝土拌制的工艺流程。在施工过程中，混凝土的拌制流程如图 2.9 所示。

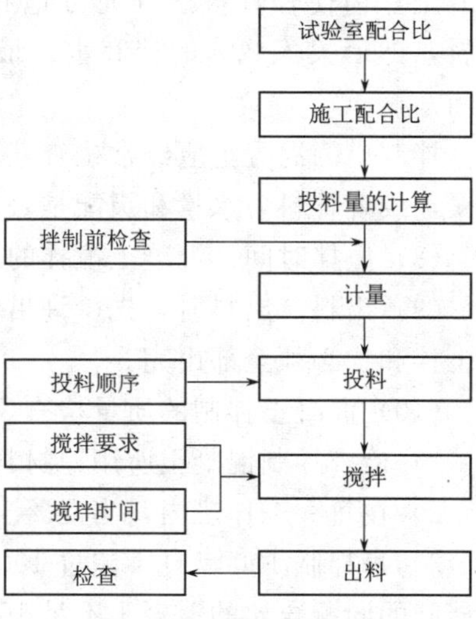

图 2.9　混凝土的拌制流程

(2) 确定施工配合比。混凝土的配合比是在试验室根据初步计算的配合比经过试配和调整而确定的，称为试验室配合比。确定试验室配合比所用的骨料——砂石都是干燥的。施工现场使用的砂石有一定的含水率，含水率大小随季节、气候不断变化。这样仍按原配比投料，必然导致配合比不符合设计要求。为保证混凝土工程质量，保证按配合比投料，在拌制混凝土前应根据砂、石的实际含水率对试验室配合比进行调整，所得的调整后的配合比称为施工配合比。已知实验室配合比时，在施工现场测得砂石含水率，可按式（1.21）计算施工配合比。

（3）投料量计算。施工配合比确定后，应根据所用的搅拌机的出料容量及拌和任务单计算每拌一盘混凝土的各材料用量。

（4）拌制前工作检查。每台班开始前，对搅拌机及上料设备进行检查并试运转；对所用计量器具进行检查并定磅；校对施工配合比；对所用原材料的规格、品种、产地、牌号及质量进行检查，并与施工配合比进行核对；对砂、石的含水率进行检查，如有变化，应及时通知试验人员调整用水量。一切检查符合要求后，方可开盘拌制混凝土。

（5）计量。砂、石计量：用手推车上料时，必须车过磅，卸多补少。有贮料斗及配套的计量设备，采用自动或半自动上料时，需调整好斗门关闭的提前量，以保证计量准确。水泥、掺合料、水、冰、外加剂称量的允许偏差为不大于±1%；骨料称量的允许偏差为不大于±2%。

（6）投料顺序。现场拌制混凝土，一般是计量好的原材料先汇集在上料斗中，经上料斗进入搅拌筒。水及液态外加剂经计量后，在往搅拌筒中进料的同时，直接进入搅拌筒。原材料汇集入上料斗的顺序如下：

1）当无外加剂、混合料时，依次进入上料斗的顺序为石子、水泥、砂。

2）当掺混合料时，其顺序为石子、水泥、混合料、砂。

3）当掺粉状外加剂时，其顺序为石子、外加剂、水泥、砂或石子、水泥、外加剂。

（7）搅拌要求。由于投入骨料时要粘住一部分砂浆，所以一般第一拌只加规定石子质量的 1/2，以保证混凝土质量。

使用外加剂时，先将外加剂溶于水中，再倒入鼓筒搅拌。对于吸水性较大的轻骨料混凝土，为使轻骨料达到充分饱和，避免搅拌过程中的真空吸附现象，一般先投入轻骨料，然后投入 2/3 的拌和水，最后再投入其他材料和 1/3 的拌和水，并适当延长搅拌时间。

拌制出的混凝土应经常检查其和易性，如差异较大应检查配料（特别是用水量）是否有误，或者骨料含水量和级配是否发生变动，以便及时进行调整。

（8）搅拌时间。混凝土搅拌的最短时间应按表 2.8 进行严格控制。

（9）出料。出料时，先少许出料，目测拌和物的外观质量，合格后方可出料。每盘混凝土拌和物必须全部出完。

（10）混凝土拌制的质量检查。

1）检查拌制混凝土所用原材料的品种、规格和用量，每一个工作班至少两次。

2）在每一工作班内，当混凝土配合比由于外界影响有变动时，应及时检查。

3）每拌制 100 盘且不超过 $100m^3$ 的同配合比的混凝土其取样不得少于一次；每工作班拌制的同配合比的混凝土不足 100 盘时，其取样不得少于一次；有抗渗要求的混凝土，应按规定留置抗渗试块。

4）每次取样应至少留置一组标准试件，同条件养护试件的留置组数。可根据技术交底的要求确定。为保证留置的试块有代表性，应在第三盘以后至搅拌结束前 30min 之间取样。

2.1.2　混凝土运输

2.1.2.1　混凝土运输要求

混凝土拌和物在运输过程中处于运动状态时，骨料在自重作用下下沉，并且颗粒质量愈大，向下沉落的趋势愈强。由于粗、细骨料、水泥浆的质量各不相同，因此，他们总是各自集结在一定深度，从而出现混凝土拌和物的分层离析现象。

混凝土运输是整个混凝土施工中的一个重要环节，为了保证混凝土的运输质量，应选取最佳的运输方案。混凝土运输方案的选择，应根据建筑结构的特点、混凝土的总方量、每天每小时要求灌筑的混凝土量、运输距离、地形、道路和气候条件以及现有设备情况等综合进行考虑。无论采用何种运输方案，均应满足以下要求及相关规定。

(1) 根据混凝土的最大浇筑量和运距选择运输设备的数量及型号。

(2) 混凝土运输的容器应严密、不漏浆，内壁应平整光洁、不吸水，黏附的混凝土残渣应经常清除。混凝土装入容器前应先用水将容器湿润。

(3) 同时运输两种以上强度等级的混凝土时，应在运输设备上设置标志，以免混淆。

(4) 缩短运输时间、减少转运次数。混凝土的运输时间不宜超过规范的规定。因故停歇过久，混凝土产生初凝时，应作废料处理。在任何情况下，严禁中途加水后运入仓内。

(5) 运输时尽量避免拌和物振动、离析、分层。如有离析，须在浇捣前进行二次搅拌。

(6) 保证混凝土的浇筑量，尤其是滑模施工和不允许留施工缝的大体积混凝土浇筑等情况下，混凝土运输必须保证其浇筑工程能够连续进行。

(7) 对大体积混凝土应优先采用吊罐式直接入仓的运输方式。

(8) 混凝土拌和物自由下落高度以不大于2m为宜，超过此界限时应采用缓降措施如溜槽、串筒等；超过8m则宜用振动串筒。

(9) 凝土运输工具及浇筑地点，必要时应有遮盖或保温设施，以避免日晒、雨淋。气候炎热时须予以覆盖，以防蒸发；冬季施工时，应采取保温措施，以防冻结。

2.1.2.2　混凝土运输机具

(1) 人工运输混凝土常用手推车、架子车和斗车等。手推车有单轮、双轮两种。多用双轮手推车（图2.10），容量一般为0.1～0.12m；单轮手推车容量一般为0.05～0.06m^3。手推车操作灵活、装卸方便，适用于楼地面工程的水平运输。

(2) 机动翻斗车（图2.11）采用柴油机装配而成的，最大行驶速度达到35km/h，车前装有容积为0.467m^3的料斗，载重量为1000kg。机动翻斗车具有轻便灵活、结构简单、转弯半径小、速度快、能自动卸料、操作维护简便等特点。适用于和混凝土搅拌机配合，做短距离水平运输使用，另外，还可以运输砂、石等散装材料。

(3) 自卸汽车（图2.12）是以载重汽车作为驱动力，在其底盘上装置一套液压升降机构，使车厢举升和降落，以便自卸物料。自卸汽车适用于远距离和混凝土需用量大的水平运输。

(4) 混凝土搅拌运输车（图2.13）是在载重或专用汽车的底盘上装置一个梨型反转出料的搅拌机。它兼有运输和搅拌混凝土的双重功能。混凝土搅拌运输车在运输的同时，对其缓慢地搅拌2～4r/min，以防止混凝土在运输过程中出现初凝或离析现象，从而保证混凝土的质量。运距较远时，则可将全部干料装入搅拌筒、先作干料运输，在达到使用地点前 10～15min 时再加水搅拌 3～12r/min，到达后即可使用。主要作为集中搅拌站与施工工地之间的运输机具，特别适用于大型混凝土工程。

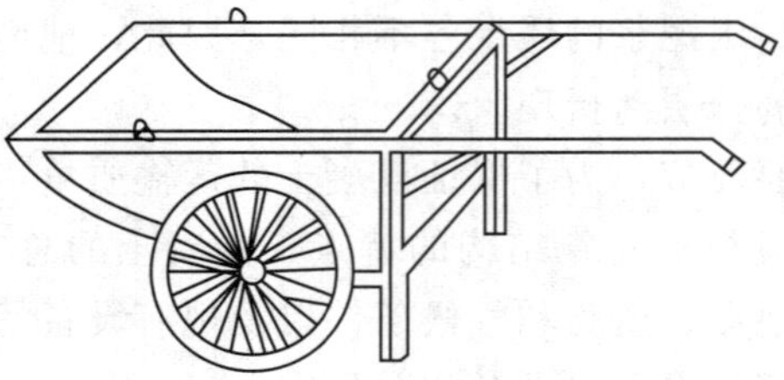
图 2.10　双轮手推车

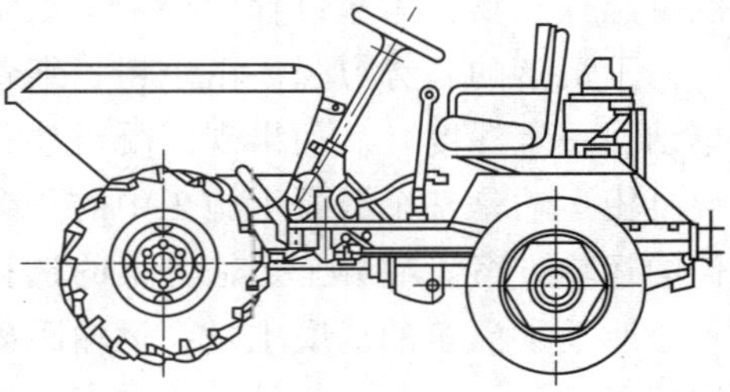
图 2.11　机动翻斗车

图 2.12　自卸汽车

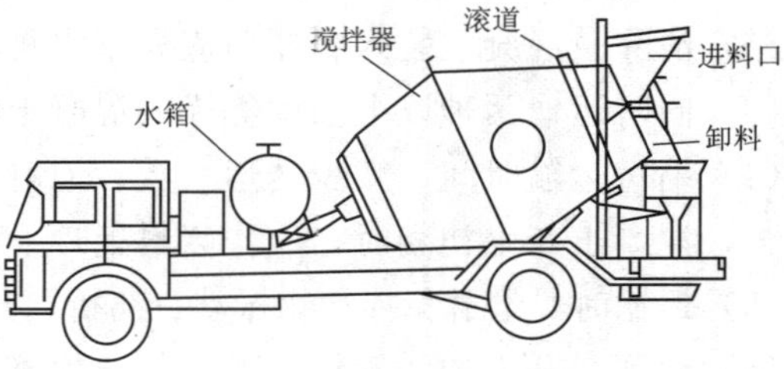

图 2.13　混凝土搅拌运输车

（5）塔式起重机（图 2.14）主要用于高层建筑的混凝土垂直运输。塔式起重机一般均配有料斗，料斗容积一般为 0.3～3m^3，上部开口装料，下部安装扇形手动闸门，可直接将混凝土卸入仓内。当搅拌站设在塔式起重机工作半径范围内时，塔式起重机可完成地面、垂直及楼面运输而不需要二次搬运。

（6）皮带运输机。在混凝土浇筑量和浇筑速度稳定，既有水平运距又有相当高差时，可采用皮带运输机运输混凝土，但运距不宜太长，否则设备过多、成本过高，混凝土也易丧失水分而黏结在皮带上。使用皮带运输机时要注意：运输距离不宜超过 50m；两台皮带运输机卸装在来料胶带尽端设置料罩，承接胶带设置接料槽，以防止混凝土离析（图 2.15）。

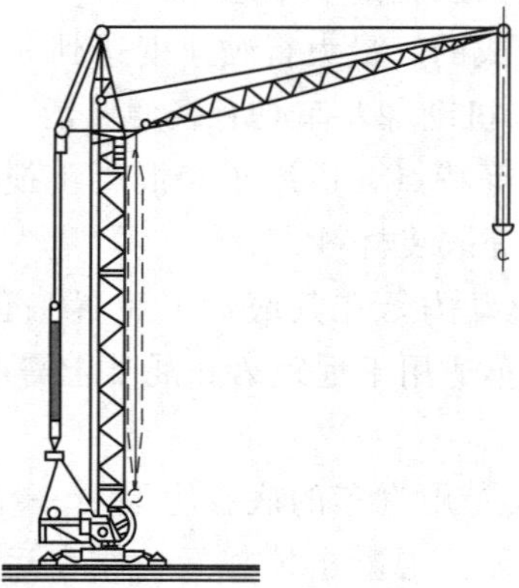
图 2.14　塔式起重机

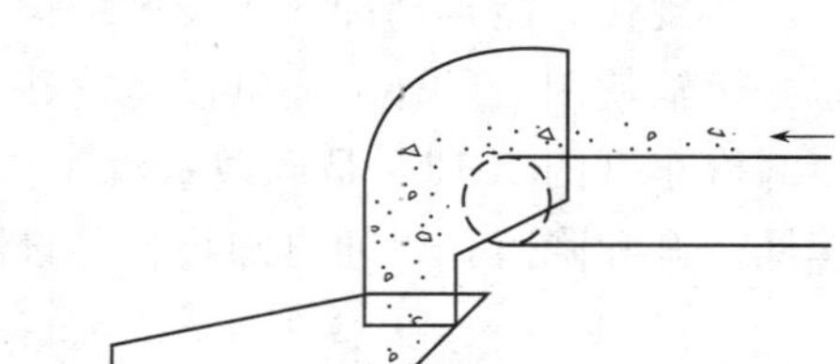
图 2.15　两架皮带运输机连接运混凝土料

（7）混凝土泵。对一些工作面狭窄的混凝土工程（如隧洞混凝土衬砌），常用混凝土泵运送混凝土料。混凝土泵工作原理类似于往复式水泵，在活塞内作往复运动的柱塞将受料斗中的混凝土吸入并压出，经输送混凝土的管道送到浇筑地点。

2.1.2.3　混凝土运输辅助工具

为保证混凝土不发生分离，还可以设置溜槽、串筒等缓降辅助设施以及与吊车配套的吊罐等。

（1）溜槽与振动溜槽。溜槽（图2.16）为木制或金属槽子，可从皮带机、自卸汽车、斗车等受料，将混凝土转送入仓。其坡度可由试验确定，一般不宜大于30°，混凝土移动速度不宜大于1m/s。如果溜槽的坡度太小，混凝土移动太慢，可在溜槽底部加装小型振动器。如果溜槽太斜，卸料高度过大时，可采用振动溜槽。振动溜槽为一个半圆形断面的金属槽，其上装有振动器，单节长4～6m，拼装总长可达30m，采用溜槽导送混凝土入仓时，在溜槽末端应加设挡板和垂直漏斗，以免混凝土产生离析。

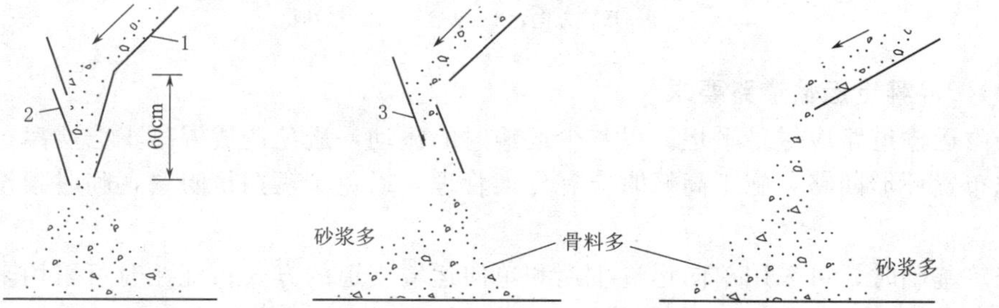

（a）正确方法　　（b）不正确方法

图2.16　溜槽卸料

1—溜槽；2—两节溜筒；3—挡板

（2）串筒与振动串筒。串筒（图2.17）由长0.8～1.0m的铁皮管节成串绞挂而成，工作时通过其上的漏斗悬吊在脚手架上，用斗车或皮带机供料，卸料面积可控制在半径为1～1.5m的范围内。牵动时注意保持其出口段2m左右的长度与浇筑面积垂直，以防卸出的混凝土离析。串筒出口距浇筑面积的距离不大于1.5m，串筒筒节的断面应上大下小，因而在混凝通过时，可以起到缓降作用，串筒多用于混凝土卸落高度不超过10m的情况。振动串筒与普通串筒相似，只是沿串筒一定距离间隔设置振捣器，防止中途堵塞，卸料高可达10～20m。

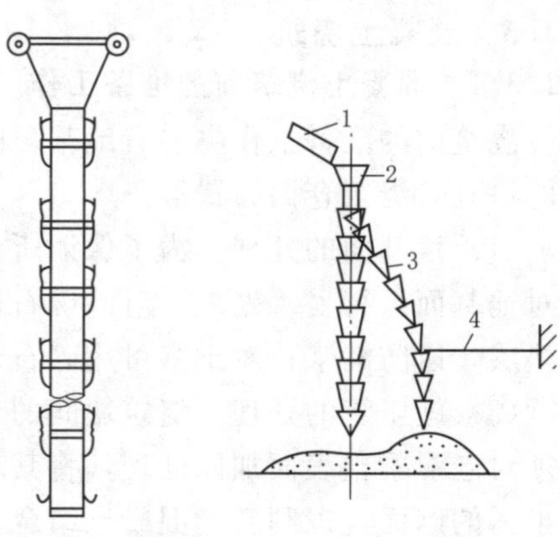

（a）垂直位置　　（b）拉向一侧卸料

图2.17　串筒

1—运料工具；2—受料斗；3—溜管；4—拉索

（3）混凝土料斗（即吊斗）。混凝土吊斗是水平运输与垂直运输的转运工具，有圆锥形吊斗、方形吊斗、簸箕形浇筑斗（图2.18）。其中圆锥形吊斗与方形吊斗可直接搁置在模板上卸料，适用于浇筑面积宽的混凝土工程，但重心较高要注意其稳定性。簸箕形浇筑漏斗的卸料口较小，适用于柱、桩、墙体等竖向构件的浇筑，可由起重臂吊至模板上口卸料，卸料手柄可系上绳子在下方操纵。

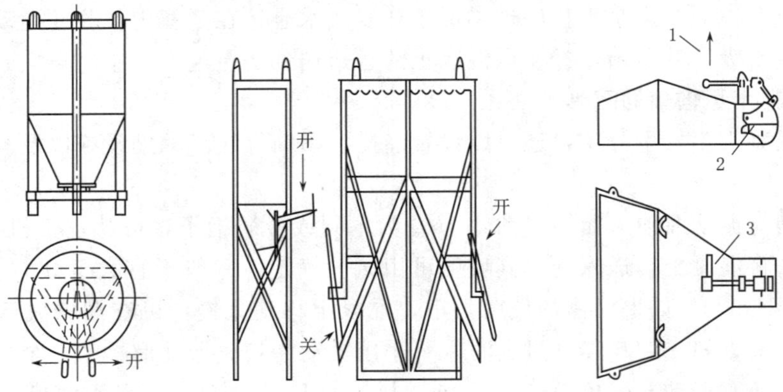

(a) 圆锥形吊斗　　(b) 方形吊斗　　(c) 簸箕形浇筑斗

图 2.18　混凝土吊斗形式

1—开口方向；2—啮合齿；3—手柄

2.1.2.4　混凝土运输道路要求

场内运输道路应尽量平坦，以减少运输时的振动，避免造成混凝土分层离析，同时还应考虑布置环形回路，施工高峰时应有专人管理，以免车辆拥挤阻塞，临时架设的便道要平顺。

浇筑基础时，可采用单向运输主道和单向运输支道的方式；浇注时可采用来回运输主道和盲肠支道的布置方式。

道路的宽度要根据单行或双行及车辆而定，一般单轮手推车单行宽度为 0.3～0.6m，双行道宽度为 1.2～1.5m；双轮手推车单行道宽度为 0.6～1m，双行道宽度为 1.5～2.5m；局部纵坡不宜大于 15%，运距不宜超过 200m。用斗车运输混凝土时，车辆转弯半径应大于 10m，局部纵坡不宜超过 4%。若为单车道则要铺设避车叉道。

2.1.3　混凝土浇筑

2.1.3.1　混凝土浇筑前的准备工作

浇筑前的准备工作主要有地基面的处理，施工缝和结构缝的处理，模板、钢筋、预埋件的检查，浇筑仓面布置等。

(1) 地基面的处理。为了保证所浇筑的混凝土和基础紧密结合，浇筑前必须按设计要求对地基面进行妥善处理。对砂砾石地基，应将地面整平，浇 10～20cm 低强度等级混凝作垫层，以防漏浆；对土基可用碎石垫底，上盖湿砂压实，再浇垫层。

(2) 施工缝的处理。浇筑块间的新老混凝土结合面就是施工缝。在新混凝土浇筑前，必须对老混凝土表面加以处理，将其表面的光滑乳皮清除干净，成为干净的有一定数量石子半露的麻面，以利新老混凝土结合。施工缝处理的方法可根据混凝土浇筑时间及气温确定，一般有高压水冲毛、风砂枪喷毛、钢丝刷刷毛、风镐凿毛和人工凿毛等方法。

(3) 模板、钢筋、预埋件经检查，应满足设计要求。

(4) 浇筑仓面布置，应满足施工组织设计要求。

2.1.3.2　混凝土入仓

混凝土入仓时，应尽量使混凝土按先低后高进行，并注意分料，不要过分集中。根据混凝土强度等级分区，先高强度等级后低强度等级进行下料，以防止减少高强度等级区的断面。由迎水面至背水面，把泌水赶至背水面部分，然后处理集中的泌水。仓内有低塘或斜面，应按先低后高进行卸料，以免泌水集中带走灰浆。浇筑块内有廊道、钢管或埋件的仓位，混凝土入仓必须两侧平起，廊道、钢管两侧的混凝土高差不得超过铺料的厚度（一般为30～50cm）。

2.1.3.3　混凝土平仓

1. 平仓方式

平仓是把卸入仓内成堆的混凝土摊平到要求的均匀厚度。平仓不当会造成离析，使骨料架空，严重影响混凝土质量。

在靠近模板和钢筋较密的地方，用人工平仓，使石子分布均匀，一般平仓距离不超过3m。水平止水、止浆片底部要用人工送料填满，严禁料罐直接下料，以免止水、止浆片卷曲和底部混凝土架空。门槽、机组埋件等空间狭小的二期混凝土用人工平仓。各种预埋件仪器周围用人工平仓，防止位移和损坏。

振捣器平仓时应将振捣器斜插入混凝土料堆下部，使混凝土向操作者位置移动，然后一次一次地插向料堆上部，直至把混凝土摊平到规定的厚度为止。如将振捣器垂直插入料堆顶部，易造成粗骨料沿椎体四周下滑，砂浆则集中在中间形成砂浆窝，影响混凝土匀质性。经过振动摊平的混凝土表面可能已经泛出砂浆，但内部并未完全捣实，切不可将平仓和振捣合二为一，影响浇筑质量。

2. 铺料

（1）铺料厚度。铺料厚度应根据拌和能力、运输距离、浇筑速度、气温及振捣器的性能等因素确定。在一般情况下，浇筑层的允许最大厚度，不应超过表2.10规定的数值，如采用低流态混凝土及大型强力振捣设备时，其浇筑层厚度应根据试验确定。

表2.10　　混凝土浇筑的允许最大厚度

振捣器类别		浇筑层的最大允许厚度	振捣器类别		浇筑层的最大允许厚度/mm
插入式	电动、风动振捣器	振捣器工作长度的0.3倍	表面振动器	在无筋和单层钢筋结构中	250
	软轴振捣器	振捣器头长度的1.25倍		在双层钢筋结构中	120

当浇筑上一层混凝土时，下层混凝土已初凝，即下层混凝土表面的乳皮无法在振捣中消失，结合面就成为软弱带，构成冷缝。为了避免产生冷缝，仓面面积 A 和浇筑层厚度 H 必须满足式（2.1）的要求。

$$AH \leqslant KQ(T_2 - T_1) \tag{2.1}$$

式中　A——浇筑仓面最大水平面积，m^2；

H——浇筑厚度，取决于振捣器的工作深度，一般为0.3～0.5m；

K——时间延误系数，可取0.8～0.85；

Q——混凝土浇筑的实际生产能力，m^3/h；

T_1——混凝土运输、浇筑所占时间，h；

T_2——混凝土初凝时间，h。

（2）铺料方式。

1）平层浇筑法。如图2.19（a）所示，混凝土按水平层连续地逐层铺填，第一层浇完后，再浇第二层，依此类推直至达到设计高度。要求下层混凝土初凝之前应覆盖上一层混凝土，否则将出现冷缝。

2）斜层浇筑法。如图2.19（b）所示，按浇筑块高，从一端向另一端推进，推进中及时覆盖，以免发生冷缝。斜层坡度不超过10°，否则在平仓振捣时易使砂浆流动、骨料分离，下层已捣实的混凝土也可能产生错动。浇筑块高度一般限制在1.5m左右，超过时应减小仓面面积。当浇筑块较薄，且对混凝土采取预冷措施时，斜层浇筑法是较常见的方法。

3）台阶浇筑法。如图2.19（c）所示，从块体短边一端向另一端铺料，边前进、边加高，逐步向前推进并形成明显的台阶，直至把整个仓位浇到收仓高程，图2.19（c）中的序号为混凝土浇筑顺序。浇筑坝体迎水面仓位时，应顺坝轴线方向铺料。

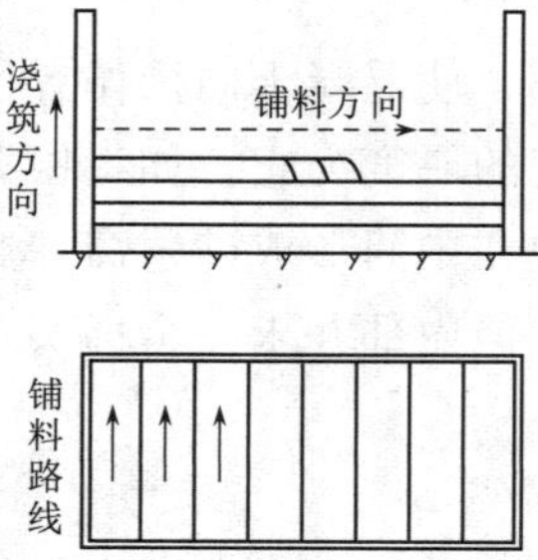

（a）平层浇筑法

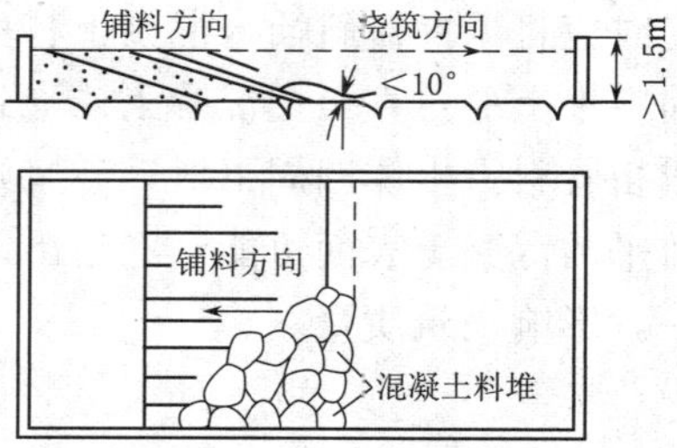

（b）斜层浇筑法

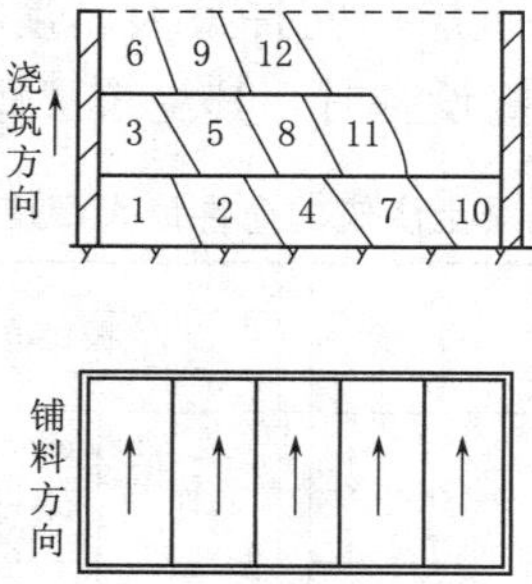

（c）台阶浇筑法

图2.19　混凝土铺料方式

浇筑块的台阶层数以3～5层为宜，层数越多，易使下层混凝土错动，并使浇筑仓内平仓振捣机械上下频繁调动，容易造成漏振。浇筑过程中，要求台阶层次分明。铺料厚度一般为0.3～0.5m，台阶宽度应大于1m，长度应大于2～3m，坡度不大于1∶2。

（3）混凝土铺料要求。在浇筑第一层混凝土前，应在湿润和清洁的基岩或老混凝土面上铺一层厚2～3cm的水砂浆（接缝砂浆），以保证新混凝土与基岩或老混凝土良好结合。砂浆的水灰比应较混凝土水灰比减少0.03～0.05。混凝土的浇筑，应按一定厚度、次序、方向分层进行。

混凝土允许间隔时间是指自混凝土拌和机出料口到初凝前覆盖上层混凝土为止的这一

段时间。它与气温、太阳辐射、风速、混凝土入仓温度、水泥品种、掺外加剂品种等条件有关。当未掺外加剂和混合材料以及未采用其他特殊措施时，混凝土铺料的允许间隔时间见表2.11。当掺用外加剂或混合材料时，应通过试验确定。

表2.11　　混凝土浇筑允许间歇时间

混凝土浇筑气温/℃	普通硅酸盐水泥/min	矿渣硅酸盐水泥及火山灰硅酸盐水泥/min
20～30	90	120
10～20	135	180
5～10	195	—

混凝土浇筑时因故超过允许的间歇时间，如面积不大，位置也不在迎水面，用插入式振捣器振捣30s，周围10cm以内的混凝土还能泛浆，在不留孔时，仍可继续浇筑。否则应停止浇筑，待混凝土强度达到2.5MPa以上，混凝土面上能行人时按施工接缝处理后才能继续浇筑。

2.1.3.4　混凝土振捣

混凝土振捣是保证混凝土浇筑质量的关键工序。振捣的目的是尽可能减少混凝土中的空隙，以清除混凝土内部的孔洞和蜂窝，并使混凝土与模板、钢筋及埋件紧密结合，从而保证混凝土的最大密实度，提高混凝土的质量。

1. 振捣方式

（1）人工振捣。当结构钢筋较密，振捣器难于施工，或混凝土有埋件、观测仪器，周围混凝土振捣力不宜过大时采用人工振捣。人工振捣要求坍落度大于50mm，铺料厚度小于20cm。人工振捣工具有捣固锤、捣固杆和捣固铲。捣固锤主要用来捣固混凝土的表面；捣固铲用于插边，使砂浆与模板靠紧，防止表面出现麻面；捣固杆用于钢筋稠密的混凝土中，增加混凝土与钢筋之间的握裹力。

（2）振捣器振捣。振捣器一般产生小振幅、高频率的振动，混凝土在其振动力的作用下，内摩擦力和黏结力大大降低，并产生液化，使干稠的混凝土获得流动性。在重力的作用下，骨料互相滑动而紧密排列，空隙由砂浆所填满，空气被排出，从而使混凝土密实，并填实模板内部空间，且与钢筋紧密结合。

2. 振捣器

（1）内部式振捣器。内部式振捣器又称插入式振捣器，多用于振捣基础、柱、梁、墙等构件及大型设备基础等大体积混凝土结构的内部。内部式振捣器主要有中频偏心软轴插入式振捣器（图2.20）和行星滚锥式软轴插入式振捣器（图2.21）。

（2）外部式振动器。常见的外部振捣器有以下几种：①附着式振动器，见图2.22（a），是固定在模板外侧，不与混凝土接触，振动力通过模板传给混凝土。适用于振动棒难以插入或钢筋密集的薄壁结构。但要求模板要有足够的强度。②矩形平板式振动器，见图2.22（b），是在附着式振动器底座上用螺栓紧固一块木板或钢板改装而成。在电动机转子轴的两个悬臂端用平键各连接一个偏心块，电动机转子轴带动偏心块旋转时所产生的激振力，依次通过轴承、轴承座盖、机壳传递给振板，迫使振板振动。③槽形平板式振动器，见图2.22（c），其振动电机与激振机均与矩形平板式振动器相同，只是振板为钢制槽形，便于边振捣边拖行，更适合于大面积浇筑振捣。④条式振动器，见图2.22（d），其电机振子与平板式振动器相同，只是安装一条行工字梁，这种振动器主要捣固路面、渠坡等的混凝土。

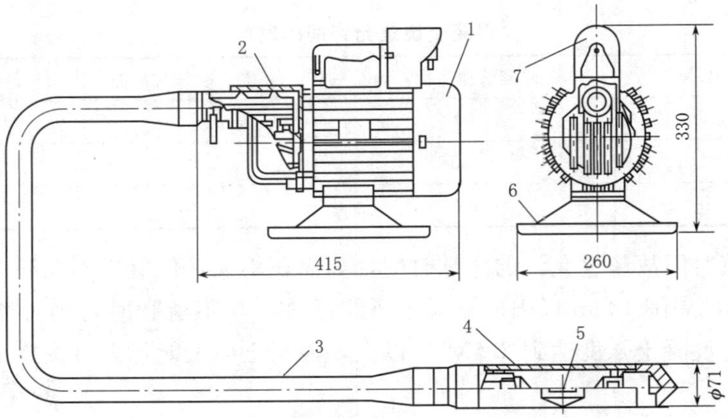

图2.20　偏心软轴插入式振捣器（单位：mm）

1—电动机；2—加速齿轮箱；3—传动软轴；4—振动棒外套；5—偏心块；6—底板；7—手柄及开关

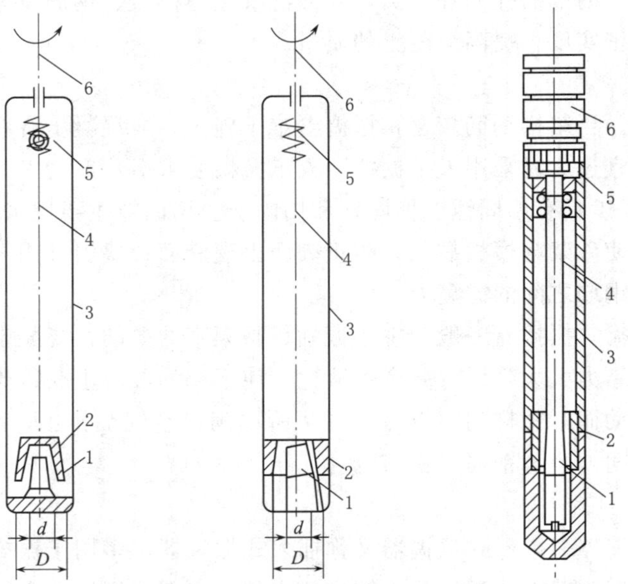

图2.21　行星滚锥软轴插入式振捣器

1—滚锥；2—滚道；3—振捣棒外壳；4—滚锥轴；5—挠性连轴节；6—驱动软轴

振捣在平仓之后立即进行，此时混凝土流动性好，振捣容易，捣实质量好。对于素混凝土或钢筋稀疏的部位，宜用大直径的振捣棒；坍落度小的干硬性混凝土，宜选用高频和振幅较大的振捣器。振捣作业路线保持一致，并按顺序依次进行，以防漏浆。振捣棒尽可能垂直地插入混凝土中。如振捣棒较长或把手位置较高，垂直插入如操作不便时，也可略带倾斜，但与水平面夹角不宜小于45°，每次倾斜方向应保持一致，否则下部混凝土将会发生漏振。这时作用轴线应平行，如不平行也会出现漏振点。

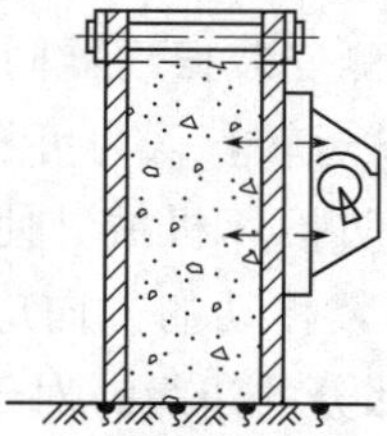

(a) 附着式振动器

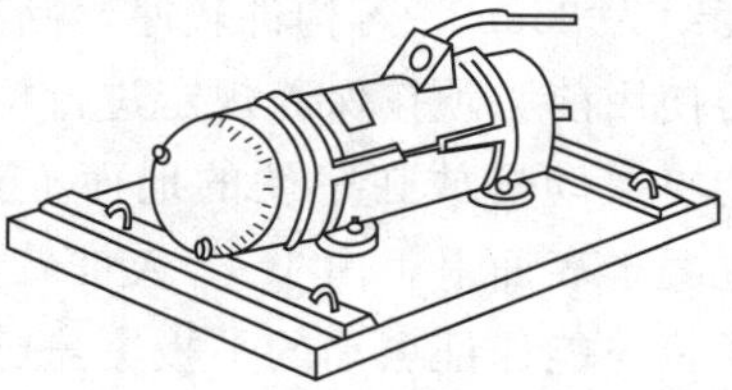

(b) 矩形平板式振动器

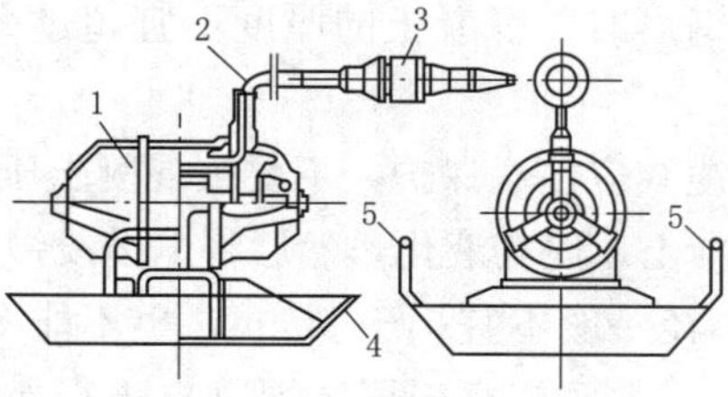

(c) 槽形平板式振动器

(d) 条式振动器

图 2.22　外部式振动器

1—电动机；2—电缆；3—电源插座；4—槽形板；5—拖手

使用时，前手应紧握在振捣棒上端约 50cm 处，以控制插点，后手扶正软轴，前后手相距 40～50cm，使振捣棒自然沉入混凝土内。振捣棒应快插、慢拔。插入过慢，上部混凝土先捣实，就会阻止下部混凝土中的空气和多余的水分向上溢出；拔得过快，周围混凝土来不及填铺振捣棒留下的孔洞，将在每一层混凝土的上半部留下只有砂浆而无骨料的砂浆柱，影响混凝土的强度。为使上下层混凝土振捣密实均匀，可将振捣棒上下抽动，抽动幅度为 5～10cm。振捣棒的插入深度，在振捣第一层混凝土时，振捣器头部不碰到基岩或老混凝土面，其间距不超过 5cm 左右，使上下两层结合良好。在斜坡上浇筑混凝土时，振捣棒仍应垂直插入，并且应先振低处，再振高处，否则在振捣低处的混凝土时，已捣实的高处混凝土会自行向下流动，致使密实性受到破坏。

振捣棒在每一孔位的振捣时间，以混凝土不再显著下沉、水分和气泡不再逸出，并开始泛浆为准。振捣时间与混凝土坍落度、石子类型及最大粒径、振捣器的性能等因素有关，一般为 20～30s。振捣棒中心到振动影响范围边缘的距离称为振捣有效半径。作用半径为振捣器有效半径的 8～10 倍。混凝土坍落度越大，作用半径越大。振捣器的插入间距，当插点呈行列式排列时，不宜大于作用半径的 1.5 倍；当插点为交错形排列时，不超过 1.75 倍。在模板边、预埋件周围，布置有钢筋的部位以及两罐（或两车）混凝土卸料的交界处，以适当减少插入间距以加强振捣，但不宜小于振捣棒有效作用半径的 1/2，并注意不能触及钢筋、模板及埋件。

当出现砂浆窝时应将砂浆铲出，用脚或振捣棒从旁将混凝土压送至该处填补，不可移其他处石子。如出现石子窝，按同样方法将松散石子铲出填补。振捣中发现泌水现象时，应经常保持仓面平整，使泌水自动流向集水地点，并用人工掏除。泌水未引走或掏除前，不得继续铺料、振捣。集水地点不能固定在一处，应逐层变换掏水位值，以防弱点集中在一处。也不得在模板上开洞引水自流或将泌水表层砂浆排出仓外。

附着式振动器的设置，应通过试验确定，一般为1～1.5m。振动器与模板应紧密连接，振动作用深度约为25cm，若构件较厚，则在构件两侧安装振动器同时振捣。

平板式振动器使用前必须按保养规定进行检查，并试运转，认为可靠良好之后方可使用，试运转时不能将振动器放在坚硬的地面上振捣，以防损坏机械。使用平板式振动器时，应将其放在混凝土表面上，由1～2人推着慢慢移动，移动的方向应顺着电动机的转动方向。移动间距，应能保证振动的平板覆盖已振实的部分的边缘，对于大面积的混凝土应分段振动，相邻两段之间搭接振捣5cm左右，以防漏振。对于过厚的混凝土，应分层振动，每层混凝土厚度不能超过20cm。遇单层钢筋时，混凝土的厚度不宜超过25cm；遇双层钢筋时，不宜超过15cm。

(3) 振捣器的使用要求。插入式振捣器的电缆线应注意保护，不要被混凝土压住。万一压住时，不要硬拉，可用振捣棒振动其附近的混凝土，使其液化，然后将电缆线慢慢拔出。

软轴式振捣器的软轴不应弯曲过大，弯曲半径一般不宜小于50cm，也不能多于两弯。电动机联偏心式振捣器因内装电动机，较易发热，主要依靠壳周围混凝土进行冷却，不要让它在空气中连续空载运转。软轴振捣棒插入深度为棒长的3/4，过深软轴和振捣棒结合处容易损坏。工作时，一旦发现有软轴保护套橡胶开裂、电缆线表皮损伤、振捣棒声响不正常或频率下降等现象时，应立即停机或送检拆修。

平板式振动器在往返移动振动器时，要注意电缆线勿被模板、钢筋露头等挂住，以防止拉断或造成触电事故。工作时，要经常检查电动机脚座、机壳和振板是否完好，连接是否牢固。如有裂纹或松动现象，应立即停机进行修理或重新紧固。电机外壳要设法尽量不沾或少沾泥浆，以利散热。

2.1.4　混凝土养护

混凝土养护的目的是提供适当的温度、湿度条件，使水泥充分水化，加速混凝土凝结硬化。养护不良的混凝土，水分过早蒸发或冻结，水化作用停止，早期强度增长受到影响，其外表干缩开裂，内部组织疏松，表层起砂、脱皮，耐久性也随之降低，甚至引起严重的质量事故。

水工混凝土养护与当地气候条件、水泥品种、掺合料、外加剂、混凝土性能以及建筑物结构形式和部位有关。一般养护从混凝土浇筑完毕6～18h开始。对于低塑性混凝土在浇筑完毕后宜立刻喷雾养护。硅酸盐水泥和普通硅酸盐水泥养护期为14d，矿渣硅酸盐水泥、火山灰质硅酸盐水泥等其他水泥养护期为21d。水工大体积混凝土存在着表面散热以及容易产生干缩裂缝等现象，保持混凝土表面散热和后期强度增长，无论采用何种水泥，养护时间均不宜少于28d。对于重要部位，宜适当延长养护时间。

混凝土浇筑完后常用的养护方法有浇水养护法、喷膜养护法、铺膜养护法、蓄热养护法、蒸汽养护法、电热养护法、太阳能养护法等。

2.1.4.1　浇水养护法

浇水养护法是指在自然气温高于5℃的条件下，用草帘、麻袋、苇席、锯末等对混凝土进行覆盖并适当浇水使其保持湿润。对于大面积的混凝土如地坪、楼面、马路等还可以用湿土、湿砂覆盖，或用砂、土筑小埂灌水等方法进行养护。养护所需的水要求与拌制混凝土用水相同。此方法的优点是节约能源、投资少、设施简单，养护的混凝土质量好；缺点是养护周期长，生产效率低。

当气温在15℃左右时，在浇筑后最初3d，白天每隔2h浇水1次，夜间至少浇水2次。3d后每昼夜至少浇水4次。如遇到空气干燥时，浇水次数可适当地加。在外界气温低于5℃时，不许浇水，要采取保暖措施，使其养护强度达到12MPa以上，才允许在上面行人和架设支架、安装模板。

2.1.4.2　喷膜养护法

喷膜养护法是将塑料溶液用喷枪喷洒在混凝土表面，溶剂挥发后在混凝土表面形成一塑料薄膜，使混凝土表面与空气隔绝，可以阻止混凝土中水分的蒸发，保证混凝土水化凝结作用的正常进行。这种养护方法适用于不易洒水养护的高耸构筑物和大面积的混凝土工程（箱型渠道、路面、机场跑道、渡槽）及缺水地区。这种养护方式具有施工操作简便，现场清洁，交叉作业干扰小；有效降低混凝土养护成本和劳动强度，节约费用50%以上；养护后的混凝土构筑物表面水泥色泽加深，观感良好；便于检查与控制养护质量，从而有效提高养护质量的保证率；对难以用洒水及覆盖方法养护及在干旱缺水地域的混凝土结构具有节约工程用水的效果。

混凝土养护剂工艺非常简单，一次涂刷能满足整个混凝土养护期的使用。作业方法可根据建筑外形状况及施工情况选用喷涂法或涂刷法。

喷涂法采用农用喷雾器或油漆喷枪作为喷涂工具。使用前先用清水试喷，雾化正常后喷涂养护剂，喷枪距混凝土面30～50cm，并略有倾斜，调解压力以0.4～0.6MPa为宜，以免破坏混凝土表面。如出现不均匀现象，可在第一遍成膜后5～10min内喷涂第二遍，以保证在混凝土表面形成封闭的养护膜。

喷涂混凝土养护剂用量：1kg养护剂喷涂面积应控制在4～6m^2；涂刷面积可控制在5m^2；天气炎热或刮大风时，养护剂用量可酌情增加。

喷涂混凝土养护剂时要防止雨水及沙尘入侵，同时还要注意避免机械性碰撞或在其上行车及拖拉重物，发现损伤应及时补刷。

刷涂法采用油漆刷或涂料专用滚直接涂刷成膜，一般先水平涂刷第一遍，5～10min后再以垂直方向回涂第二遍，务必使涂层均匀成膜，边角或毛糙的部位要细致刷到，一定使混凝土构筑物表面全封闭。

2.1.4.3　铺膜养护法

铺膜养护法是综合湿润养护、喷膜养护、太阳能养护而成的一种简易有效的养护方法。适用于各种现浇或预制混凝土工程，如图2.23所示。

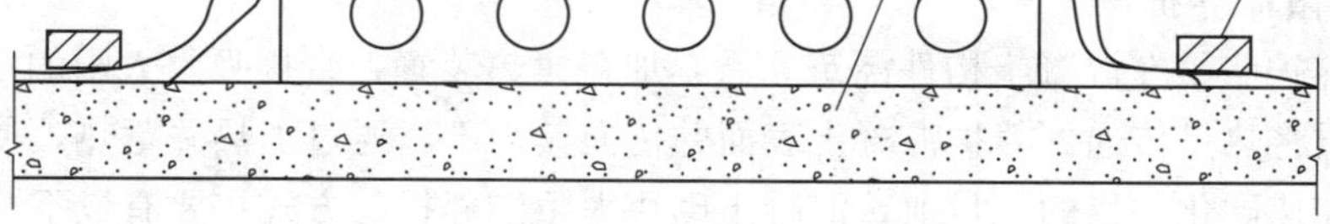

图2.23　铺膜养护法示意图

1—黑色薄膜；2—透明薄膜；3—构件；4—台座；5—重物压边

2.1.4.4　蓄热养护法

蓄热养护法保温材料应选择导热性能低、密封性能好、不易吸潮、价格低、质量轻、来源广，便于施工和能多次利用的材料。常用的保温材料有草制品、各种泡沫塑料、玻璃纤维、油毡和毛细纤维制品等。主要方法有以下两种。

1）一般蓄热法。在混凝土的外表面用适当的材料保温，使混凝土缓慢冷却，在受冻前达到所要求的混凝土强度，热源主要靠自身的水泥水化热供给。

2）综合蓄热法。对原材料进行加热，使混凝土在搅拌、运输和浇筑后，还储备相当热量，综合蓄热法是在一般蓄热法的基础上利用高效能的保温材料，在养护期间用保温材料加以覆盖，并充分利用水泥水化热和掺用相应的外加剂等综合措施。

温和地区和寒冷地区采用蓄热养护法施工，保温模板应严密，尤其在孔洞和接头处保温层应搭接牢靠。有孔洞和迎风面的部位，应增设挡风保温设施。混凝土浇筑完毕后应立即覆盖保温。

2.1.4.5　蒸汽养护法

蒸汽养护法是将成型的混凝土构件放置在有饱和蒸汽或蒸汽与空气混合物的养护室（或窑、坑）内，在较高温度和湿度的环境中进行养护，以加速混凝土的硬化，使之在较短的时间内达到规定的强度。蒸汽养护法可缩短养护时间，模板周转率相应提高，占用场地大大减少。蒸汽养护法主要用于预制构件，也可用于保温设施具备的现浇结构。

蒸汽养护法必须使用低压饱和蒸汽，水泥用量不宜超过350kg/m^3，水灰比宜为0.4～0.6，坍落度不宜大于50mm。采用蒸汽法养护法的混凝土，应优先选用火山灰或矿渣水泥，其加热温度不宜超过80℃，对普通硅酸盐水泥的混凝土，其加热温度不宜超过70℃。

蒸汽养护效果受养护前静置时间、升温和降温速度、养护温度、恒温养护时间、相对湿度等因素影响。

2.1.4.6　电热养护法

电热养护法是用钢筋或薄铁片作为电极，插入混凝土内部或贴附于混凝土表面，利用新浇混凝土的导电性和电阻大的特点，通电直接对混凝土加热，使其尽快达到抗冻强度。此法必须有充足的电源，所以一般在采用其他加热方式不能保证混凝土在受冻前或规定期限内达到强度要求的情况下使用。

使用电热养护法有如下要求：必须使用交流电，电压一般在50～110V范围内；宜采用低流态混凝土，坍落度控制在2～4cm；开始加热时，混凝土温度不得低于3℃；混凝土外露表面要用保温材料覆盖后才能加热；在加热过程中，混凝土应洒温水，使其保持湿润状态；在加热过程中应加强测温工作，每一构件测温孔不少于3个；温度控制可采用调节电压或周期切断电流的办法。

2.1.4.7　太阳能养护法

太阳能养护法是在混凝土构件浇筑完后，加盖集热装置，直接吸收太阳的辐射能量，或通过导热介质将热量传递到养护混凝土表面并传向其内部，通过加热并蓄热，使混凝土温度升高，达到加速硬化的目的。目前，混凝土砌块太阳能养护的方式主要有以下几种形式。

1. 太阳能养护池

太阳能养护池一般建于地上，用砖砌成池状，上面罩以单层或双层玻璃（或透明塑杆薄膜）窗，玻璃窗要做成一定的坡度，以增加日照面积和便于散水。池壁和地底均设保温层并用掺有黑烟的水泥砂浆抹面。在池壁和池顶交接处设有泡沫塑料压条，以加强玻璃罩与池壁之间的密封。这种养护方式的养护周期一般为2～3d。冬季，太阳能养护池内亦可加蒸汽排管或串片等加热措施。

2. 太阳能养护罩

太阳能养护罩是在混凝土构件上方加透明罩。优质透光材料和合理的罩型，应能使太阳辐射能量最大限度地穿透到罩内，并能较长久地保留罩内的热量。目前，所用透光材料主要是玻璃、聚氯乙烯塑料薄膜、透明聚酯玻璃钢。这种养护方法养护周期，夏季1～2d，春、秋季2～3d，冬季3～6d。太阳能养护周期一般为自然养护周期的1/3。

3. 太阳能养护棚

太阳能养护棚利用太阳的辐射能并附加一些简易的暖气设备，可在严寒的冬季用来养护混凝土。太阳能养护棚可采用钢骨架和木骨架，每个骨架上部搁置钢或竹、木桁条，骨架四周和顶上铺单层透明塑料膜（事先可用电烙铁把单幅的塑料薄膜烫粘起来），在铺好的薄膜上沿顺向钉木压条，以利排水。整个结构要保证大雪时不被压塌。在大棚的两端用240mm砖墙封山，并设置推拉门，以便利用人力车运输制品。在大棚内还设置散热片；以备在严寒天气和夜晚气温降低时，补充热源。

学习情境　混凝土施工质量缺陷与修补

情境描述

某工程梁、板、柱的混凝土强度为C30。当混凝土拆模后发现墙板和柱的混凝土部位出现许多大小不一的气泡，经混凝土无损检测发现，其强度不满足设计要求，经多方研究后提出对气泡进行修补，修补后的混凝土强度满足设计要求。

学习目标

1. 知识目标

（1）掌握混凝土缺陷的类型和产生原因。

（2）掌握混凝土缺陷的修补措施。

2. 能力目标

（1）能根据混凝土出现的质量问题分析原因。

（2）能根据项目特点确定合理的修补方案。

3. 素质目标

（1）针对问题，提出合理的解决方案。

（2）养成自主学习的习惯和能力。

4. 思政育人目标

（1）自觉执行水利行业规范、标准和规程。

（2）在工程建设中，践行勇于实践、甘于奉献的水利精神。

任务书

表 2.12　　　　　　　　　　　　任务单表

分组编号		组　长		日　期	
施工任务：混凝土质量缺陷与修补					
任务内容： 1. 掌握混凝土缺陷的类型和产生原因 2. 掌握混凝土缺陷的修补措施					

任务分组

表 2.13　　　　　　　　　　　　学生任务分配表

班　级		分组编号		指导教师	
组长					
组员	姓名				
	学号				
	姓名				
	学号				
任务分工					

获取信息

学习内容：混凝土质量缺陷的类型、产生原因和修补措施。可以通过学习情境的知识点、网络搜索、数字资源等多种形式获取信息，并完成下列问题。

引导问题1：什么是混凝土质量缺陷？

____

____

____

____

____

____

工作计划

按照任务书要求，制定混凝土施工质量缺陷修补实施方案，完成表2.14。

表 2.14　　混凝土施工质量缺陷修补实施方案

步　骤	工作内容	负责人	步　骤	工作内容	负责人
1			5		
2			6		
3			7		
4			8		

进行决策

（1）各小组选派代表详细阐述工作方案。

（2）各组对其他组的工作方案提出各自的不同看法。

（3）教师根据各组汇报的内容进行点评，提出方案存在的问题。

（4）各组根据教师和同学提出的意见进行完善修改。

工作实施

引导问题 2：混凝土质量缺陷的类型和产生的原因有哪些？

引导问题 3：混凝土缺陷的修补措施有哪些？

考核评价

表 2.15　　项目考核评价表

项目名称	评　价　内　容	分值	评　价　结　果		
			自评	互评	教师评
职业素养评价 40%	学习准备	7			
	安全责任意识	7			
	积极参与项目	10			
	沟通协作	6			
	纪律	10			

续表

项目名称	评　价　内　容	分值	评　价　结　果		
			自评	互评	教师评
专业能力评价 60%	专业知识查找及时准确	8			
	引导问题填写准确完整	10			
	操作规范，效率高	18			
	按时完成任务	10			
	完成质量	14			
创新性评价+5分	项目创新	5			
总分		105			
总评	自评（25%）+互评（25%）+教师评（50%）		教师（签名）：		

任务2.2　混凝土施工质量缺陷与修补

水工混凝土施工过程中，往往由于施工方法不当或施工强度大等方面原因，造成混凝土构件产生麻面、蜂窝、孔洞、露筋、夹层和裂缝等不同程度的质量缺陷，这些缺陷将会影响构件结构安全和正常使用寿命。所以，当混凝土拆模后，如检查发现有缺陷，应及时分析原因，采取适当措施加以修补。

2.2.1　混凝土质量缺陷和产生原因

1. 麻面

麻面是混凝土表面局部缺浆粗糙或有无数小凹点、气泡现象。其主要原因是：模板表面粗糙不光滑，有硬水泥浆垢未清除干净；模板没有刷“脱模剂”或涂抹不均；模板接缝不严密而轻微漏浆；模板湿润不够；振捣不充分，气泡未排出；振捣后没有很好养护。

2. 蜂窝

蜂窝就是混凝土结构中局部疏松，骨料集中而无砂浆，骨料间形成蜂窝状的孔洞。其主要原因是：混凝土拌和不均，骨料与砂浆分离；卸料高度偏大，料堆周边骨料集中而少砂浆，未做好平仓；模板受损，严重漏浆；振捣不密实，未达到泛浆的程度；混凝土配合比不准确，浆少而石子多；钢筋较密；施工缝接茬处理不当。

3. 露筋

露筋是构件内主筋未被混凝土包裹而外露或混凝土表面有钢筋露出。其主要原因是：钢筋的垫块移位或漏放，使钢筋紧贴模板；振捣棒等设备损坏了钢筋；混凝土保护层处振捣不实或漏振。

4. 孔洞

孔洞是混凝土结构中存在空隙，局部或大部没有混凝土，孔穴深度和长度均超过保护层厚度，但不超过截面尺寸1/3的缺陷。其主要原因是：振捣不充分或漏振而使混凝土架空，特别是在仓面的边角和拉模筋、架立筋较多的部位容易发生；混凝土中有泥块等杂物掺入；砂浆严重分离，石子成堆。

5. 裂缝

裂缝是混凝土的表面或局部出现细小的开裂现象。裂缝分为干缩裂缝、温度（冷缩）裂缝和外力作用下产生的裂缝。其主要原因是：混凝土温控措施不力；混凝土养护不当，表面水分蒸发过快；有外力作用于混凝土结构，如所浇混凝土过早承荷或受到爆破震动，混凝土结构基础不均匀沉陷等情况。

6. 夹层

夹层是混凝土内混夹有杂物且深度超过保护层厚度，直接影响到混凝土的结构强度，危害较大。其主要原因是：混凝土内有杂物而造成夹层。

7. 强度不足

混凝土强度不足是指混凝土强度低于设计强度，主要的原因是混凝土配合比设计、搅拌、现场浇捣和养护等四个方面不符合规范要求形成的。

（1）配合比设计方面有时不能及时测定水泥的实际活性，影响了混凝土配合比设计的正确性；另外，套用混凝土配合比时选用不当及外加剂用量控制不准等，都有可能导致混凝土强度不足。

（2）搅拌方面任意增加用水量，称料不准，搅拌时颠倒加料顺序及搅拌时间过短等造成搅拌不均匀，导致混凝土强度降低。

（3）现场浇捣方面主要是骨料分离，或浇筑方法不当，或振捣不足以及模板严重漏浆。

（4）养护方面主要是不按规定的方法、温度、时间对混凝土进行妥善的养护，以至造成混凝土强度降低。

2.2.2　混凝土缺陷的修补

1. 表面抹浆修补

对于数量不多的麻面、小蜂窝、露筋、露石的混凝土表面，主要是保护钢筋不受侵蚀，可用 1∶2 水泥砂浆抹面修补。在抹砂浆前，先用钢丝刷或高压水清除浮渣和松动砂石，然后用清水洗净湿润即可抹浆，初凝后用草帘或草席进行覆盖保湿养护。

对于结构承载能力无影响的细小裂缝，可将裂缝处刷净，用水泥浆抹平。如果裂缝较深而且较宽，应将裂缝处凿毛，或沿裂缝方向凿成深为 15～20mm、宽为 100～200mm 的 V 形凹槽。扫净并用水湿润，先刷水泥净浆一层，然后用 1∶2 或 1∶2.5 水泥砂浆分层涂抹 2～3 层，总厚度控制在 10～20mm，压实抹光。对有防水要求时，应用水泥净浆和 1∶2.5 水泥砂浆交替抹压 4～5 层，涂抹 3～4h 后，即用草帘或草席进行覆盖保湿养护。

对于夹层较小，缝隙不大，可先将杂物清出，按裂缝处理方法处理。

2. 细石混凝土填补

当混凝土蜂窝严重或露筋较深时，首先剔去不密实的混凝土及突出的和松动的骨料颗粒并用净水冲洗干净，然后用比原强度高一级的细石混凝土填补并仔细振捣密实。

对于孔洞，应先剔凿松散混凝土及突出的和松动的石子，孔洞顶面凿成斜面，直边用圆弧连接（图 2.24），保持 72h，然后在混凝土表面采用处理施工缝方法处理。架设模板处理时（图2.25），浇筑细石混凝土强度等级比原混凝土强度高一级。混凝土水灰比控制在0.5以内，并掺水泥用量万分之一的铝粉，人工分层捣实，并加强养护，防止新旧混凝土接触面上出现裂缝。浇筑时，外部应比修补部位稍高，修补部位达到构件设计强度时，将外面凿平。当孔洞较隐蔽时可用压力灌浆法进行修补。

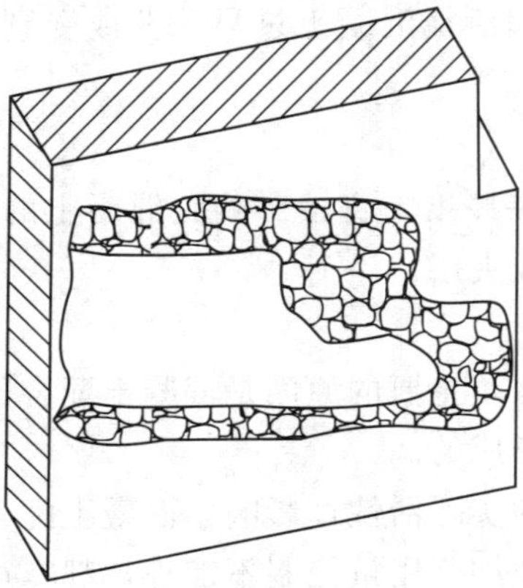

图2.24　混凝土孔洞的凿除示意图

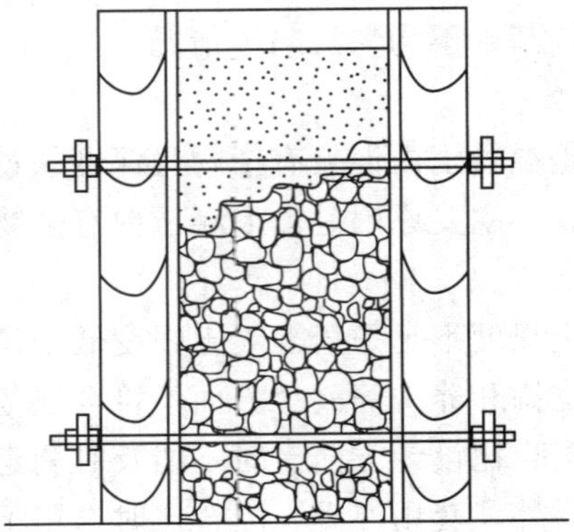

图2.25　模板修补示意图

对于夹层较大，应先做好必要的支撑，清除各种荷载，安装好模板，将该部位混凝土及夹层凿除，视其性质，按孔洞类或深裂缝方法处理。

3. 水泥灌浆或化学灌浆

对于给排水构筑物有抗渗、防水性能要求或者影响结构承载力的裂缝，为恢复结构的整体性和抗渗性，根据裂缝的宽度、性质和施工条件等，应采用适当的方法予以修补。

一般裂缝宽度大于0.5mm的裂缝，可采用水泥灌浆法；宽度小于0.5mm的裂肇，宜采用化学灌浆法。化学灌浆法的选用应根据裂缝性质、宽度和干燥情况而定，具体处理方法是：①微细裂缝（宽度小于0.5mm），用注射器将环氧树脂溶液黏结剂或甲凝溶液黏结剂注入裂缝内。注射时宜在干燥、有阳光的气象条件下进行。裂缝部位应干燥，可用喷灯或电吹风筒吹干，在缝内湿气逸出后进行。注射时，从裂缝的下端开始，针头应插缝内，缓慢注入，使缝内空气向上逸出，黏结剂在缝内向上填充。②浅裂缝（深度小于10mm），顺裂缝走向用小凿刀将裂缝外部扩凿成V形，宽为5～6mm，深度等于原裂缝。用毛刷将V形槽内颗粒及粉尘清除，用喷灯或电吹风筒吹干。用刮刀或小抹刀将环氧树脂胶泥压填在V形槽上，反复搓动，务使紧密黏结。缝面按需要做成与构件面平齐，或稍为突出成弧形。③深裂缝，顺裂缝走向用凿刀将裂缝外部扩凿成V形或U形，深为5～10mm。用毛刷将槽内颗粒及粉尘清除，用喷灯或电吹风筒吹干。先用注射器将环氧树脂溶液黏结剂或甲凝溶液黏结剂注入深缝内，填补深裂缝。在开凿的槽坑里，用刮刀或小抹刀将环氧树脂胶泥压填在槽上，反复搓动，务使紧密黏结。如需防水，可在裂缝面上作一层或三层环氧树脂玻璃布防水层（图2.26）。

对于混凝土强度与设计强度相差较大时，会同设计单位论证后可采用水泥灌浆或化学灌浆补强处理；强度相差不大时，先降级使用，待龄期增加，混凝土强度发展后，再按原标准使用。

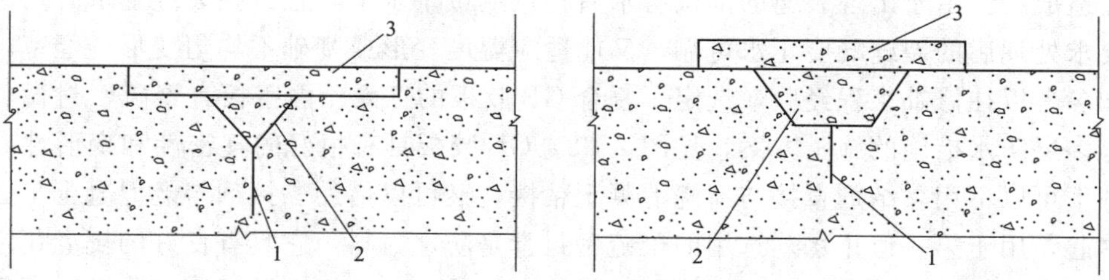

图2.26　深裂缝的修补

1—环氧树脂黏结剂；2—环氧胶泥；3——层或三层环氧树脂玻璃布

化学灌浆所用的材料对皮肤往往有腐蚀作用，因此使用化学灌浆必须注意以下方面：①要穿防护服，戴防护手套和防护眼镜；②环氧树脂放置位置不宜太高，应低于眼睛高度，以免树脂溅入眼内；③不准戴着操作手套碰其他人容易接触的地方；④工具设备用过后要立即清洗干净，若已硬化可用机械方法或加热后刮掉；⑤万一皮肤不慎沾到环氧树脂，应立即用肥皂水清洗。

2.2.3　水工混凝土缺陷修补实例

水工混凝土缺陷修补是一项复杂而细致的工作。在混凝土缺陷处理之前、首先要进行详细的调查，分析混凝土产生缺陷的原因，制定处理方案。同时，要有一支专业施工队伍，施工前要做出合理的施工组织设计，施工中要有熟练的施工技术人员进行操作。在施工过程中，有时还要根据工程具体情况对施工工艺做必要的修改，以保证施工方案的实施。

1. 工程概况

某水库位于吉林省和龙市的海兰河上游，坝型为碾压混凝土重力坝，上游侧高程534.20m以下为3m厚C20常态混凝土防渗体，高程534.20m以上为2m厚C20常态混凝土防渗体，坝下游侧砌筑C20混凝土预制块，常态混凝土和混凝土预制块中间为C10碾压混凝土。大坝混凝土开始浇筑时间为1997年，1999年10月完成一期工程。在1998—2000年发现坝体上游侧6条不正常的垂直缝（图2.27）。缝最宽处位于坝顶，缝宽为8mm，垂直缝最长达到坝基，大部分裂缝上下游贯穿。为了保证大坝正常运行，需要对这些裂缝进行处理。

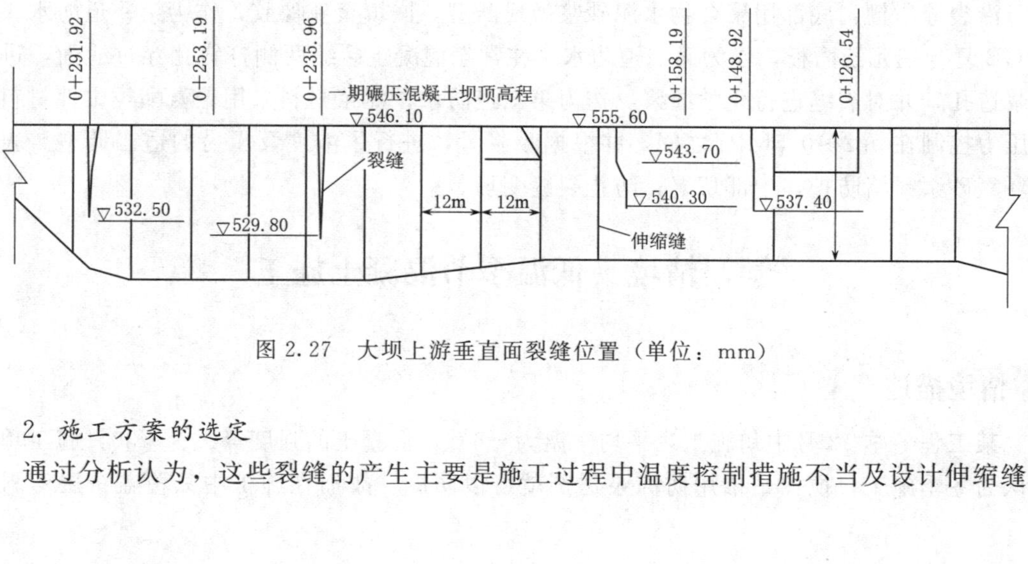

图2.27　大坝上游垂直面裂缝位置（单位：mm）

2. 施工方案的选定

通过分析认为，这些裂缝的产生主要是施工过程中温度控制措施不当及设计伸缩缝间距过大造成的。由于出现裂缝的部位蓄水后将长期位于水下，且这些裂缝上下游贯穿，因此，要求处理后的裂缝既要止水可靠，又能适应温度变形或基础不均匀变形。经室内试验论证和参考以往修补工程经验，选定了复合 GB 胶板的三元乙丙盖板、聚硫密封膏、环氧砂浆等多层防水措施的施工方案，见图 2.28。GB 胶板具有很好的气密性和变形性，在一定条件下可以不用黏结剂直接与新浇混凝土粘接，又可以借助黏接剂与老混凝土牢固地粘接在一起，用于第一道止水。选用的聚硫密封膏是防水材料，它具有良好的抗老化性和优良的耐水性、弹性、黏结性，压缩恢复性，可在连续伸缩、振动及温度变化条件下保持良好的物理性能，用于第二道止水。化学灌浆材料采用聚氨酯浆材，这种材料具有不溶于水，遇水发泡膨胀，未遇水部分发生化学反应，黏度逐渐增大，最后固化成密实、高强且具有一定弹性的固结体，用于第三道止水。环氧砂浆具有较高的抗压、抗拉强度，较高的黏结强度和抗冲刷能力，用于裂缝表面的保护。

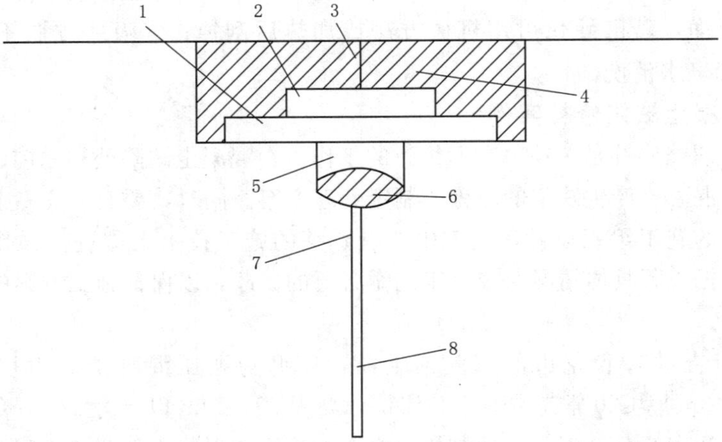

图 2.28　施工方案设计图

1—GB 盖板；2—三元乙丙板；3—切缝；4—环氧砂浆；5—聚硫密封膏；6—聚合物水泥砂浆；7—裂缝；8—化学灌浆

3. 坝面裂缝处理施工工艺

沿裂缝凿槽，底部用聚合物水泥砂浆做成凸型，嵌填聚硫橡胶，作为第一道防水。铺设 GB 复合三元乙丙板，作为第二道防水。在常态混凝土裂缝两侧打斜孔穿过缝面，进行灌浆造孔，并对裂缝进行化学灌浆，作为第三道防水。灌浆材料采用聚氨酯类柔性材料灌浆压力控制在 0.2～0.5MPa 之间，并根据吸浆量，进行了浓度及压力的适当调整。表面用环氧砂浆封堵防护，中部切缝，防止裂缝变形。

学习情境　低温季节混凝土施工

情境描述

某工程冬季 12 月中旬施工，平均气温为−6℃，混凝土的强度等级为 C30，施工单位自认为冬季施工，搅拌站掺用防冻泵送剂就可以防冻。故而在施工中只覆盖一层塑料薄膜，没有对混凝土进行保温养护，致使顶板混凝土在边、棱角部位出现冻伤，导致结构不满足设计要求，经过对冻伤部位混凝土全部凿除，重新支模予以修补后满足要求。

学习目标

1. 知识目标

（1）掌握低温季节混凝土原材料的要求。

（2）掌握低温季节混凝土施工的方法。

2. 能力目标

（1）能根据设计要求选择适合的原材料。

（2）能根据项目特点进行混凝土冬季施工。

3. 素质目标

（1）具备分析问题和解决问题的能力。

（2）养成自主学习的习惯和能力。

4. 思政育人目标

（1）自觉执行水利行业规范、标准和规程。

（2）在工程建设中，践行勇于实践、甘于奉献的水利精神。

任务书

表 2.16　任务单表

分组编号		组　　长		日　　期	
施工任务：混凝土低温季节施工					
任务内容： 1. 掌握低温季节混凝土原材料的要求 2. 掌握低温季节混凝土施工的方法					

任务分组

表 2.17　学生任务分配表

班　　级		分组编号		指导教师	
组长					
组员	姓名				
	学号				
	姓名				
	学号				
任务分工					

获取信息

学习内容：低温季节混凝土原材料的要求和施工方法。可以通过学习情境的知识点、网络搜索、数字资源等多种形式获取信息，并完成下列问题。

引导问题 1：什么是低温季节混凝土施工？

工作计划

按照任务书要求，制定混凝土低温季节混凝土施工实施方案，完成表 2.18。

表 2.18　　混凝土低温季节混凝土施工实施方案

步　骤	工作内容	负责人	步　骤	工作内容	负责人
1			5		
2			6		
3			7		
4			8		

进行决策

（1）各小组选派代表详细阐述工作方案。

（2）各组对其他组的工作方案提出各自的不同看法。

（3）教师根据各组汇报的内容进行点评，提出方案存在的问题。

（4）各组根据教师和同学提出的意见进行完善修改。

工作实施

引导问题 2：什么是混凝土允许受冻临界强度？

引导问题3：低温季节混凝土施工时，对原材料有什么要求？

引导问题4：低温季节混凝土施工措施有哪些？

考核评价

表2.19　　项目考核评价表

项目名称	评价内容	分值	评价结果		
			自评	互评	教师评
职业素养评价 40%	学习准备	7			
	安全责任意识	7			
	积极参与项目	10			
	沟通协作	6			
	纪律	10			
专业能力评价 60%	专业知识查找及时准确	15			
	引导问题填写准确完整	15			
	按时完成任务	15			
	完成质量	15			
创新性评价+5分	项目创新	5			
总分		105			
总评	自评（25%）+互评（25%）+教师评（50%）		教师（签名）：		

任务2.3　低温季节混凝土施工

2.3.1　低温季节概述

混凝土低温季节施工即为冬季施工。凡工程所在的日平均气温连续5d稳定在5℃以下或最低气温连续5d稳定在－3℃以下时，即进入冬季施工期。冬季施工期进行混凝土施工须应编制专项施工措施计划和可靠的技术措施，以保证浇筑的混凝土满足设计要求。

2.3.1.1　一般原理

混凝土产生强度，是水泥水化作用的结果。当温度升高，水化作用加快，混凝土强度增长加快。当温度降低到零度时，混凝土中的一部分水开始结冰，参与水泥水化作用的水减少，混凝土强度增长相应较慢。温度继续下降，当混凝土中的水完全变成冰时，水泥水化作用基本停止，混凝土强度不再增加。当冰融化后，水化作用恢复，混凝土强度也可继续增长，但最终强度达不到设计要求。试验资料表明：混凝土受冻越早，最终强度降低越大。如在浇筑后3～6h受冻，最终强度至少降低50%；如在浇筑后2～3d受冻，最终强度降低只有15%～20%。如混凝土强度达到设计强度的50%以上时再受冻，最终强度则降低较小，甚至不受影响。

如果新浇筑的混凝土在初凝之前遭受冻结，水泥的水化作用刚开始便停止，所以只要解除冻结，重新振捣密实，加强养护，混凝土重新凝结时，强度可继续增长并达到与未受冻的混凝土基本相同的强度。浇筑的混凝土初凝后受冻，这种早期冻害对混凝土的物理力学性能影响很大，而且冻结温度越低，强度损失越大。当气温降至0℃以下，混凝土内孔隙和毛细管中的水分逐渐冻结，水冻结后体积膨胀，混凝土结构遭到损坏而降低强度和防渗性，另外也会减弱水泥浆与钢筋的黏结力，影响混凝土的抗压强度。

低温季节浇筑混凝土后，其内部由于水化热温升，体积膨胀，如果遇见寒潮，气温骤降，表层降温收缩，内胀外缩，会产生表面裂缝。所以，必须要进行混凝土表面保温养护处理，以保障混凝土的性能满足要求。

2.3.1.2　混凝土允许受冻临界强度

混凝土在正温养护下获得一定强度后再受冻，混凝土结构不致造成破坏，后期强度能继续增长，最终强度可达R28的95%以上，这种受冻以前具有的强度，成为允许受冻的临界强度，也就是使混凝土允许受冻而不使其各项性能遭到损害的最低强度。混凝土早期允许受冻临界强度应满足下列要求。

（1）受冻期无外来水分时，抗冻等级不大于F150的大体积混凝土抗压强度应大于5.0MPa（或成熟度不低于1800℃·h）；抗冻等级不小于F200的大体积混凝土抗压强度应大于7.0MPa（或成熟度不低于1800℃·h）；结构混凝土不应低于设计强度的85%。

（2）受冻期可能有外来水分时，大体积混凝土和结构混凝土均不应低于设计强度的85%。

2.3.2　低温季节混凝土施工

低温季节混凝土拌和与浇筑仓面各部位，一般均应处于正温状态。原材料的储存、加热、输送和混凝土的拌和、运输、浇筑仓面，均应根据气候条件，选择适宜的保温措施。

2.3.2.1　混凝土原材料

1. 水泥

冬季混凝土施工中，应根据工程建筑物特点、混凝土所处的部位以及不同的养护方法来选择水泥。以蓄热法施工为主的工程应选用水化热高的硅酸盐水泥和普通硅酸盐水泥，混凝土产生的热量高，有助于提高混凝土温度。暖棚法与外加剂法要优先选用水化热高的高强度水泥，而蒸汽法养护的混凝土，要求水化热较低的水泥，如火山灰或矿渣水泥，这样会减轻由于急速湿热高温给混凝土带来后期强度损失；电热法养护的混凝土可采用42.5强度等级以下的水泥，高强度等级水泥的后强度增长率较低，所以高强度水泥不适应急速高温干热养护环境。

2. 水

水质和普通混凝土标准一样，要求使用清洁水。不得使用含有机物及矿物质杂质的水，如必须使用，需做砂浆试件试验，能使强度增长者方可。

在混凝土冬季施工中，可以采用合理调整配合比的方法，使混凝土强度尽快达到要求。寒冷地区坝体外部混凝土，水胶比或水灰比最大允许值为0.6，水位变化区为0.5。由于混凝土冬季施工不同于常温施工，采用蓄热法和人工加热法，混凝土的水分会蒸发，因此水胶比或水灰比不能低于0.4。

3. 骨料

骨料应清洁，不应污染和混入杂质。骨料的含泥量要符合规定，冬季施工中，由于落尘、风沙等将泥土混入骨料中，又不能进行水洗而造成含泥量超标，施工时可以通过干筛的方法除去骨料中的泥土。冬季施工要避免使用有裂纹的骨料，这些骨料容易使混凝土遭冻后强度损失加重。严格控制各级骨料的超径、逊径含量。低温季节混凝土施工需用的骨料，必须在进入低温施工期前筛洗加工完成，堆存备用。骨料堆应尽量覆盖保温，不能保温时要及时清除冰雪。

4. 外加剂

混凝土冬季施工中常采用掺外加剂的措施，可掺早强剂或早强碱水剂，常用有氯化钙、氯化钠、硫酸钠等。其中，氯盐的掺量应按有关规定严格控制，并不适用于钢筋混凝土结构，以免钢筋锈蚀。掺引气剂可提高混凝土的早期抗冻性能，但含气量应限制在3%～5%。因为，混凝土中含气量每增加1%，会使强度损失5%，为弥补引气剂引起的强度损失，最好与减水剂同时使用。

2.3.2.2　施工准备

（1）原材料的加热、输送、储存和混凝土的拌和、运输、浇筑设备设施及浇筑仓面，均应根据气候条件通过热工计算，采取适宜的保温措施。加热过的骨料及混凝土，应缩短运距，减少倒运次数。

（2）砂石骨料在进入低温季节前宜筛洗完毕。成品料堆应有足够的储备和堆高，并应有防止冰雪和冻结的措施。

（3）当日平均气温稳定在－5℃以下时，宜将骨料加热，骨料加热宜采用蒸汽排管法，粗骨料也可直接用蒸汽加热，但不应影响混凝土的水胶比。外加剂溶液不应直接用蒸汽加热，水泥不应直接加热。

（4）拌和混凝土前，应用热水或蒸汽冲洗拌和机，并将积水或冰水排除。拌和水宜采用热水。混凝土的拌和时间应比常温季节适当延长。延长的时间应通过试验确定。

（5）在岩石基础或老混凝土上浇筑混凝土前，应检测表面温度，如为负温，整个仓面应加热至3℃，经检验合格后方可浇筑混凝土。

(6) 仓面清理宜采用喷洒温水配合热风枪或机械方法，亦可采用蒸汽枪，不宜采用水枪或风水枪。受冻面处理应符合设计要求。

(7) 在软基上浇筑第一层基础混凝土时，应防止与地基接触的混凝土遭受冻害和地基受冻变形。

2.3.2.3　混凝土拌和

拌和前应用热水或蒸汽冲洗混凝土搅拌机，并将积水或冰水排除，使搅拌机体处于正温状态，拌和时间应比常温季节适当延长（延长时间由试验确定），一般延长20%～25%，要确保搅拌均匀，不得残留冰块。

提高混凝土的出机温度。混凝土出机温度取决于各种组成材料拌和前的温度，应满足最低浇筑温度与混凝土运输、装卸、浇筑、振捣过程中温度损失之和。首先，考虑用热水拌和（拌和水的温度在原水温的基础上每提高5℃，可使混凝土出机温度升高1℃），当热水拌和不能满足要求时，再加热砂石骨料。水泥不能直接加热。水温一般不宜超过60℃，超过60℃应改变拌和加料顺序，将骨料与水先拌和，然后再加水泥拌和，以免水泥假凝。骨料可以用管道通热水或蒸汽加热，采用蒸汽直接加热最高温度不宜超过60℃，若采用不加热的骨料，则骨料中不能混有冰雪且表面不能结冰。

2.3.2.4　混凝土运输

低温季节运输混凝土要尽量减少倒运次数，缩短运输时间。装载混凝土的设备，应加以保温，并有可靠的防风措施。在工作停顿或结束时，必须立即用蒸汽或热水将运输设备及混凝土搅拌机洗净，当恢复运输时应先给运输设备加热。

2.3.2.5　混凝土浇筑

混凝土浇筑前和浇筑过程中，应清除钢筋、模板和浇筑设施上附着的冰雪和冻块，不得将冰雪、冻块带入仓内，并认真检查模板的严密程度。在岩石基础或老混凝土面上浇筑混凝土前，应检查其温度，如为负温，应将其加热成正。加热深度不小于10cm或加热至仓面边角（最冷处）表面正温（大于0℃）为准，并经验证合格方可筑混凝土。仓面清理宜采用喷洒温水配合热风枪，寒冷期间亦可采用蒸气枪，不宜采用水枪或风水枪。在软基上浇筑第一层混凝土时，必须防止与地基接触的混凝土遭受冻害和地基受冻变形。

低温季节施工要提高浇筑强度。当预计施工期的日平均气温在0℃以上时，混凝土可在露天浇筑，当预计日平均气温在－5℃以下时，应在暖棚内浇筑。浇筑前要检查模板、保温层等，一切验收合格，才能浇筑混凝土。

混凝土入仓要注意保温，振捣时速度要快，不得漏浆，保证混凝土表面平整，均泛浆；用溜槽投放的混凝土，溜筒高度不得超过3m，以防止大骨料离析，影响混凝土强度；大体积混凝土浇筑层厚不得小于30cm，构件较小的混凝土尽量避免零星浇筑，要采取措施集中浇筑，保证混凝土蓄热所要求的温度。

2.3.2.6　混凝土的保温、拆模与温度观测

1. 混凝土保温

混凝土浇筑完毕后，外露表面应及时保温。新老混凝土的结合处和易受冻的边角部分应加强保温。低温季节施工的保温模板，除应符合一般模板要求外，还应满足保温要求，所有孔洞缝隙应填塞封堵。

外挂保温层应牢靠地固定于模板上。内贴保温层的表面应平整，且保温层材料强度应满足混凝土表面不变形的要求，并有可靠措施保证其固定在混凝土表面，不因拆模而脱落，必要时应进行混凝土表面等效放热系数的验算。

如果采用蓄热养护的方式，施工时应遵守下列规定。

(1) 保温模板应严密，保温层应搭接到位，尤其在接头处，应搭接牢固。

(2) 有孔洞和迎风面的部位，增设挡风保温设施。

(3) 浇筑完毕后及时盖保温。

(4) 使用不易吸潮的保温材料。

2. 混凝土拆模

在低温季节施工的模板，在整个低温期间不宜拆除，如需拆除模板应遵守下列规定。

(1) 对非承重模板，混凝土强度必须大于允许受冻临界强度，且拆模和养护应满足温控防裂要求，应保证内外温差小于20℃，2～3d内混凝土表面降温小于6℃。

(2) 对承重模板，应进行计算后确定拆模方法和时间。

(3) 避免在夜间和预期气温骤降的时间内拆模。在风沙大的地区拆模后还要注意混凝土表面保湿，可用覆盖塑料布等保护方法。

(4) 拆模时间可参考表2.20。

表2.20　混凝土拆模时间

日平均温/℃	混凝土建筑情况		混凝土养护			拆模时间/d	拆模后表面保温方法
	施工方法	采暖措施	顶面覆盖方法	通气时间/d	暖棚时间/d		
0～－10	蓄热法	露天、热水拌和	铺两层草垫子			5	覆盖两层草垫子
－11～－20	暖棚法	暖气排管控制 $12m^2$/片	铺两层草垫子	1	3	7	覆盖两层草垫子
－21～－30	暖棚法	暖气排管控制 $10m^2$/片	暖气排管上铺两层草垫子	2	5	7	覆盖两层草垫子

3. 温度观测

混凝土浇筑完成后，需要根据规范要求进行温度观测。混凝土温度观测应遵守下列规定。

(1) 外界气温宜采用自动测温仪，若采用人工测温，每天应至少测量6次。

(2) 暖棚内气温每4h至少测量1次，以距混凝土面50cm的温度为准，取四边角和中心温度的平均数为暖棚内气温值。

(3) 水、外加剂及骨料温度每1h至少测量1次；测量水、外加剂溶液和细骨料的温度，温度传感器或温度计插入深度不小于10cm；测量粗骨料温度，插入深度不小于10cm，并大于骨料粒径1.5倍，且周围用细粒径充填。用点温计测量，应自15cm以下取样测量。

（4）混凝土的出机口温度和浇筑温度，每2h至少测量1次。温度传感器或温度计插入深度不小于10cm。

（5）已浇混凝土块体内部温度，浇筑后7d内加强观测，外部混凝土每天观测最高、最低温度；以后可按气温及构件情况定期观测。测温时应观测边角最易降温的部位。

（6）气温骤降期间，增加温度观测次数。

学习情境　混凝土温度控制

情境描述

某混凝土重力坝，坝长530.80m、坝高49.60m、坝底宽度95.0m，混凝土浇筑量58万m^3。该工程处于亚热带气候，工程坝址为花岗岩坝基，对混凝土产生较大约束力。工程存在以下难点：工程最大仓号790.0m^2，单仓浇筑达2356.4m^3；施工期间持续高温，并伴随频繁气温骤降；过长制冷供水线路产生大量热损耗。

学习目标

1. 知识目标

（1）了解水工混凝土温度控制措施。

（2）掌握水工混凝土温度控制的方法。

2. 能力目标

（1）能根据工程要求选择合适温度控制措施。

（2）能独立进行混凝土表面温度控制及浇注温度控制。

3. 素质目标

（1）遵守道德准则和行为规范。

（2）养成自主学习的习惯和能力。

4. 思政育人目标

（1）自觉执行水利行业规范、标准和规程。

（2）在工程建设中，践行勇于实践、甘于奉献的水利精神。

任务书

表2.21　　任　务　单　表

分组编号		组　长		日　期	
施工任务：混凝土温度控制					
任务内容： 1. 了解水工混凝土温度控制措施 2. 掌握水工混凝土温度控制方法 3. 采取综合温控措施使施工中混凝土最高温度控制在设计允许范围内					

任务分组

表 2.22　　学生任务分配表

班　级		分组编号		指导教师	
组长					
组员	姓名				
	学号				
	姓名				
	学号				
任务分工					

获取信息

学习内容：混凝土施工过程中，内部温度控制、表面温度控制、浇注温度控制、特殊部位的温度控制要求和方法。可以通过学习情境的知识点、网络搜索、数字资源等多种形式获取信息，并完成下列问题。

引导问题 1：混凝土为什么需要进行温度控制？

工作计划

按照任务书要求，制定混凝土温度控制实施方案，完成表 2.23 内容。

表 2.23　　混凝土温度控制实施方案

步　骤	工作内容	负责人	步　骤	工作内容	负责人
1			5		
2			6		
3			7		
4			8		

进行决策

(1) 各小组选派代表详细阐述工作方案。

(2) 各组对其他组的工作方案提出各自的不同看法。

(3) 教师根据各组汇报的内容进行点评，提出方案存在的问题。

(4) 各组根据教师和同学提出的意见进行完善修改。

工作实施

1. 按照各小组的工作方案设计混凝土内部温度控制措施

引导问题 2：按照《水工混凝土施工规范》(SL 677—2014) 的有关规定，混凝土内部温度控制措施有哪些？

引导问题 3：采用冷却水管进行初期冷却的方法有哪些？

2. 按照各小组的工作方案实施混凝土表面温度控制措施

引导问题 4：按照《水工混凝土施工规范》(SL 677—2014) 的有关规定，混凝土表面温度控制有哪些措施？

3. 按照各小组的工作方案实施浇注温度控制措施

引导问题5：按照《水工混凝土施工规范》（SL 677—2014）的有关规定，混凝土浇筑温度控制有哪些措施？

引导问题6：高温季节施工，宜采取哪些措施？

4. 按照各小组的工作方案学习混凝土特殊部位温度控制

引导问题7：预留槽混凝土回填应如何进行温度控制？

考核评价

表2.24　　项目考核评价表

项目名称	评价内容	分值	评价结果		
			自评	互评	教师评
职业素养评价 40%	学习准备	7			
	安全责任意识	7			
	积极参与项目	10			
	沟通协作	6			
	纪律	10			

续表

项目名称	评　价　内　容	分值	评　价　结　果		
			自评	互评	教师评
专业能力评价 60%	专业知识查找及时准确	15			
	引导问题填写准确完整	15			
	按时完成任务	15			
	完成质量	15			
创新性评价+5分	项目创新	5			
总分		105			
总评	自评（25%）+互评（25%）+教师评（50%）		教师（签名）：		

任务 2.4　混凝土温度控制

2.4.1　内部温度控制

（1）在满足混凝土各项设计指标的前提下，应采用水化热低的水泥，优化配合比设计，采取加大骨料粒径，改善骨料级配，掺用掺合料、外加剂和降低混凝土坍落度等综合措施，合理减少混凝土的单位水泥用量。

（2）基础混凝土和老混凝土约束部位浇筑层厚宜为 1.5～2m，并应做到短间歇均匀上升。

（3）采用冷却水管进行初期冷却，通水时间应计算确定，可取 10～20d。混凝土温度与水温之差，不应超过 25℃，管中水的流速宜为 0.6～0.7m/s。水流方向应每 24h 调换 1 次，日降温不应超过 1℃。

（4）应控制坝体内外温差，在低温季节前将坝体温度降至设计要求的温度。应进行中期通水冷却，通水时间应计算确定，宜为 1～2 个月。通水水温与混凝土内部温度之差，不应超过 20℃，日降温不超过 0.5℃。

2.4.2　表面温度控制

（1）28d 龄期内的混凝土，应在气温骤降前进行表面保温，必要时应进行施工期长期保温。浇筑面顶面保温至气温骤降结束或上层混凝土开始浇筑前。

（2）在气温变幅较大的季节，长期暴露的基础混凝土及其他重要部位混凝土，应增加保温。寒冷地区的老混凝土，在冬季停工前，宜使各坝块浇筑齐平，其表面保温措施和时间可根据具体情况确定。

（3）模板拆除时间应根据混凝土强度及混凝土的内外温差确定，并应避免在夜间或气温骤降时拆模。在气温较低季节，当预计拆模后有气温骤降时，应推迟拆模时间；如确需拆模，应在拆模后及时采取保温措施。

（4）混凝土侧面保温，应结合模板类型、材料性能等综合考虑，可在拆模后适时贴保温材料，必要时应在模板内贴保温材料。

（5）混凝土表面保温材料及其厚度，应根据不同部位、结构要求结合混凝土内外温差和气候条件，经计算、试验确定。保温时间和保温后的等效放热系数应符合设计要求。

（6）已浇好的底板、护坦、面板、闸墩等薄板（壁）建筑物，其顶（侧）面宜保温到过水前。对于宽缝重力坝、支墩坝、空腹坝的空腔，在进入低温或气温骤降频繁的季节前，宜将空腔封闭并进行表面保温。隧洞、竖井、调压井、廊道、尾水管、泄水孔及其他孔洞的进出口在进入低温季节前应封闭。浇筑块的棱角和突出部分应加强保温。

2.4.3　浇筑温度控制

1. 料场骨料温度控制

料场骨料温度控制宜采取下列措施。

（1）成品料场骨料的堆高不宜低于 6m，并应有足够的储备量。

（2）通过地下廊道取料。

（3）搭盖凉棚，喷洒水雾降温（细骨料除外）等。

2. 其他温控措施

（1）粗骨料预冷可采用风冷、浸水、喷洒冷水等措施。采用风冷法时，应采取措施防止骨料（尤其是小石）冻仓。采用水冷法时，应有脱水措施，使骨料含水量保持稳定。

（2）骨料从预冷仓到拌和楼，应采取隔热保温措施。

（3）混凝土拌和时，可采用冷水、加冰等降温措施。加冰时，宜用冰片或冰屑，并适当延长拌和时间。

3. 高温季节温控措施

高温季节施工时，宜采取下列措施。

（1）缩短混凝土运输及等待卸料时间，入仓后及时进行平仓振捣，加快覆盖速度，缩短混凝土的暴露时间。

（2）混凝土运输工具有隔热遮阳措施。

（3）采用喷雾等方法降低仓面气温。

（4）混凝土浇筑宜安排在早晚、夜间及阴天进行。

（5）当浇筑块尺寸较大时，可采用台阶法，台阶宽应大于 2m，浇筑块分层厚度宜小于 2m。

（6）混凝土平仓振捣后，应及时采用隔热材料覆盖。

2.4.4　特殊部位的温度控制

（1）岩基深度超过 3m 的塘、槽回填混凝土，应采用分层浇筑、通水冷却等温控措施，控制混凝土最高温度，将回填混凝土温度降低到设计要求的温度后，再继续浇筑上部混凝土。

（2）预留槽应在两侧老混凝土温度及龄期达到设计要求后，方可回填混凝土。回填混凝土宜在低温季节浇筑，并采取温控措施使最高温度不超过设计允许最高温度。

（3）并缝块混凝土浇筑前，下部混凝土温度应达到设计要求。并缝块混凝土浇筑应安排在有利季节进行，应采取综合温度控制措施，使混凝土最高温度在设计允许范围内，并采用薄层、短间歇均匀上升的施工方法。

（4）孔、洞封堵的混凝土宜采用综合温控措施，以满足设计要求。

学习情境　混凝土施工现场检测

情境描述

某水库为以防洪、发电为主，兼顾灌溉、养殖的综合利用工程。坝顶高程210.5m，最大坝高102m，坝顶长290.6m。大坝坝体从上游至下游分为钢筋混凝土面板、垫层区、过渡区、主堆石区、次堆石区及下游坡面1m厚的干砌石，在坝体的周边缝下设特殊垫层区，另在面板上游面的下部设置黏土斜墙铺盖及其盖重作为辅助防渗。由于施工组织欠妥、坝区气候异常、大坝沉降量大及水库蓄水过慢等原因使得大坝面板上产生了不同程度的裂缝，该裂缝如不进行检测与处理则会使裂缝逐渐加大，影响大坝的整体安全。

学习目标

1. 知识目标

（1）掌握施工现场混凝土强度检测方法。

（2）掌握施工现场混凝土裂缝深度和内部缺陷检测方法。

2. 能力目标

（1）能根据工程要求，对施工现场混凝土进行检测。

（2）能进行混凝土裂缝深度和内部缺陷检测。

3. 素质目标

（1）遵守道德准则和行为规范，具有良好的纪律观念。

（2）培养学生动手操作能力，使学生的综合素质得到全面提升。

4. 思政育人目标

（1）自觉执行水利行业规范、标准和规程。

（2）在工程建设中，践行勇于实践、甘于奉献的水利精神。

任务书

表2.25　任务单表

分组编号		组　长		日　期	
施工任务：混凝土施工现场检测					
任务内容： 1. 掌握施工现场混凝土强度检测方法 2. 掌握施工现场混凝土裂缝深度和内部缺陷检测方法					

任务分组

表 2.26　**学生任务分配表**

班　级		分组编号		指导教师	
组长					
组员	姓名				
	学号				
	姓名				
	学号				
任务分工					

获取信息

学习内容：施工现场混凝土强度、裂缝深度和内部缺陷的检测方法。可以通过预习学习情境的知识点、网络搜索等多种形式获取信息，并完成下列问题。

引导问题 1：回弹法检测混凝土强度的适用范围有哪些？

引导问题 2：超声波检测混凝土裂缝深度的适用范围有哪些？

工作计划

按照任务书要求，制定施工现场混凝土强度、裂缝深度和内部缺陷的检测实施方案，完成表 2.27、表 2.28 内容。

表 2.27　混凝土缺陷检测实施方案

步　骤	工作内容	负责人	步　骤	工作内容	负责人
1			5		
2			6		
3			7		
4			8		

表 2.28　工具、耗材和器材清单

序　号	名　称	型号与规格	单　位	数　量	备　注

进行决策

（1）各小组选派代表详细阐述工作方案。

（2）各组对其他组的工作方案提出各自的不同看法。

（3）教师根据各组汇报的内容进行点评，提出方案存在的问题。

（4）各组根据教师和同学提出的意见进行完善修改。

工作实施

引导问题 3：按照《水工混凝土试验规程》（SL/T 352—2020）的有关规定，回弹法测定混凝土强度的步骤有哪些？

____

____

____

____

____

____

____

引导问题4：按照《水工混凝土试验规程》（SL/T 352—2020）的有关规定，超声波检测混凝土裂缝深度的方法有哪些？

引导问题5：按照《水工混凝土试验规程》（SL/T 352—2020）的有关规定，混凝土内部缺陷超声波检测及评价方法有哪些？

引导问题6：按照《水工混凝土试验规程》（SL/T 352—2020）的有关规定，施工现场混凝土倾斜裂缝深度检测步骤有哪些？

考核评价

表2.29　　项目考核评价表

项目名称	评价内容	分值	评价结果		
			自评	互评	教师评
职业素养评价 40%	学习准备	7			
	安全责任意识	7			
	积极参与项目	10			
	沟通协作	6			
	纪律	10			

续表

项目名称	评　价　内　容	分值	评　价　结　果		
			自评	互评	教师评
专业能力评价 60%	专业知识查找及时准确	8			
	引导问题填写准确完整	10			
	操作规范，效率高	18			
	按时完成任务	10			
	完成质量	14			
创新性评价＋5 分	项目创新	5			
总分		105			
总评	自评（25%）＋互评（25%）＋教师评（50%）		教师（签名）：		

任务 2.5　混凝土施工现场检测

2.5.1　回弹法检测混凝土抗压强度

1. 适用范围

回弹法适用于检测抗压强度为 10～60MPa 的混凝土。

2. 仪器设备和试剂

（1）回弹仪：示值系统为直读式的混凝土回弹仪。中型回弹仪，标称动能为 2.2J。

（2）压力机：2000kN 压力试验机。

（3）标定回弹仪的钢砧。中型回弹仪，洛氏硬度 58～62。

（4）钢尺：分度值 0.5mm。

（5）1.0%的酚酞溶液。

3. 试验准备

（1）在被测混凝土结构或构件上均匀布置测区，测区数不小于 10 个。

（2）检验回弹仪的标准状态。

1）弹击锤与弹击杆碰撞的瞬间，弹击拉簧应处于自由状态，此时弹击锤起跳点应相应于指针指示刻度尺上的“0”位处。

2）率定“N”值。将回弹仪在钢砧上进行率定，其率定值应符合下列要求。

中型回弹仪：率定值“N”为 80±2。

4. 试验步骤

（1）每个测区应弹击 16 点。两测点间距不宜小于 50mm。当一个测区有两个测面时，每一个测面弹击 8 个点，测点布置如图 2.29（a）所示；不具备两个测面的测区，可在一个测面上弹击 16 点，可按照图 2.29（b）所示布置测点。

（2）回弹值测试面要清洁、平整，测点应避开气孔或外露粗骨料。一个测点只允许弹击一次。

(3) 弹击时，回弹仪的轴线应垂直于结构或构件的混凝土表面，缓慢均匀施压，不宜用力过猛或突然冲击。

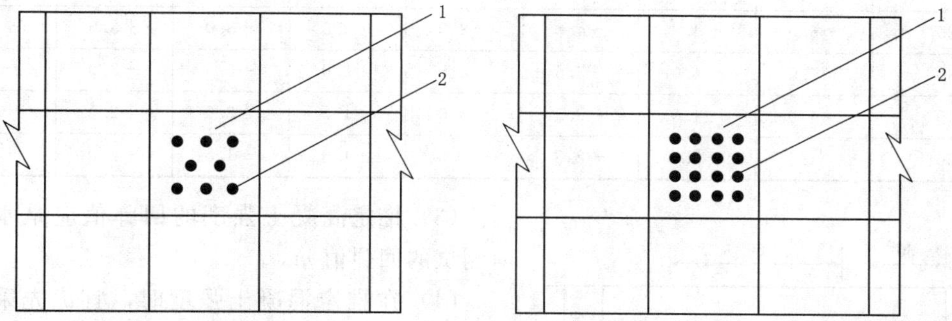

(a) 双面测试　　(b) 单面测试

图2.29　回弹值测点布置示意图

1—测区；2—回弹值测点

(4) 读数时可将回弹仪顶住表面，或按下按钮，锁住机芯。

(5) 当出现回弹值“N”过高或过低，应查明原因。可在该测点附近（约30mm）补测，舍弃原测点。

(6) 碳化深度测量应按以下步骤进行。

1) 当测试完毕后，可用电动冲击钻在回弹值的测区内，钻一个直径20mm、深70mm的孔洞，测量混凝土碳化深度。

2) 测量混凝土碳化深度时，应将孔洞内的混凝土粉末清除干净，用1.0%酚酞溶液（含20%的蒸馏水或去离子水）滴在孔洞内壁的边缘处，再用钢尺测量混凝土碳化深度值L（不变色区的深度），读数精度为0.5mm。

3) 测量的碳化深度小于0.4mm时，则按无碳化处理。

5. 试验结果处理

(1) 从测区的16个回弹值中，舍弃三个最大值和三个最小值，将余下的10个回弹值按照下式计算测区平均回弹值m_N（修约间隔0.1）。

$$m_N = \frac{1}{10}\sum_{i=1}^{10} N_i \tag{2.2}$$

式中　m_N——测区平均回弹值；

N_i——第i个测点回弹值，$i=1, 2, 3, \cdots, 10$。

(2) 当回弹仪在非水平方向测试时，先将测得的数据按照式（2.2），求出测区平均回弹值m_{Na}，再按照式（2.3）换算成水平方向测试的测区平均回弹值m_N（修约间隔0.1）。

$$m_N = m_{Na} + \Delta N_a \tag{2.3}$$

式中　m_{Na}——回弹仪与水平方向成a角测试时测区的平均回弹值；

ΔN_a——按照表2.30查出的不同测试角度a的回弹修正值。

表 2.30　　　　**回弹修正值 ΔN_a**

m_{Na}	测试角度 a							
	+90°	+60°	+45°	+30°	−30°	−45°	−60°	−90°
20	−6.0	−5.0	−4.0	−3.0	+2.5	+3.0	+3.5	+4.0
30	−5.0	−4.0	−3.5	−2.5	+2.0	+2.5	+3.0	+3.5
40	−4.0	−4.0	−3.5	−3.0	+1.5	+2.0	+2.5	+3.0
50	−3.5	−3.0	−2.5	−1.5	+1.0	+1.5	+2.0	+2.5

（3）推定混凝土强度的回弹值应是水平方向测试的回弹值 m_N。

（4）在推定混凝土强度时，宜优先采用专用混凝土强度公式。对于中型回弹仪，采用150mm×150mm×150mm 的试件，建立强度—回弹值的关系。在试件上选取两个相对的测试面。测点距试件边缘不小于30mm。测点布置如图 2.30 所示。测试时，将试件用 2.0MPa 压力固定在压力机中。用回弹仪分别水平对准各测点，测定回弹值。然后按《水工混凝土试验规程》（SL/T 352—2020）的规定测试抗压强度。

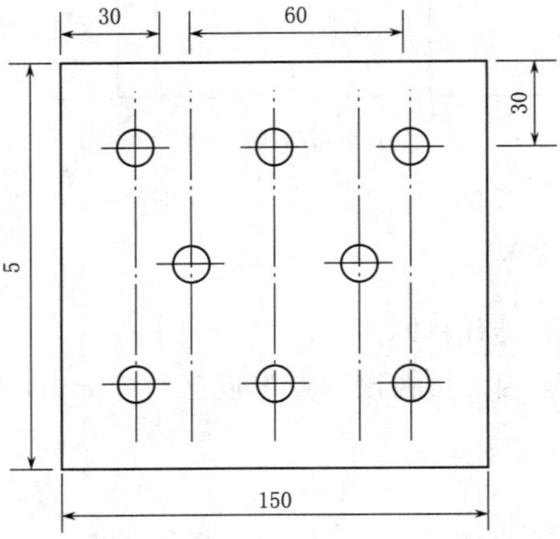

图 2.30　测点布置图（单位：mm）

（5）根据实测的抗压强度、回弹值，以最小二乘法计算出曲线的方程式。回归方程式宜采用式（2.4）和式（2.5）。

$$f_{ccNo}=Am_N^B \tag{2.4}$$

$$f_{NccNo}=Ae^{Bm_N} \tag{2.5}$$

式中　f_{ccNo}——混凝土抗压强度，MPa；

m_N——测区平均回弹值；

A、B——试验常数。

（6）当无专用混凝土强度公式时，可根据中型回弹仪，按式（2.6）推定混凝土强度。

$$f_{ccNo}=0.02497m_N^{2.0108} \tag{2.6}$$

（7）当混凝土结构或构件碳化至一定深度时，须将推定的混凝土强度按下式修正。

$$f_{ccN}=f_{ccNo}\cdot C \tag{2.7}$$

式中　f_{ccN}——碳化深度修正后的混凝土强度值，MPa；

f_{ccNo}——按照公式推定的混凝土强度值，MPa；

C——查表 2.31 碳化深度修正值。

（8）根据各测点区混凝土强度 f_{ccN}，计算构件的平均强度、标准差 σ 和变异系数 C_V，评估构件的混凝土强度和均匀性。

（9）保证率不低于95%的构件混凝土强度推定值，当构件测区数不少于10个时，按式（2.8）计算；当测区数少于10个时，按照式（2.9）计算。

$$f_{cu,e}=m_{fccN}-1.645\sigma \tag{2.8}$$

$$f_{cu,e}=f_{ccN,min} \tag{2.9}$$

式中 $f_{cu,e}$——构件的混凝土强度推定值；

m_{fccN}——构件各测区的平均混凝土强度值；

$f_{ccN,min}$——构件各测区的最小混凝土强度值。

表 2.31 碳化深度修正值

测区强度/MPa	碳化深度/mm					
	1.0	2.0	3.0	4.0	5.0	≥6.0
10.0～19.5	0.95	0.90	0.85	0.80	0.75	0.70
20.0～29.5	0.94	0.88	0.82	0.75	0.73	0.65
30.0～39.5	0.93	0.86	0.80	0.73	0.68	0.60
40.0～50.0	0.92	0.84	0.78	0.71	0.65	0.58
50.0～60.0	0.92	0.82	0.76	0.71	0.65	0.58

2.5.2 超声波检测混凝土裂缝深度（平测法）

1. 适用范围

本试验用于测量混凝土建筑物中深度不大于500mm的裂缝。裂缝内有水或穿过裂缝的钢筋太密时本方法不适用。

2. 仪器设备

（1）非金属超声检测仪：仪器最小分度0.1μs。当传播路径在100mm以上时，传播时间（简称声时）的测量误差不应超过1%。

（2）换能器：对于路径短的测量（如试件），宜用频率为50～100kHz的换能器；对路径较长的测量，宜用50kHz以下的换能器。

（3）耦合介质：可用黄油、浓机油、浆糊等。

3. 试验步骤

（1）无缝处平测声时和传播距离的计算应按以下步骤进行。

1）将发、收换能器平置于裂缝附近有代表性的、质量均匀的混凝土表面上，两换能器内边缘相距为d'。在不同的d'值（如50mm、100mm、150mm、200mm、250mm、300mm等，必要时再适当增加）的情况下，分别测读出相应的传播时间t_0。

2）以距离d'为纵坐标，时间t_0为横坐标，将数据点绘在坐标纸上。若被测处的混凝土质量均匀、无缺陷，则各点应大致在一条不通过原点的直线上。

3）根据图形计算出直线的斜率（用直线回归计算法），即为超声波在该处混凝土中的传播速度v。按$d=t_0\cdot v$，计算出发、收换能器在不同t_0值下相应的超声波传播距离d（d略大于d'）。

（2）绕缝传播时间的测量应按以下步骤进行。

1）垂直裂缝。将发、收换能器平置于混凝土表面上裂缝的各一侧，并以裂缝为轴相对称，两换能器中心的连线应垂直于裂缝的走向，如图2.31所示。沿着同一直线，改变换能器边缘距离d'。在不同的d'（如50mm、100mm、150mm、200mm、250mm、

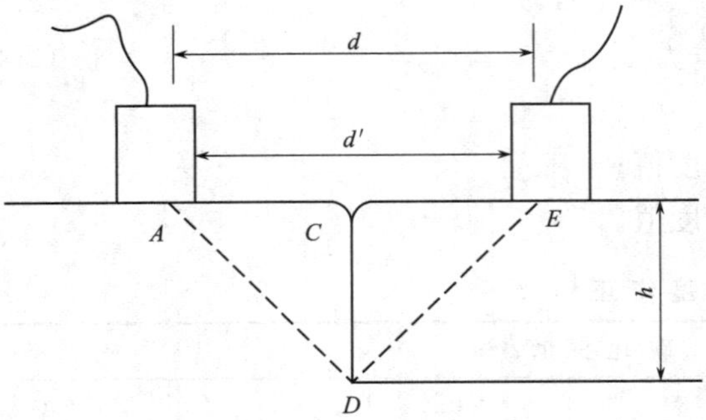

图 2.31　裂缝深度测试

d'—两换能器之间的净距；d—超声传播的实际距离

300mm 等)，分别读出相应的绕裂缝传播时间 t_1。

2) 倾斜裂缝。

a. 如图 2.32 所示，先将发、收换能器分别布置在 A、B 位置（对称于裂缝顶），测读出传播时间 t_1。然后 A 换能器固定，将 B 换能器移至 C，测读出另一传播时间 t_2。以上为一组测量数据。改变 AB、AC 距离，即可测得不同的几组数据。

b. 裂缝倾斜方向判断法：如图 2.33 所示，将一只换能器 B 靠近裂缝，另一只位于 A 处，测传播时间。接着将 B 换能器向外稍许移动，若传播时间减小，则裂缝向换能器移动方向倾斜；若传播时间增加，则进行固定 B 移动 A 的反方向检测。

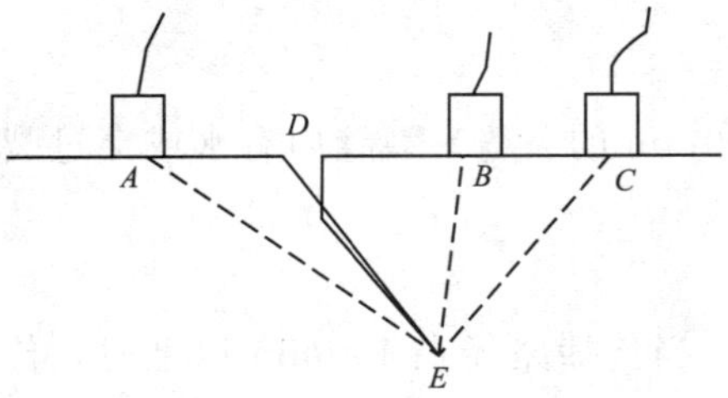

图 2.32　倾斜裂缝的测试

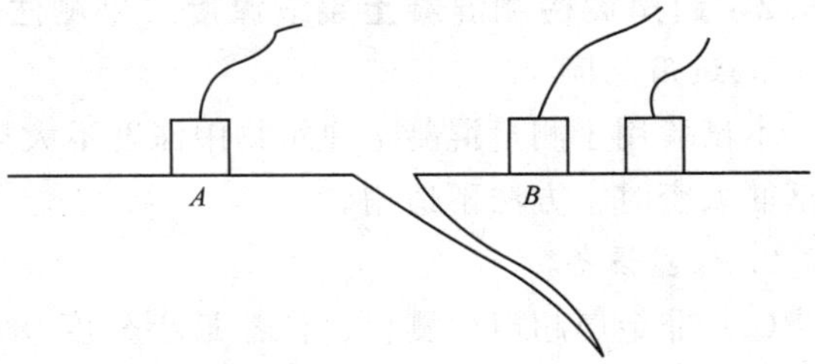

图 2.33　裂缝倾斜方向判断法

4. 试验结果处理

(1) 垂直裂缝深度。垂直裂缝深度按式 (2.10) 计算。

$$h=\frac{d}{2}\sqrt{(t_1/t_0)^2-1} \tag{2.10}$$

式中　h——垂直裂缝深度，mm；

t_1——绕缝的传播时间，μs；

t_0——相应的无缝平测传播时间，μs；

d—相应的换能器之间声波的传播距离，mm。

1) 根据换能器在不同距离下测得的 t_1、t_0 和 d 值，可算出一系列的 h 值。把凡是 $d<h$ 和 $d>2h$ 的数据舍弃，取其余（不少于两个）h 值的算术平均值作为裂缝深度的测试结果。

2) 在进行跨缝测量时注意观察接收波首波的相位。当换能器间距从较小距离增大到裂缝深度的 1.5 倍左右时，接收波首波会反相。当观察到这一现象时，可以用反相前、后两次测量结果计算裂缝深度，并以其平均值作为最后结果。

(2) 倾斜裂缝深度用作图法求得。如图 2.34 所示，在坐标纸上按比例标出换能器及裂缝顶的位置（按超声传播距离 d 计）。以第一次测量时两换能器位置 A、B 为焦点，以

$t_1 \cdot v$ 为两动径之和作一椭圆。再以第二次测量时两换能器的位置 A、C 为焦点，以 $t_2 \cdot v$ 为两动径之和作另一椭圆。两椭圆的交点 E 即为裂缝末端，DE 为裂缝深度 h。

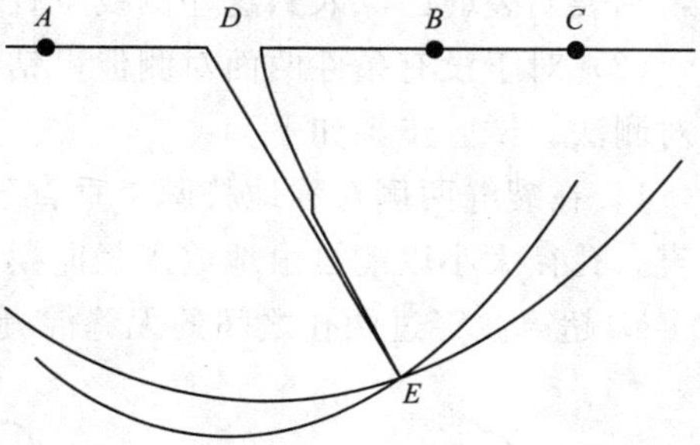

图 2.34　椭圆交会法

5. 试验注意事项

(1) 测试时，换能器应与混凝土耦合良好。

(2) 当有钢筋穿过裂缝时，发、收换能器的布置应使换能器连线离开钢筋轴线，离开的最短距离宜为裂缝深度的 1.5 倍。

(3) 在测量绕缝传播时间时，应读取第一个接收信号。如换能器与混凝土耦合不良等造成第一个信号微弱，误读后面的叠加信号，将造成测量错误。随着探头相互距离逐级增加，第一个接收信号的幅度应逐渐减小。如果情况反常，应检查测量有无错误。

2.5.3　超声波检测混凝土裂缝深度（对测法、斜测法）

1. 适用范围

本试验用于按对测法、斜测法测量混凝土裂缝深度。适用于有条件两面对测或可钻孔对测的混凝土建筑物。裂缝中有水时本方法不适用。

2. 仪器设备

(1) 非金属超声波检测仪：应符合《水工混凝土试验规程》(SL/T 352—2020) 超声波检测混凝土抗压强度的规定。

(2) 换能器：平面换能器及可置于钻孔中测量的径向换能器，如增压式换能器、环状换能器或水听器等。

(3) 钻孔设备：风钻、钻机等。

3. 试验步骤

(1) 对其有条件两面对测的结构，如梁、墩、墙体，可采用两面斜测法。试验步骤如下。

1) 在结构（如梁）一侧或两侧发现裂缝 A 和 B（图 2.35），布置换能器进行斜测。其中 1—1′、2—2′、3—3′、4—4′、5—5′测线斜穿过裂缝所在平面 AB。作为比较，再布置不穿过裂缝所在平面的测线 6—6′测试面必须平整，换能器与结构表面声耦合必须良好。

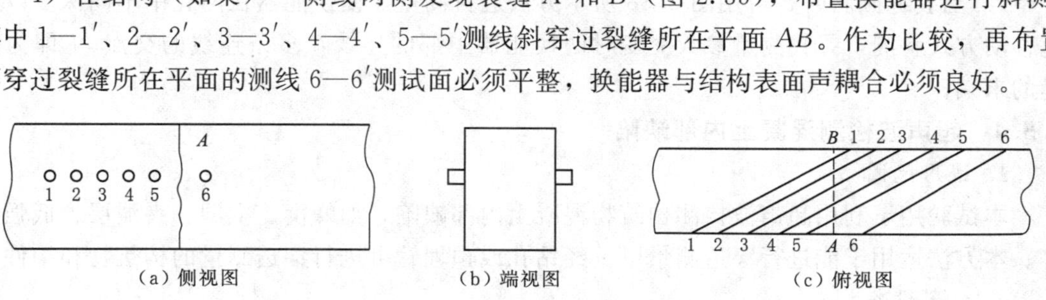

(a) 侧视图　　(b) 端视图　　(c) 俯视图

图 2.35　双面斜测法

2) 测量各条测线接收信号振幅和声传播时间，以振幅参数作为判断的主要依据。

3) 在穿裂缝所在平面的各条测线中，若某（些）条测线振幅测值明显小于 6—6′测线，则表明裂缝已深入到这些测线位置，从而确定裂缝的深度。

（2）对于没有条件两面对测但可钻孔对测的结构，如坝体、底板、廊道等，可采用钻孔对测法。试验步骤如下。

1）在裂缝两侧对称地打两个垂直于混凝土表面的钻孔，两孔口的连线应与裂缝走向垂直。孔径大小以能自由地放入径向换能器为度。两孔的间距、深度按下列原则选择。

a. 超声波穿过两孔之间的无缝混凝土后，接收信号第一个半波的振幅应大于 20mm。

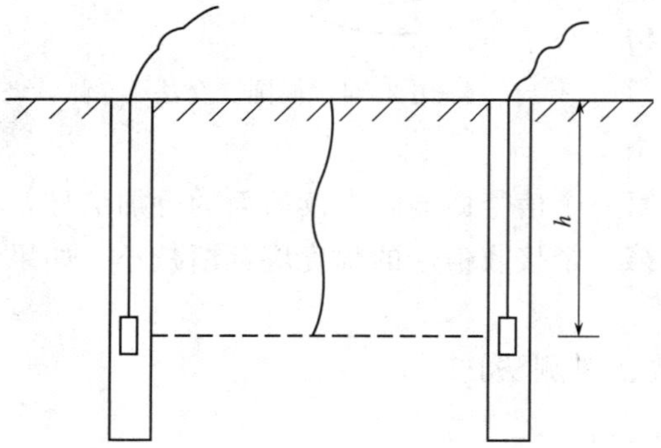

图 2.36　深层裂缝测量法

b. 当裂缝倾斜时，裂缝底部不致超出两孔之间。两孔间距宜为 1～3m，如图 2.36 所示。

c. 钻孔深度应至少大于裂缝深度 0.5m。

2）钻孔应冲洗干净，注满清水，将发、收换能器分别置于两钻孔中同样高程上。测量并记录超声传播时间、接收信号振幅等参数。

3）关于接收信号的振幅，可采用两种方法测读。

a. 直接测量示波器荧光屏上接收信号第一个半波（或第二个半波）的振幅毫米数。

b. 利用串接在接收回路中的衰减器，将接收信号衰减至某一预定高度（此高度应小于测量过程中最小的振幅），然后读取衰减器上的数值。

4）使换能器在孔中上下移动进行测量，直至发现当换能器达到某一深度 h 时，振幅出现最大值，再向下测基本上稳定在这个数值左右。此时，换能器在孔中的深度 h_1 即为裂缝的深度（以换能器中部计）。在整个测量过程中，仪器增益固定不变。

5）为便于判断，可绘制孔深—振幅曲线，如图 2.37 所示。根据振幅沿孔深变化情况判断裂缝深度。可在无裂缝混凝土处加钻孔距相等，孔深为 500～600mm 的第三个孔，以校核等孔距无缝混凝土的超声波信号。

6）当裂缝倾斜时，可用图 2.38 所示方法进行测量。使换能器在两孔中不同深度以等速移动方式斜测，寻找测量参数突变时两换能器中部的连线，多条连线的交点 N 即为裂缝的末端。

2.5.4　超声波检测混凝土内部缺陷

1. 适用范围

本试验用于利用超声波探测构筑物混凝土内部缺陷，如蜂窝、空洞、夹泥层、低强区等。本方法适用于能进行穿透测量以及经钻孔或预埋管可进行穿透测量的构筑物和构件。

2. 仪器设备

（1）非金属超声检测仪：应符合《水工混凝土试验规程》（SL/T 352—2020）超声波检测混凝土抗压强度的规定。

（2）各种声波频率的平面换能器：当测距小于 1m 时，宜采用 50～100kHz 换能器；当测距大于 2m 时，宜采用 50kHz 以下的换能器。在穿透能力允许情况下，宜用高频率的换能器；孔中测量应采用径向换能器。

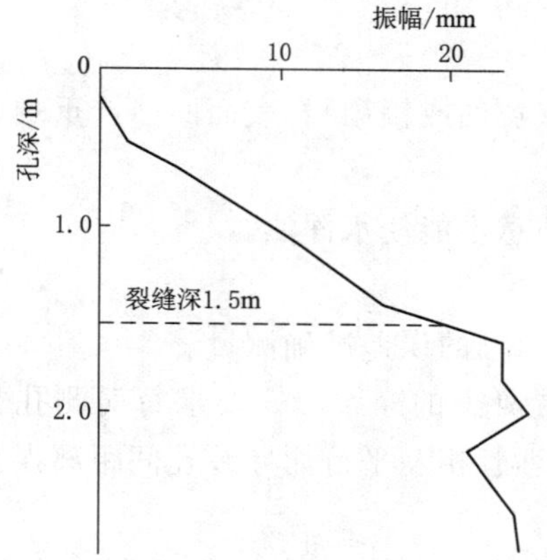

图2.37　孔深-振幅曲线

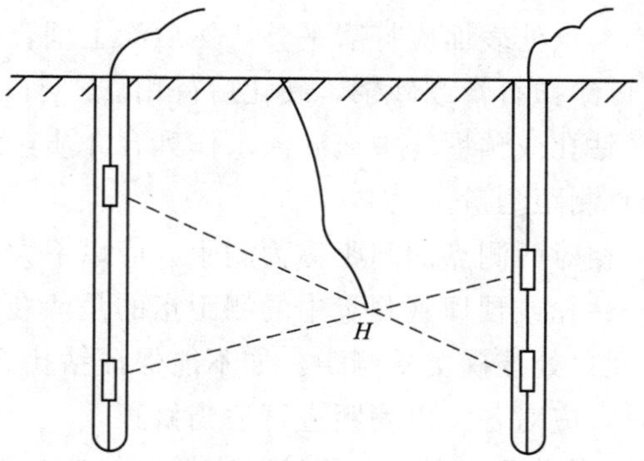

图2.38　倾斜裂缝测量法

（3）长度测量工具，如钢卷尺等。

3. 试验步骤

（1）超声仪仪器零读数校正。

1）当采用平面换能器测量时，仪器零读数 t_0 的定义及校正见《水工混凝土试验规程》（SL/T 352—2020）超声波检测混凝土抗压强度的规定。

2）对于在钻孔中或预埋声测管中以径向换能器进行检测的场合，仪器零读数 t_0 为孔间混凝土介质厚度为零时仪器的声时读数。可采用以下方法标定：将发、收径向换能器表面相互紧贴，置于水中，读取此时的接收波首波声时 t_1（μs）。则仪器的零读数 t_0（μs）可按照式（2.11）、式（2.12）计算。带有零读数调节的仪器，在标定换能器零读数中及以后使用中，调零旋钮应固定在同一位置，不应变更。

a. 在钻孔中测量时，按照下式计算：

$$t_0=t_1+(d_1-d_2)\times10^6/v_w \tag{2.11}$$

式中　d_1——钻孔直径，m；

d_2——径向换能器外直径，m；

v_w——水的声速，取1480m/s。

b. 在预埋管中测量时，按照下式计算：

$$t_0=t_1+(d_1-d_2)\times10^6/v_w+2a\times10^6/v_s \tag{2.12}$$

式中　d_1——预埋管内直径，m；

d_2——径向换能器外直径，m；

a——预埋管管壁厚度，m；

v_s——预埋管材料声速，若用钢管，取 $v_s=5900$m/s。

（2）测点布置。

1）对于一般结构，如梁、柱、墩、墙等，在其相对的两面对称地画出方格网。方格网交点即为测点。方格网的间距视结构物尺寸和要求的测量精度而定，宜为0.2～1.0m。

2）对于钻孔或埋管法测量，则从孔口开始向下逐点对测。测点间距为0.2～0.5m。

在测得缺陷附近，测点还应加密。

3）一个构件或一个统计总体，测点数不应少于30个。

（3）测点处理。

1）测点处表面应打磨平整，然后涂上耦合剂（黄油或糨糊）。表面凹凸严重难以整平的测点可涂抹石膏或砂浆，硬化后待用。

2）钻孔或预埋管中充满淡水作耦合介质，应注意不能使水浑浊。

（4）测距测量。

1）相对两测点的间距称为测距，应以不大于±1%的误差准确测量。

2）钻孔或预埋管测量中的测距指的是两孔间混凝土的净距离。要求每对测孔相互平行，在孔口处准确丈量测距。如不能保证钻孔或预埋管相互平行而导致孔间距离误差大于±1%时，应对各测点测距进行适当修正。

（5）声学参数测量。测量时应调整仪器状态（发射电压、增益、衰减等），使适合于该测量场合，逐点测量各测点全部或部分声学参数。

1）声传播时间（声时 t）及声传播速度（声速 v）：以不低于1%的精度测读各测点首波声时读数 t_i，则声时 t_i 按照式（2.13）计算，根据各测点声时，按照式（2.14）计算各测点声速。

$$t_i = t'_i - t_0 \tag{2.13}$$

式中　t_i——测点声时，μs；

t'_i——测点首波声时，μs；

t_0——该场合下的仪器零读数。

$$v_i = \frac{l_i}{t_i} \times 1000 \tag{2.14}$$

式中　v_i——测点声速，km/s；

l_i——测点测距，m。

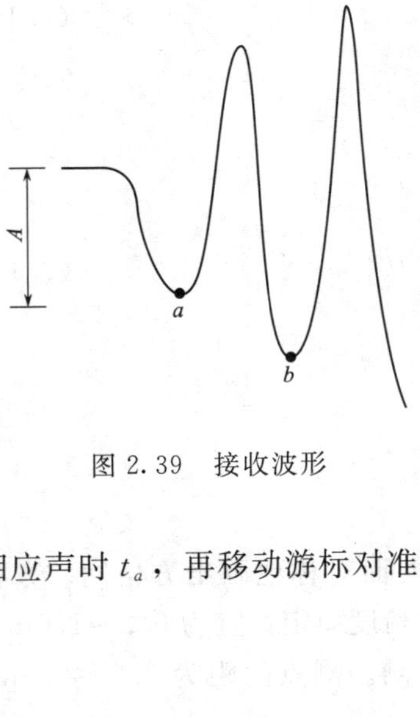

图2.39　接收波形

2）接收信号首波振幅（振幅 A）：接收波第一个波前半周波谷（或波峰）的幅度 A_i（图2.39）。在进行各测点振幅测量过程中，仪器的发射电压、放大器增益均不应变化，各测点的声耦合应良好，并尽量保持一致。

3）接收信号频率：接收波第一个周波的主频率，可采用下述两种方法之一进行测量。

a. 频谱法：凡具有快速频谱分析功能的超声仪，可将采集的一串接收波中的前一个周波，即图2.39中的 $a \sim b$ 段波，以不低于2kHz的分辨力进行频谱（振幅谱）分析，把分析结果中的主频率（幅度最大者）作为频率测值。

b. 周期法：移动仪器时间游标，先对准波谷 a，读取相应声时 t_a，再移动游标对准波谷 b，读取相应声时 t_b，则频率可按照下式计算：

$$f_i = \frac{1}{t_b - t_a} \tag{2.15}$$

式中　f_i——接收波第一个周波的主频率，kHz；

t_a——波谷 a（图 2.39）相应声时，s；

t_b——波谷 b（图 2.39）相应声时，s。

4）接收波波形：观察各测点波形，注意前一个周波是否有畸变。必要时可采集打印或拍摄照片或描绘该波形。

（6）两个方向对测和斜交叉测。当在一个方向进行两面对测后，发现某些测点声学参数明显偏低，这时首先应复测，确定无疑后，再在可疑点附近加密测点测量。当证实这些部位有可能内部有缺陷时，如果构筑物条件允许，可采用两个方向对测或斜测的方法以确定缺陷的纵深位置。

1）两个方向对测：对于柱、墩一类构件，如图 2.40 所示。当在Ⅰ—Ⅰ′方向对测，发现 3—3′测线测值异常，则可再在Ⅰ—Ⅱ′方向逐点对测，如果在Ⅱ—Ⅱ′方向，b—b'测线测值异常，则缺陷出现在 3—3′测线与 b—b'测线交点处可能性最大。

2）斜交叉测量：对于墙体一类结构，或在钻孔、预埋管中测量时（图 2.41），当对测发现 a—b 测线异常，可将发、收换能器彼此错开一定高度（0.2～2.0m）在 a—b 测线所在的垂直面内进行斜交叉测量。各斜测线彼此等长度、等斜度。比较各斜线测值，可以确定缺陷的纵深位置及范围。

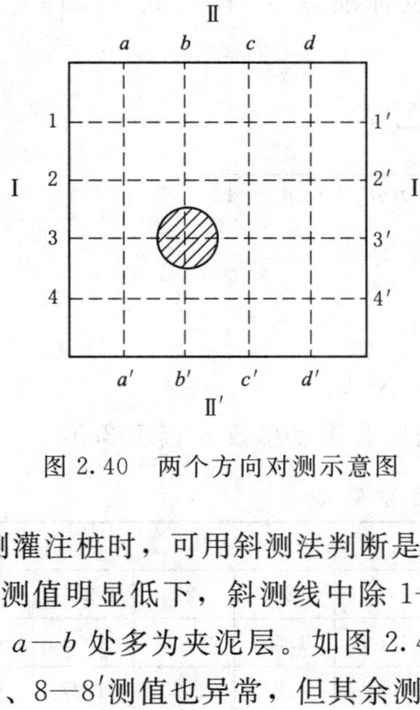

图 2.40　两个方向对测示意图

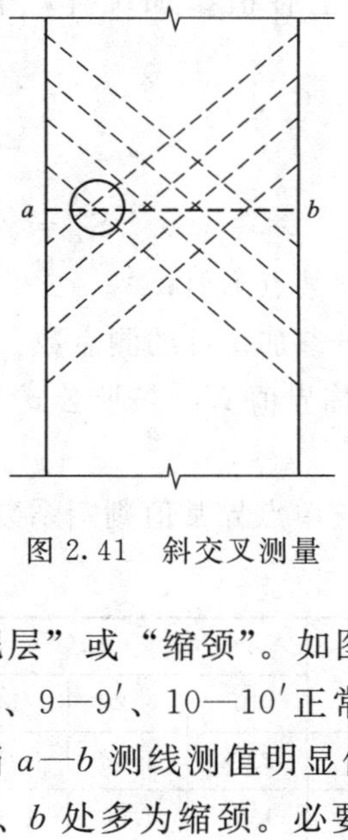

图 2.41　斜交叉测量

注：检测灌注桩时，可用斜测法判断是否是“夹泥层”或“缩颈”。如图 2.42 所示，当 a—b 测线测值明显低下，斜测线中除 1—1′、2—2′、9—9′、10—10′正常外，其余斜测线均异常，a—b 处多为夹泥层。如图 2.43 所示，当 a—b 测线测值明显低下，3—3′、4—4′、7—7′、8—8′测值也异常，但其余测线正常，a、b 处多为缩颈。必要时可做双向斜测，相互印证。

4. 试验结果处理

应当从混凝土各测点处测值正常的波动与离散中分辨出非正常的测值，可采用概率法进行判断，应按下列步骤进行。

1）统计总体：以单个构件或同条件、同龄期、一次浇注的结构一部分作为判断总体。统计总体的测点数不得少于 30。

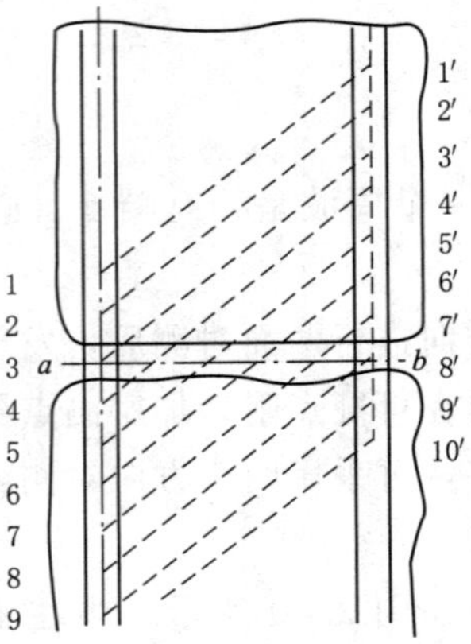

图 2.42　灌注桩中的夹泥层

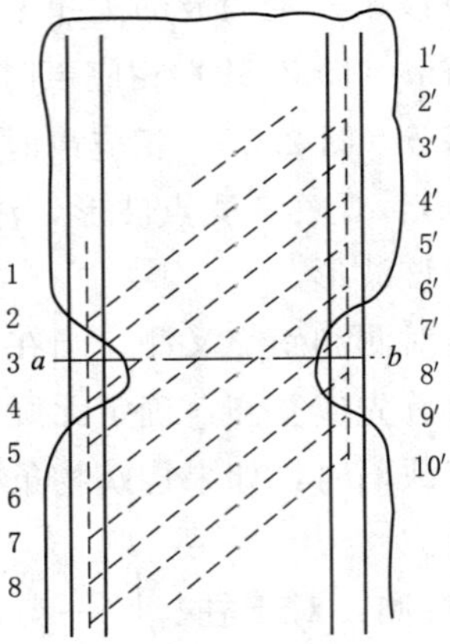

图 2.43　灌注桩中的缩颈

2）测值的取舍及统计计算。

a. 将判断总体各测点测值（波速、振幅或频率）按大小次序排列，即

$$X_1 > X_2 > X_3 > \cdots > X_{n-2} > X_{n-1} > X_n > X_{n+1} > X_{n+2}$$

b. 将排在后面且明显小的某些测值（例如 X_{n+1}、X_{n+2}、…）视为可疑值予以舍弃，把 X_n 及其以上各值参加统计，平均值 m_x 及标准差 S_x 按照式（2.16）和式（2.17）计算：

$$m_x = \frac{1}{n}\sum_i^n X_i \tag{2.16}$$

$$S_x = \sqrt{(\sum_{i=1}^n X_i^2 - nm_x^2)/(n-1)} \tag{2.17}$$

式中　X_i——某点测值；

n——参加统计的测点数。

3）单点临界值 X_{L1} 按照公式下式计算：

$$X_{L1} = m_x - K_1 S_x \tag{2.18}$$

式中　K_1——单点异常值判定系数，其值根据所有测点总数 n 查表 2.32。

表 2.32　　异常值判定系数表

K		n									
		10	12	14	16	18	20	22	24	26	28
K_1		1.18	1.38	1.47	1.53	1.59	1.64	1.69	1.73	1.77	1.80
K_2	一般结构	1.00	1.06	1.11	1.15	1.19	1.22	1.25	1.27	1.29	1.31
	孔中测量	0.76	0.83	0.88	0.93	0.97	1.00	1.03	1.06	1.09	1.11
K		n									
		30	32	34	36	38	40	42	44	46	48
K_1		1.83	1.86	1.89	1.92	1.94	1.96	1.98	2.00	2.02	2.04
K_2	一般结构	1.33	1.35	1.37	1.38	1.40	1.41	1.42	1.44	1.45	1.46
	孔中测量	1.13	1.15	1.17	1.19	1.20	1.22	1.23	1.24	1.26	1.27

续表

K		n									
		50	55	60	65	70	75	80	85	90	95
K_1		2.05	2.09	2.13	2.16	2.19	2.22	2.24	2.27	2.29	2.31
K_2	一般结构	1.47	1.50	1.52	1.54	1.56	1.57	1.59	1.61	1.62	1.63
	孔中测量	1.28	1.31	1.33	1.36	1.38	1.39	1.41	1.43	1.44	1.46
K		100	105	110	115	120	125	130	135	140	145
K_1		2.33	2.34	2.36	2.38	2.40	2.42	2.45	2.48	2.50	2.52
K_2	一般结构	1.64	1.66	1.67	1.68	1.69	1.71	1.72	1.74	1.76	1.77
	孔中测量	1.47	1.48	1.49	1.51	1.52	1.54	1.56	1.57	1.59	1.61
K		180	190	200	220	240	260	280	300	350	
K_1		2.54	2.56	2.58	2.61	2.64	2.66	2.69	2.71	2.76	
K_2	一般结构	1.78	1.79	1.81	1.83	1.85	1.87	1.88	1.90	1.93	
	孔中测量	1.62	1.63	1.64	1.67	1.69	1.71	1.73	1.74	1.78	

4）单个异常值的判断：把 X_{L1} 与测值序列中各值相比较。

a. 若 $X_{n+1} \leqslant X_{L1}$，$X_n > X_{L1}$，则判 X_{n+1} 及其以下各测值为异常值，计算结束。

b. 若 $X_n \leqslant X_{L1}$，$X_{n-1} > X_{L1}$，则把 X_n 也舍弃，以其余各测值参加统计，按照式（2.16）、式（2.17）、式（2.18）重新计算 m'_x、S'_x 及 X'_{L1}，并重新判断：若 $X_n \leqslant X'_{L1}$，$X_{n-1} > X'_{L1}$，则判断 X_n 及其以下各测值为异常值，计算结束；若 $X_{n-1} \leqslant X'_{L1}$，则再舍弃 X_{n-1}，重新计算与判断，直至舍弃某值而其上一值大于 X'_{L1} 为止，并判该值及及其以下各值为异常值。

c. 有条件时，也可采用以下方法舍弃数据：先从最小测值逐个舍弃，每舍弃一个值，即对剩下的数据作正态检测，直至所余数据符合正态分布，再按 2）、3）、4）所述方法进行计算和判断。

5）相邻异常值的判断：当按上述方法进行单个测值异常值判断结束后，宜再进行相邻两点测值的判断。相邻点临界值 X_{L2} 按照式（2.19）计算。若结构或构件中任何相邻的两个测点值均同时小于或等于 X_{L1}，则可判该相邻两测点测值均为异常值。

$$X_{L2} = m_x - K_2 S_x \tag{2.19}$$

式中　m_x——单点判断中最后一次统计计算的平均值；

S_x——单点判断中最后一次统计计算的标准差；

K_2——相邻点异常值判定系数，其值根据所有测点总数 n，查表 2.32。

注意：①用以统计判断的测值可以是声速，也可以是振幅或率，都可按以上方法获得判断结果。考虑到振幅及频率测值测试误差较大，在最后确定某测点是否属异常值时，一般以声速的判断结果为主，以振幅或频率的判断结果为辅，并参考波形的观察结果综合确定。②当所测结构缺陷范围较大，难以保证有足够数量的正常测点来统计平均值和标准差时，可另在同类型的其他正常结构上测量 30 个以上测点，进行平均值与标准差的统计，再来对该结构进行计算判断。

5. 异常点位置图

按比例绘制构件侧面轮廓图，将实测的各测点参数值点绘在图上。以阴影线勾画出异常点的位置及范围。若是孔中测量，则绘制出沿孔深变化的测值变化图，并标出 X_{L1}、X_{L2} 两条临界值线。

6. 缺陷判定

经上述方法确定的异常值，表明该测点内部混凝土情况异常。最后应结合结构施工过程的实际情况、施工记录、异常点所处部位判定缺陷的类型、范围及严重程度。

7. 缺陷尺寸估计

当缺陷形状近于圆球或圆柱体，且缺陷类型为空洞或虽不是空洞，但缺陷介质的声速仅为该结构混凝土声速的 0.7 倍以下时，可按以下方法估算缺陷的半径 r。设半径为 r 的圆形缺陷的中心位于测距为 L 的结构物一侧，距该侧面距离为 l_1，如图 2.44 所示。声波在缺陷附近正常混凝土处的声时为 t_n，在缺陷中心处的声时 t_f，按式（2.20）、式（2.21）计算 X、Y，根据 X、Y 值查表 2.33 可得 Z 值。再按照式（2.22）计算缺陷半径 r。

$$\frac{t_f - t_n}{t_n} \times 100 = X \tag{2.20}$$

$$\frac{l_1}{L} = Y \tag{2.21}$$

$$\gamma = LZ \tag{2.22}$$

表 2.33　**缺陷尺寸估算 Z 值查找表**

Y	Z												
	0.05	0.08	0.10	0.12	0.14	0.16	0.18	0.20	0.22	0.24	0.26	0.28	0.30
	X/%												
0.10	1.42	3.77	6.26	—	—	—	—	—	—	—	—	—	—
0.15	1.00	2.56	4.06	5.97	8.39	—	—	—	—	—	—	—	—
0.20	0.78	2.02	3.18	4.62	6.36	8.44	10.9	13.9	—	—	—	—	—
0.25	0.67	1.72	2.69	3.90	5.34	7.03	8.98	11.2	13.8	16.8	—	—	—
0.30	0.60	1.53	2.40	3.46	4.73	6.21	7.91	9.38	12.0	14.4	17.1	20.1	23.6
0.35	0.55	1.41	2.21	3.19	4.35	5.70	7.25	9.00	10.9	13.1	15.5	18.1	21.0
0.40	0.52	1.34	2.09	3.02	4.12	5.39	6.84	8.48	10.3	12.3	14.5	16.9	19.6
0.45	0.50	1.30	2.03	2.92	3.99	5.22	6.62	8.20	9.95	11.9	14.0	16.3	18.8
0.50	0.50	1.28	2.00	2.89	3.94	5.16	6.55	8.11	9.84	11.8	13.3	16.1	18.6

项目3　碾压混凝土施工

学习情境　碾压混凝土配合比设计

项目 3
碾压混凝土施工

情境描述

三峡工程左导墙、纵向围堰坝身段 90.00m 高程以下，拟采用碾压混凝土，其施工的主要特点是浇筑仓面大、施工强度高、温控要求严，对各项性能尤其是耐久性要求高等。因此，碾压混凝土配合比设计的主要目的，就是在满足设计指标和施工要求的前提下，尽可能降低单位用水量、节约水泥，提高混凝土的抗裂性及耐久性。

学习目标

1. 知识目标

（1）了解碾压混凝土的原材料有哪些。

（2）掌握碾压混凝土配合比设计。

2. 能力目标

（1）能根据工程要求选择合适的材料。

（2）能独立进行碾压混凝土配合比设计。

3. 素质目标

（1）遵守道德准则和行为规范，具有良好的纪律观念。

（2）培养学生的动手操作能力，使学生的综合素质得到全面提升。

4. 思政育人目标

（1）自觉执行水利行业规范、标准和规程。

（2）在工程建设中，践行勇于实践、甘于奉献的水利精神。

任务书

表 3.1　　任　务　单　表

分组编号		组　　长		日　　期	
施工任务：碾压混凝土原材料与配合比设计					
任务内容： 1. 了解碾压混凝土原材料有哪些 2. 掌握碾压混凝土原材料的要求 3. 掌握碾压混凝土配合比设计					

任务分组

表 3.2　　学生任务分配表

班　级		分组编号		指导教师	
组长					
组员	姓名				
	学号				
	姓名				
	学号				
任务分工					

获取信息

学习内容：碾压混凝土原材料及其要求，碾压混凝土配合比设计步骤，能够根据工程设计和规范要求，独立完成碾压混凝土配合比设计。可以通过学习情境的知识点、网络搜索、数字资源等多种形式获取信息，并完成下列问题。

引导问题1：碾压混凝土的定义是什么？

____

____

____

____

____

____

引导问题2：碾压混凝土原材料有哪些？各有什么要求？

____

____

____

____

____

____

引导问题 3：碾压混凝土配合比设计步骤有哪些？

工作计划

按照任务书要求，制定碾压混凝土配合比设计实施方案，完成表 3.3、表 3.4 内容。

表 3.3　碾压混凝土配合比设计实施方案

步　骤	工作内容	负责人	步　骤	工作内容	负责人
1			5		
2			6		
3			7		
4			8		

表 3.4　工具、耗材和器材清单

序　号	名　称	型号与规格	单　位	数　量	备　注

进行决策

（1）各小组选派代表详细阐述工作方案。

（2）各组对其他组的工作方案提出各自的不同看法。

（3）教师根据各组汇报的内容进行点评，提出方案存在的问题。

（4）各组根据教师和同学提出的意见进行完善修改。

工作实施

1. 按照各小组的工作方案总结碾压混凝土原材料及其要求

引导问题4：碾压混凝土对胶凝材料的要求有哪些？

引导问题5：碾压混凝土对骨料的要求有哪些？

引导问题6：碾压混凝土对外加剂的要求有哪些？

2. 按照各小组的工作方案实施碾压混凝土配合比设计

引导问题7：碾压混凝土配合比设计步骤有哪些？

考核评价

表 3.5　　项目考核评价表

项目名称	评价内容	分值	评价结果		
			自评	互评	教师评
职业素养评价 40%	学习准备	7			
	安全责任意识	7			
	积极参与项目	10			
	沟通协作	6			
	纪律	10			
专业能力评价 60%	专业知识查找及时准确	8			
	引导问题填写准确完整	10			
	操作规范，效率高	18			
	按时完成任务	10			
	完成质量	14			
创新性评价+5分	项目创新	5			
总分		105			
总评	自评（25%）+互评（25%）+教师评（50%）		教师（签名）：		

碾压混凝土是以适宜干稠的混凝土拌和物，薄层铺筑，用振动碾碾压密实的混凝土。碾压混凝土坝既具有混凝土体积小、强度高、防渗性能好、坝身可溢流等特点，又具有土石坝施工程序简单、快速、经济及可使用大型通用机械的优点。

任务 3.1　碾压混凝土配合比设计

3.1.1　碾压混凝土原材料

3.1.1.1　胶凝材料

1. 水泥

碾压混凝土水泥强度等级不宜低于 52.5。为使混凝土的温升降低，尽可能减少水泥硬化初期的水化热，在选择水泥品种时，优先选用低热水泥。水泥的运输、储存必须按不同品种、强度等级及出厂编号分别运输和存放。对储存期超过 3 个月的水泥，使用时必须进行复检，并按复检结果使用，严禁使用结块的水泥。应保证使用的水泥性能稳定。

2. 粉煤灰或其他掺合料

粉煤灰或其他掺合料是碾压混凝土不可缺少的组成材料。粉煤灰等混合材料对改善碾压混凝土的和易性和降低水化热具有显著效果。碾压混凝土应优先掺入适量优质粉煤灰。如无粉煤灰资源时，可就近选择技术经济指标较合理的其他活性或非活性掺合料，如凝灰岩、磷矿、高炉矿渣、尾矿渣等，经研细后掺合。粉煤灰或其他掺合料掺量应按其质量等级、设计要求及通过试验论证确定。碾压混凝土已普遍采用大掺量粉煤灰，国内已施工的碾压混凝土坝粉煤灰掺量占51%～70%。

3.1.1.2　骨料

与常态混凝土一样，可采用天然骨料或人工骨料，不得使用刚筛洗的骨料拌制碾压混凝土。细骨料在成品料场堆放时间应不少于48h，应采取脱水措施。若细骨料含水率大于6%，含泥量不应大于5%。石粉含量应加以控制，过多会产生包裹效应，细骨料的细度模数宜控制在2.2～3.0。骨料最大粒径一般为80mm，不宜采用间断级配。迎水面用碾压混凝土自身作为防渗体时，一般在一定宽度范围内采用二级配碾压混凝土。碾压混凝土砂率一般比常态混凝土高，对沙子含水率的控制要求比常态混凝土严格，沙子含水量不稳定时，碾压混凝土施工层面易出现局部集中泌水现象。

3.1.1.3　外加剂

碾压混凝土中一般应掺用适量的缓凝减水剂。在严寒地区使用的碾压混凝土，还应考虑掺用引气剂，以提高混凝土的抗冻性。碾压混凝土中掺有较多的掺合料且拌和物较干硬，会使引气剂的引气效果下降，同时施工方法也造成部分气泡破灭，故碾压混凝土中达到相同含气量时，常须掺入较常态混凝土多的引气剂。

3.1.2　碾压混凝土配合比设计

碾压混凝土的配合比设计方法，至今尚无统一的规定。目前已有几种方法都是以不同的假设或经验而建立的。下面仅简要介绍配合比设计步骤。

3.1.2.1　收集配合比设计所需的资料

进行碾压混凝土配合比设计之前应收集与配合比设计有关的全部文件及技术资料。它们包括混凝土所处的工程部位，工程设计对混凝土提出的技术要求（如强度、变形、抗渗性、耐久性、热学性能、拌和物凝结时间、V_C 值、表观密度等），施工队伍的施工技术水平，工程使用的原材料的品质及单价等。

3.1.2.2　初步配合比设计

1. *初步确定配合比参数*

在进行配合比参数选择前，需确定粗骨料的最大粒径和各级粗骨料所占的比例。对于大体积水工建筑物的内部混凝土，最大粗骨料粒径一般取为80mm。各粒级粗骨料所占比例可根据粗骨料的振实堆积表观密度较大、粗骨料分离较少的原则通过试验确定。配合比参数水胶比、掺合料比例、浆砂比和砂率的选择可通过以下方法进行。

（1）单因素试验分析法。碾压混凝土的各个配合比参数对混凝土各种性能的影响程度不同，因此为选择某参数，应取其影响最显著的性能，在其他参数不变的条件下进行单因素试验，以确定该参数的取值。例如，水胶比及掺合料比例可以通过它们对混凝土的抗压强度和耐久性的影响加以选择；浆砂比可以通过考察它对砂浆振实表观密度的影响确定；砂率可根据混凝土振实表观密度试验确定最佳值并考虑拌和物的骨料分离情况选定。

（2）正交试验设计法。可将四个配合比参数作为正交试验设计的因子，每个因子取3～4个水平，选择适当的正交表安排试验。用直观分析法或方差分析法分析各因子水平与拌和物及混凝土主要性能的关系，从而选择出配合比参数。

（3）工程类比法。对于中小工程，当不可能通过试验确定配合比参数时，可以参考类似工程初步选定配合比参数，进行初步配合比设计。

2. 计算每 $1m^3$ 碾压混凝土中各种材料用量

（1）绝对体积法或假定表观密度法。当配合比参数取定了水胶比、掺合料掺用比例、浆砂比及砂率时，可按绝对体积法或假定表观密度法计算每 $1m^3$ 混凝土中各种材料用量。

（2）填充包裹法。该法假设：①胶凝材料浆包裹砂粒并填充砂的空隙形成砂浆；②砂浆包裹粗骨料并填充粗骨料的空隙，形成混凝土。

3.1.2.3　试拌调整

按初步确定的配合比称取各种材料进行试拌，测定拌和物的 V_C 值，必要时进行调整使其满足设计要求；试拌时也应考虑拌和物的抗分离性。试拌调整完成后，测定拌和物的实际表观密度，并计算出实际配合比的各种材料用量。

3.1.2.4　室内配合比确定

与普通混凝土配合比设计过程一样，需对试拌调整过的混凝土配合比检验其强度及耐久性能指标合格后可确定为室内配合比。

3.1.2.5　施工现场配合比换算、碾压试验及配合比调整

在目前条件下，一个工程在进行碾压混凝土施工之前都必须进行现场碾压试验。其目的除了确定碾压施工参数、检验施工生产系统的运行和配套情况、落实施工管理措施之外，还可以通过现场碾压试验检验设计出的碾压混凝土配合比对施工设备的适应性（包括可塑性、易密性等）及拌和物的抗分离性能。碾压试验之前必须根据施工现场砂、石材料的含水情况及超逊径情况，进行现场配合比换算，方法与普通混凝土换算方法相同。通过碾压试验，可以视情况对混凝土配合比进行必要的调整。

学习情境　碾压混凝土施工

情境描述

三峡工程“金包银”碾压混凝土纵向围堰采用先进的胎带机和塔带机施工，施工中最高月强度超过 18 万 m^3，最高日强度突破 3 万 m^3，最大浇筑仓位面积达 $5252.8m^2$。压实容重平均值 $2453kg/m^3$，合格率为 98.7%，施工质量满足设计要求。

学习目标

1. 知识目标

（1）了解碾压混凝土浇筑特点及施工要求。

（2）掌握碾压混凝土温度控制。

2. 能力目标

（1）能理解碾压施工过程和施工技术。

(2) 能指导碾压混凝土施工。

3. 素质目标

(1) 遵守道德准则和行为规范，具有良好的纪律观念。

(2) 培养学生的动手操作能力，使学生的综合素质得到全面提升。

4. 思政育人目标

(1) 自觉执行水利行业规范、标准和规程。

(2) 在工程建设中，践行勇于实践、甘于奉献的水利精神。

任务书

表 3.6 任务单表

分组编号		组 长		日 期	
施工任务：碾压混凝土施工					
任务内容： 1. 了解碾压混凝土浇筑特点 2. 了解碾压混凝土施工要求 3. 理解碾压混凝土施工过程和施工技术					

任务分组

表 3.7 学生任务分配表

班 级		分组编号		指导教师	
组长					
组员	姓名				
	学号				
	姓名				
	学号				
任务分工					

获取信息

学习内容：碾压混凝土浇筑特点及施工要求，能够理解碾压混凝土施工过程和施工技术。可以通过学习情境的知识点、网络搜索、数字资源等多种形式获取信息，并完成下列问题。

引导问题1：碾压混凝土的浇筑特点有哪些？

引导问题2：碾压混凝土的施工要求有哪些？

引导问题3：碾压混凝土的施工过程有哪些？

工作计划

按照任务书要求，制定碾压混凝土施工实施方案，完成表3.8内容。

表3.8　　碾压混凝土施工实施方案

步　骤	工作内容	负责人	步　骤	工作内容	负责人
1			5		
2			6		
3			7		
4			8		

进行决策

（1）各小组选派代表详细阐述工作方案。

（2）各组对其他组的工作方案提出各自的不同看法。

（3）教师根据各组汇报的内容进行点评，提出方案存在的问题。

（4）各组根据教师和同学提出的意见进行完善修改。

工作实施

1. 按照各小组的工作方案总结碾压混凝土浇筑特点及施工要求

引导问题4："金包银"结构形式的概念是什么？

____

____

____

____

____

引导问题5：碾压混凝土浇筑上升方式及各自的概念是什么？

____

____

____

____

____

____

2. 按照各小组的工作方案总结碾压混凝土的施工过程和施工技术

引导问题6：碾压混凝土温控措施有哪些？

____

____

____

____

____

____

考核评价

表3.9　　项目考核评价表

项目名称	评价内容	分值	评价结果		
			自评	互评	教师评
职业素养评价 40%	学习准备	7			
	安全责任意识	7			
	积极参与项目	10			
	沟通协作	6			
	纪律	10			

续表

项目名称	评　价　内　容	分值	评　价　结　果		
			自评	互评	教师评
专业能力评价 60％	专业知识查找及时准确	15			
	引导问题填写准确完整	15			
	按时完成任务	15			
	完成质量	15			
创新性评价＋5分	项目创新	5			
总分		105			
总评	自评（25％）＋互评（25％）＋ 教师评（50％）		教师（签名）：		

任务3.2　碾压混凝土施工

碾压混凝土坝通常的施工程序是先在下层块铺砂浆，汽车运输入仓，平仓机平仓，振动压实机压实，在拟切缝位置拉线，机械对位，在振动切缝机的刀片上装铁皮并切缝至设计深度，拔出刀片，铁皮则留在混凝土中，切完缝再沿缝无振碾压两遍。这种施工工艺在国内具有普遍性，其施工工艺流程如图3.1所示。

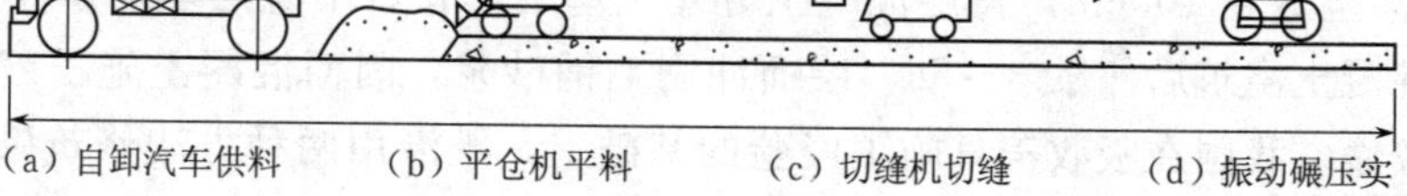

图3.1　碾压混凝土施工工艺流程

3.2.1　碾压混凝土拌和及运输

3.2.1.1　拌和

碾压混凝土一般可用强制式或自落式搅拌机拌和，也可采用连续式搅拌机拌和，其拌和时间一般比常态混凝土延长30s左右，故而生产碾压混凝土时拌和楼生产率比常态混凝土低10％左右。

3.2.1.2　运输

与常态混凝土相似，碾压混凝土入仓方式也分为水平与垂直运输。但碾压混凝土运输的特点是要有连续性，要求速度快，所以常采用自卸汽车和胶带机，也可用负压溜管转运混凝土入仓。

1. 自卸汽车直接入仓

利用自卸汽车运输碾压混凝土直接入仓是最简单的办法，但需随坝面上升不断改建道路。同时为了防止仓面污染，要求冲洗轮胎，仓面进口处还需注意排水。自卸汽车入仓后要注意碾压混凝土卸料方式，防止骨料分离。

2. 胶带机入仓

利用胶带机输送碾压混凝土比较方便，主要原因如下。

（1）由于碾压混凝土是干硬性的，沿程损失砂浆较少。

（2）碾压混凝土在胶带上骨料不易分离，在料斗转向或下落时也能基本保持拌和后的良好状态。

（3）采用胶带运输机可以省去道路工程量，但必须有足够的塔架随仓面上升。另外，必须与拌和机配套，才能连续运料。在采用胶带机转向料斗时，需注意防止料斗出口被堵塞。

3. 负压溜管转料

当拌和楼位置较高，并有道路通过坝肩时，碾压混凝土垂直运输可采用负压溜管转料。负压溜管的优点是设备简单，投资省。通常是先用自卸汽车将碾压混凝土运到坝肩处，倒入开放性料箱，下连溜管至仓面，自卸汽车在仓面上接料，再运往坝面摊铺。

3.2.2　碾压混凝土浇筑

3.2.2.1　上升方式

以美国和日本为代表，形成两种不同的碾压混凝土浇筑上升方式。采用美国式的碾压混凝土施工时，一般不分纵横缝（必要时可设少量横缝），采用大仓面通仓浇筑，压实层厚一般 30cm，对于水平接缝的处理，许多坝以成熟度（气温与层面停歇时间的乘积）作为判断标准，在成熟度超过 200～260℃·h 时，对层面采取刷毛、铺砂浆等措施处理，否则仅对层面稍作清理。实际上，层面一般只需要清除松散物，在碾压混凝土尚处于塑性状态时浇筑上一层碾压混凝土，因而施工速度快，造价低，也利于层面结合。日本式的碾压混凝土坝施工，用振动切缝机切出与常态混凝土坝相同的横缝，碾压混凝土压实层厚 50～75cm，甚至达到 100cm，每层混凝土分几次薄层平仓，平仓层厚为 15～25cm，一次碾压。每层混凝土浇筑后停歇 3～5d，层面冲刷毛铺砂浆，因而混凝土施工缝面质量良好，但施工速度较慢。我国在吸收美日施工经验的基础上，既沿用两种方法修筑碾压混凝土坝，也采用了改进的施工方法，如辽宁观音阁碾压混凝土坝完全采用日本的施工方法，广西岩滩碾压混凝土围堰等则完全采用美国的施工方法，我国大多数碾压混凝土坝则采用自创的 RCCD 施工（改为 RCC 施工）方法，即碾压混凝土在一个升程内（一般高 2～3m）采用大面积薄层连续浇筑上升，压实层厚为 30cm，一个升程混凝土浇筑完毕后，对层面冲刷毛。在下一升程浇筑前铺砂浆。三峡碾压混凝土纵向围堰及二期厂坝导墙即采用该法施工。

对于施工仓面较大，碾压混凝土施工强度受施工设备限制难以满足连续浇筑上升层面允许间隔时间要求时，可采用斜层铺筑法浇筑。该法首先在湖南江垭工程碾压混凝土施工中采用，施工时碾压层向上游或沿坝轴线方向倾斜，坡度根据混凝土施工强度确定。一般为 1∶10～1∶20，以满足连续浇筑上升层间允许间歇时间要求为准，该法可缩短连续浇筑上升时层间间隔时间，有利于提高层间胶结强度。其施工类似于金包银（rouer compacted damconcrete，RCD）工法，升程高度一般为 3m。在碾压混凝土施工速度及施工强度上，其最大日浇筑量接近 2 万 m^3、日上升速度达 1.2m。

3.2.2.2　浇筑季节

碾压混凝土采用一定升程内通仓薄层连续浇筑上升，连续浇筑层层面间歇 6～8h，高温季节浇筑碾压混凝土时，一方面，预冷碾压混凝土在仓面的温度回升大；另一方面，碾压混凝土用水量少，拌制预冷混凝土时加冰量少，高温季节出机口温度难以达到7℃，因而高温季节对碾压混凝土进行预冷的效果不如常态混凝土，经计算分析，高温季节浇筑基础约束区混凝土温度将较大超过坝体设计允许最高温度，因而可能产生危害性裂缝。

另外，高温季节浇筑碾压混凝土时，混凝土初凝时间短，表层混凝土水分蒸发量大，压实困难，层面胶结差，从而使本为碾压混凝土薄弱环节的层面结合更难保证施工质量。斜层铺筑法虽然可改善混凝土层面胶结，但难以解决混凝土温度控制等问题。

综上所述，为确保大坝碾压混凝土质量，高温季节不宜浇筑碾压混凝土，根据已建工程施工经验，在日均气温超过 25℃时不宜浇筑碾压混凝土，三峡工程在技术设计阶段，研究大坝采用碾压混凝土的可行性时，确定碾压混凝土仅在低温季节浇筑下部大体积混凝土时用，气温较高时改用常态混凝土浇筑。左导墙碾压混凝土浇筑也规定在 10 月下旬至次年 4 月上旬进行，其余时间停浇。

3.2.2.3　平仓

碾压混凝土浇筑时一般按条带摊铺，平仓方向与坝轴线平行。铺料条带宽根据施工强度确定，一般为 4～12m，铺料厚度为 35cm，压实后为 30cm，铺料后常用平仓机或平履带的大型推土机平仓。为解决一次摊铺产生骨料分离的问题，可采用二次摊铺即先摊铺下半层然后在其上卸料，最后摊铺成 35cm 的层厚。采用二次摊铺后，对料堆之间及周边集中的骨料经平仓机反复推刮后，能有效分散，再辅以人工分散处理，可改善自卸汽车铺料引起的骨料分离问题。

3.2.2.4　碾压

一条带平仓完成后立即开始碾压，振动碾一般选用自重大于 10t 的大型双滚筒自行式振动碾，作业时行走速度为 1～1.5km/h，碾压遍数通过现场试碾确定，一般为无振 2 遍加有振 6～8 遍。碾压条带间搭接宽度大于 20cm，端头部位搭接宽度大于 100～150cm。条带从铺筑到碾压完成宜控制在 2h 左右。边角部位采用小型振动碾压实，碾压作业完成后，用核子密度仪检测其容重，达到设计要求后进行下一层碾压作业；若未达到设计要求，立即重碾，直到满足设计要求为止，模板周边无法碾压部位一般可加注与碾压混凝土相同水灰比的水泥浓浆后用插入式振捣器振捣密实。仓面碾压混凝土的 V_C 值控制在 5～10s，并尽可能地加快混凝土的运输速度，缩短仓面作业时间，做到在下一层混凝土初凝前铺筑完上一层碾压混凝土。

3.2.2.5　造缝

碾压混凝土一般采取几个坝段形成的大仓面通仓填筑碾压上升，坝段之间的横缝，一般可采取切缝机切缝（缝内填设金属片或其他材料）、埋设隔板或钻孔填砂形成，或采用其他方式设置诱导缝。切缝机切缝时，可采取先切后碾或先碾后切，成缝面积不少于设计缝面的 60%。埋设隔板造缝时，相邻隔板间隔不大于 10cm，隔板高度宜比压实层面低 2～3cm。钻孔填砂造缝则是待碾压混凝土浇筑完一个升程后沿分缝线用手风钻造诱导孔。

3.2.2.6　施工缝面处理

正常施工缝一般在混凝土收仓 10h 左右用压力水冲毛，清除混凝土表面的浮浆，以露出粗砂砾和小石为准。

施工过程中因故中止或其他原因造成层面间歇时间超过设计允许时间，应视间歇时间的长短采用不同处理方法。对于间歇时间较短，碾压混凝土未终凝的施工缝面，可将层面松散物和积水清除干净，铺一层2～3cm厚的砂浆后，继续进行下一层碾压混凝土摊铺、碾压作业；对于已经终凝的碾压混凝土施工缝，一般按正常工作缝处理。

第一层碾压混凝土摊铺前，砂浆铺设随碾压混凝土铺料进行，不得超前，保证在砂浆初凝前完成碾压混凝土的铺筑。碾压混凝土层面铺设的砂浆应有一定的坍落度。

3.2.3　碾压混凝土温度控制

从温度控制观点看，有三点值得注意。

(1) 碾压混凝土坝仓面大，上升速度快，虽混凝土掺入大量粉煤灰，绝热温升较低，但因其水化热发散较慢，即使不是连续碾压，层面散热效率也不高，因而其水化热温升并没有显著降低（与常规混凝土比较），可是由于仓面大，块体尺寸长，在同样温差作用下温度应力较大。

(2) 大掺量粉煤灰混凝土的受拉徐变随粉煤灰掺量增加而减小，所以温度拉应力的松弛较常规混凝土小。

(3) 碾压混凝土坝层面多，层面上的各种强度指标较其本身低，较易开裂，根据上述分析，不能认为碾压混凝土水泥用量少，绝热温升低，浇筑分层薄易于散热，因而坝的温差小，温度应力也小，从而可以放松对温度控制问题的重视。工程实践表明，如果不注意温度控制，碾压混凝土坝也会产生相当多裂缝。

3.2.4　碾压混凝土养护

和常态混凝土一样，碾压混凝土浇筑后必须养护，并采取恰当的防护措施，保证混凝土强度迅速增长，达到设计强度。在施工中应尽量避免不利的早期干缩裂缝和其他有害影响。浇筑混凝土时，当降雨强度达4mm/h并持续1h，则应停止浇筑。对于无模板靠近表层未能碾压的混凝土，应防止撞击脱落，影响表面的平整度。对有抗冲耐磨要求的混凝土，应采取措施使表面密实。

从施工组织安排上应尽量避免夏季和高温时段施工。由于碾压混凝土主要采取薄层浇筑，靠自然散热冷却，加之采用干硬性混凝土，本身用水量就少，夏季高温施工，表面水分极易蒸发，一方面容易干燥开裂，另一方面危害更大的是难以充分压实，造成表层疏松，形成漏水通道。显然，碾压混凝土受气候条件的限制较常态混凝土更加严格。在夏季作业中，施工组织安排和施工技术要求上，应制订更周密的措施。

学习情境　碾压混凝土质量控制

情境描述

三峡工程左导墙碾压混凝土，为一期碾压混凝土围堰施工提供了宝贵的经验。这说明，只要施工单位能够严格按照ISO 9000标准，建立健全质量管理体系，严格执行制定的管理制度，强化过程控制力度，不断改进度，不断改进工艺措施，就能保证碾压混凝土施工质量。

左导墙碾压混凝土施工质量控制取得了较好的成效，为碾压混凝土施工积累了许多经验。

左导墙碾压混凝土严格按施工规范和设计要求施工采取了有效的质量控制措施，使整个施工工艺流程处于受控状况，实现了规范化施工。很多经验值得在今后的同类工程中借鉴。

学习目标

1. 知识目标

（1）了解碾压混凝土质量控制内容。

（2）了解碾压混凝土质量评定要点。

2. 能力目标

（1）能控制碾压混凝土施工质量。

（2）能进行碾压混凝土质量评定。

3. 素质目标

（1）遵守道德准则和行为规范，具有良好的纪律观念。

（2）培养学生的动手操作能力，使学生的综合素质得到全面提升。

4. 思政育人目标

（1）自觉执行水利行业规范、标准和规程。

（2）在工程建设中，践行勇于实践、甘于奉献的水利精神。

任务书

表3.10　任　务　单　表

分组编号		组　　长		日　　期	
施工任务：碾压混凝土质量控制					
任务内容： 1. 了解碾压混凝土质量控制内容 2. 了解碾压混凝土质量评定要点					

任务分组

表3.11　学生任务分配表

班　　级		分组编号		指导教师	
组长					
组员	姓名				
	学号				
	姓名				
	学号				
任务分工					

获取信息

学习内容：碾压混凝土质量控制内容，碾压混凝土质量评定要点，能够根据工程设计和规范要求，独立完成碾压混凝土质量控制与质量评定。可以通过学习情境的知识点、网络搜索、数字资源等多种形式获取信息，并完成下列问题。

引导问题1：碾压混凝土的质量控制内容有哪些？

引导问题2：碾压混凝土的质量评定要点有哪些？

工作计划

按照任务书要求，制定碾压混凝土质量控制实施方案，完成表3.12内容。

表3.12　碾压混凝土质量控制实施方案

步　骤	工作内容	负责人	步　骤	工作内容	负责人
1			5		
2			6		
3			7		
4			8		

进行决策

（1）各小组选派代表详细阐述工作方案。

（2）各组对其他组的工作方案提出各自的不同看法。

（3）教师根据各组汇报的内容进行点评，提出方案存在的问题。

（4）各组根据教师和同学提出的意见进行完善修改。

工作实施

1. 按照各小组的工作方案总结碾压混凝土质量控制内容

引导问题3：碾压混凝土原材料的质量控制内容有哪些？

引导问题4：碾压混凝土新拌混凝土的质量控制内容有哪些？

引导问题5：碾压混凝土机口混凝土的质量控制内容有哪些？

2. 按照各小组的工作方案总结碾压混凝土质量评定要点

引导问题6：碾压混凝土质量评定方法有哪些？

考核评价

表3.13　　项目考核评价表

项目名称	评价内容	分值	评价结果		
			自评	互评	教师评
职业素养评价 40%	学习准备	7			
	安全责任意识	7			
	积极参与项目	10			
	沟通协作	6			
	纪律	10			

续表

项目名称	评价内容	分值	评价结果		
			自评	互评	教师评
专业能力评价 60%	专业知识查找及时准确	15			
	引导问题填写准确完整	15			
	按时完成任务	15			
	完成质量	15			
创新性评价+5分	项目创新	5			
总分		105			
总评	自评（25%）+互评（25%）+教师评（50%）		教师（签名）：		

任务3.3 碾压混凝土质量控制

碾压混凝土的质量是用90d检验结果评定的，这时工程结构已经形成，一旦质量不合格，就难以处理。因此，对生产过程每个环节的检验和控制就显得非常重要。

3.3.1 原材料的检验与控制

根据施工规程规定，原材料现场检测项目和抽样次数按表3.14规定进行。

表3.14 原材料的检验项目和抽样次数

名称		检测项目	取样地点	检测频率	检测目的
水泥		快速测定等级	拌和厂水泥库	必要时进行	验证水泥活性
		细度、安定性、标准稠度需水量、凝结时间、等级	水泥库	每200～400t一次	检定出厂水泥质量
掺合料		密度、细度、需水量比或流动度比、烧失量	仓库	每200～400t一次	评定质量稳定性
		强度比或活性指数	—	必要时进行	检定活性
细骨料		细度模数、石粉和微粒含量	拌和厂、筛分厂	每天一次	筛分厂控制生产、调整配合比
		颗粒级配	筛分厂	必要时进行	
		含水率	拌和厂	每2h一次或必要时	调整混凝土用水量
		含泥量、表观密度	拌和厂、筛分厂	必要时进行	检验细骨料质量
粗骨料	大石、中石、小石	超径、逊径	拌和厂、筛分厂	每班一次	筛分厂控制生产、调整配合比
	小石	含水率	拌和厂	每班一次或必要时	调整混凝土用水量
		黏土、淤泥、细屑含量	拌和厂、筛分厂	必要时进行	检验小石质量
外加剂		溶液浓度	拌和厂	每班一次	调整外加剂掺量

碾压混凝土用水泥应符合国家标准，细骨料的细度模数取 2.2～3.0，骨料应严格控制各级之超径、逊径，以原孔筛检验时超径、逊径小于 5%，逊径小于 10%，细骨料应有一定的脱水时间，含水率宜小于 6%，当粗细骨料的含水率变化超过±0.2%时，应调整配合比。由于碾压混凝土用水量较少，骨料含水的影响甚为突出，所以应加强对骨料含水率的测定，以便及时调整混凝土的加水量。含水率的测定应力求自动连续进行，如采用 SM-1 型砂子含水率测定仪可用表头显示砂的含水率，使用时将探头的极板安在砂称量斗内，探头可与砂仓和称量弧门同步，其测试原理为电容法，误差仅为±0.5%。

3.3.2　新拌混凝土的检验与控制

为了控制好混凝土拌和物的配合比，除严格控制好砂石含水率外，应定期检查混凝土的工作性能。新拌混凝土的质检，一般从机口取样。拌和物均匀性检测应在机口与卸料处各取一次，用水洗法测粗骨料含量时，两个样品之差值应不大于 10%；用砂浆密度法测定时，两个样品之差值应不大于 $30kg/m^3$。

维勃稠度 V_C 值宜在±5s 范围内，超出时应调整配合比的用水量。但应注意 V_C 值受气温及气象影响较大，因此，在不同季节和天气情况下，对 V_C 值的要求不同。出机口 V_C 值的调整，实质上是加水量的增减，V_C 值由 10s 增加到 30s 时，混凝土拌和用水量 W 减少 $8\sim10kg/m^3$。如果不改变胶凝材料用量，则相当于水胶比变化 0.06～0.1，从而引起混凝土强度的波动。因此，应依据各种条件，确定碾压混凝土的基准 V_C 值，以 V_C—W 曲线查得相应用水量，并按“水胶比不变”的原则，计算胶凝材料用量及配合比。这样才能减少混凝土强度的波动，保证混凝土质量的均匀性。

拌和水灰比（水胶比）的测定，可以快速判定混凝土质量。按其测定原理可分为物理法和化学法两类。物理法是采用水洗和筛分混凝土拌和物以求得其中水和水泥的含量。化学法是采用强酸分解水泥，然后测定分解反应热或钙镁离子溶出量，和率定的水泥含量与反应热关系曲线或钙镁离子溶出量曲线比较，决定水泥量。

3.3.3　机口混凝土的质量检验与控制

机口抽样是检测硬化混凝土质量和均匀性的常规方法。测定碾压混凝土的早期强度比预测 90d 龄期的质量更显得十分必要。设计一般都对碾压混凝土提出抗渗性要求，所以在机口还应适量成型抗渗试件，检验碾压混凝土本身的不透水性。此外，还应根据工程要求成型弹模试件，极限拉伸试件等，以提供较准确的变形特性参数。还应预留一定数量的机口取样试件，与混凝土芯样同时进行对应试验，以在相同龄期条件下建立两者的相应关系。

3.3.4　钻取芯样评定碾压混凝土质量

对碾压混凝土钻孔取芯，进行某些试验，以评定结构混凝土的质量和均匀性，是当前国内外普遍采用的方法，评定内容一般包括：芯样外观、获得率和孔内摄像，以评价碾压混凝土的均质性和内部密实性；孔内压水试验，评价混凝土的不透水性，特别是接缝的抗渗性；截取芯样试件，进行各项性能试验，评价碾压混凝土结构的物理力学性能。

项目 4　泵送混凝土施工

学习情境　泵送混凝土配合比设计

项目 4
泵送混凝土
施工

情境描述

某穿堤建筑物为混凝土结构，由进水口建筑结构、洞室结构、闸室结构、出水口建筑物等四部分组成，该建筑物混凝土采用泵送混凝土施工。

水泥、砂子、石子、水、掺合料和外加剂作为泵送混凝土的原材料和配合比设计，其质量和性能直接关乎工程的安全和稳定，确保材料性能、技术指标符合工程设计和施工要求是至关重要的环节。在泵送混凝土施工中，严格按照规范要求进行了大量的水泥、砂子、石子等原材料试验检验，保证了泵送混凝土的浇筑质量。

学习目标

1. 知识目标

（1）了解泵送混凝土的材料组成。

（2）掌握泵送混凝土配合比设计方法。

2. 能力目标

（1）能根据工程要求选择合适的材料。

（2）能独立进行泵送混凝土配合比设计。

3. 素质目标

（1）遵守道德准则和行为规范，具有良好的纪律观念。

（2）具有分析问题和解决问题的能力。

4. 思政育人目标

（1）自觉执行水利行业规范、标准和规程。

（2）在工程建设中，践行勇于实践、甘于奉献的水利精神。

任务书

表 4.1　　任 务 单 表

分组编号		组　长		日　期	
施工任务：泵送混凝土配合比设计					
任务内容： 1. 了解泵送混凝土材料组成 2. 掌握泵送混凝土的配合比设计方法					

任务分组

表 4.2 学生任务分配表

班级		分组编号		指导教师	
组长					
组员	姓名				
	学号				
	姓名				
	学号				
任务分工					

获取信息

学习内容：泵送混凝土的原材料组成和配合比设计方法。可以通过学习情境的知识点、网络搜索、数字资源等多种形式获取信息，并完成下列问题。

引导问题1：泵送混凝土的定义是什么？

引导问题2：泵送混凝土的基本组成材料有哪些？各起什么作用？

引导问题3：泵送混凝土配合比设计用什么规范？

工作计划

按照任务书要求，制定泵送混凝土配合比设计实施方案，完成表4.3、表4.4内容。

表4.3　　泵送混凝土配合比设计实施方案

步　骤	工作内容	负责人	步　骤	工作内容	负责人
1			5		
2			6		
3			7		
4			8		

表4.4　　泵送混凝土配合比设计所用工具、耗材和器材清单

序　号	名　称	型号与规格	单　位	数　量	备　注

进行决策

（1）各小组选派代表详细阐述工作方案。

（2）各组对其他组的工作方案提出各自的不同看法。

（3）教师根据各组汇报的内容进行点评，提出方案存在问题。

（4）各组根据教师和同学提出的意见进行完善修改。

工作实施

1. 按照各小组的工作方案实施泵送混凝土配合比设计

引导问题4：泵送混凝土对材料有哪些要求？

____

____

____

____

____

引导问题5：泵送混凝土配合比设计步骤有哪些？

____

____

____

2. 按照各小组的工作方案实施泵送混凝土配合比设计

引导问题6：泵送混凝土如何进行调整？

____

____

____

考核评价

表 4.5　　项目考核评价表

项目名称	评价内容	分值	评价结果		
			自评	互评	教师评
职业素养评价 40%	学习准备	7			
	安全责任意识	7			
	积极参与项目	10			
	沟通协作	6			
	纪律	10			
专业能力评价 60%	专业知识查找及时准确	8			
	引导问题填写准确完整	10			
	操作规范，效率高	18			
	按时完成任务	10			
	完成质量	14			
创新性评价+5分	项目创新	5			
总分		105			
总评	自评（25%）+互评（25%）+教师评（50%）		教师（签名）：		

泵送混凝土是在泵压的作用下混凝土经刚性或柔性管道输送到浇筑地点进行浇筑的混凝土。泵送混凝土通常包括流动性混凝土和大流动性混凝土。

任务 4.1　泵送混凝土配合比设计

4.1.1　泵送混凝土原材料

泵送混凝土施工，要求混凝土具有可泵性。所谓混凝土的可泵性，即指混凝土拌和料在泵压作用下，能在输送管道中连续稳定地通过而不产生离析的性能。这对能否顺利泵送以及混凝土的使用寿命有很大影响。可泵性良好的混凝土，具有较好的黏塑性，混凝土泌水小，不易分离，否则在泵送过程中易产生堵管。混凝土的可泵性，主要取决于拌和料本身的和易性。

4.1.1.1　水泥

要保证混凝土具有可泵性，很重要的一点是混凝土必须具有一定的保水性，而不同品种的水泥对混凝土保水性的影响，也不尽相同。一般情况下，保水性好、泌水性小的水泥都宜用于泵送混凝土。因此，硅酸盐水泥和普通硅酸盐水泥常常被优先用作配制泵送混凝土，但又往往由于它的水化热较大，又不宜用于大体积混凝土工程。

在泵送混凝土中，水泥砂浆起到润滑输送管道和传递压力的作用，所以水泥用量的多少对泵送混凝土的可泵性是非常重要的。水泥用量过少，混凝土和易性差，泵送阻力大，泵和输送管的磨损加剧，容易产生堵塞。水泥用量过多，不但不经济，而且水化热高，对大体积混凝土会引起过大的温度应力而产生温度裂缝。此外，水泥用量过多，混凝土黏性增高，也会增大泵送阻力。为此，与普通混凝土一样，应尽量减少水泥用量，但必须以保证混凝土的设计强度和顺利泵送为前提。

4.1.1.2　骨料

骨料的种类、形状、粒径和级配，对泵送混凝土的性能有很大影响，必须予以严格控制。粗骨料最大粒径与输送管径之比：泵送高度在50m以下时，对碎石不宜大于1∶2.3；对卵石不宜大于1∶2.5；泵送高度在50～100m时，宜在1∶3～1∶4；泵送高度在100m以上时，宜在1∶4～1∶5。粗、细骨料应符合现行国家标准《建设用砂》（GB/T 14684—2022）的规定。粗骨料应采用连续级配，针片状颗粒含量不宜大于10%；细骨料宜采用中砂，通过0.315mm筛孔的砂，不应少于15%。

4.1.1.3　粉煤灰

泵送混凝土宜掺适量粉煤灰，并应符合国家现行标准《用于水泥和混凝土中的粉煤灰》（GB/T 1596—2005）、《粉煤灰在混凝土和砂浆中应用技术规程》（JGJ 28—1986）和《预拌混凝土》（GB/T 14902—2012）的有关规定。

4.1.1.4　外加剂

泵送混凝土掺用的外加剂，应符合国家现行标准《混凝土外加剂》（GB 8076—2008）、《混凝土外加剂应用技术规范》（GB 50119—2003）、《混凝土泵送剂》（JC 473—2001）和《预拌混凝土》（GB/T 14902—2012）的有关规定。

4.1.1.5　拌和水

拌制泵送混凝土所用的水，应符合国家现行标准《混凝土用水标准》（JGJ 63－2006）的规定。

4.1.2　泵送混凝土配合比设计

泵送混凝土配合比设计时，水泥用量不小于300kg/m^3，且不宜采用火山灰水泥。最大水灰比为0.6，一般控制在0.45～0.6较好。

粗骨料的最大粒径应符合以下要求：①碎石料粒径不应大于输送管内径的1/4；②卵石不应大于管内径的1/3；③最大粒径不得大于结构截面最小尺寸的1/4。

细骨料宜用细度模数为2.5～3.2的中砂，粒径小于0.30mm颗粒的含量应不小于15%，砂率控制在40%～45%。

坍落度对混凝土的可泵性影响很大，泵送混凝土的坍落度应根据泵送的高度和距离确定，按表4.1选择。表4.1列出的数值是垂直和水平泵送混凝土的参考值，对于有落差、垂直向下的泵送施工，坍落度宜控制在120～160mm为好。

表4.6　　泵送混凝土入泵坍落度

泵送高度/m	＜30	30～60	60～100	＞100
坍落度/mm	100～140	140～160	160～180	180～200

学习情境　泵送混凝土施工

情境描述

某穿堤建筑物为混凝土结构，由进水口建筑结构、洞室结构、闸室结构、出水口建筑物等四部分组成。该工程要求泵送混凝土具备良好的和易性、强度和耐久性能，以保障建筑物能够安全稳定运行，发挥应有的作用。

学习目标

1. 知识目标

（1）掌握泵送混凝土的施工工艺。

（2）掌握提高泵送混凝土的质量的方法。

2. 能力目标

（1）能根据工程要求，提高泵送混凝土的性能。

（2）能独立进行泵送混凝土施工。

3. 素质目标

（1）遵守道德准则和行为规范，具有良好的纪律观念。

（2）具有分析问题和解决问题的能力。

4. 思政育人目标

（1）自觉执行水利行业规范、标准和规程。

（2）在工程建设中，践行勇于实践、甘于奉献的水利精神。

任务书

表4.7　　任务单表

分组编号		组　长		日　期	
施工任务：泵送混凝土施工					
任务内容： 1. 掌握泵送混凝土施工工艺 2. 掌握提高泵送混凝土性能的方法					

任务分组

表 4.8　　学生任务分配表

班　级		分组编号		指导教师	
组长					
组员	姓名				
	学号				
	姓名				
	学号				
任务分工					

获取信息

学习内容：泵送混凝土施工工艺和提高泵送性能的方法。可以通过预习学习情境的知识点、网络搜索等多种形式获取信息，并完成下列问题。

引导问题1：泵送混凝土施工准备需要完成哪些工作？

引导问题2：泵送混凝土有哪些施工工序？

工作计划

按照任务书要求，制定泵送混凝土施工实施方案，完成表4.9内容。

表 4.9　　泵送混凝土施工实施方案

步　骤	工作内容	负责人	步　骤	工作内容	负责人
1			5		
2			6		
3			7		
4			8		

进行决策

（1）各小组选派代表详细阐述工作方案。

（2）各组对其他组的工作方案提出各自的不同看法。

（3）教师根据各组汇报的内容进行点评，提出方案存在的问题。

（4）各组根据教师和同学提出的意见进行完善修改。

工作实施

引导问题3：按照《混凝土泵送施工技术规程》（JGJ T10—2011）的有关规定，泵送混凝土的拌和应注意哪几点？

引导问题4：泵送混凝土如何确定运输能力？

引导问题5：泵送混凝土在泵送过程中需要注意哪些问题？

引导问题6：泵送混凝土采用什么浇筑和振捣的方法？

引导问题7：泵送混凝土如何进行输送管道清洗？

考核评价

表 4.10　　项目考核评价表

项目名称	评价内容	分值	评价结果		
			自评	互评	教师评
职业素养评价 40%	学习准备	7			
	安全责任意识	7			
	积极参与项目	10			
	沟通协作	6			
	纪律	10			
专业能力评价 60%	专业知识查找及时准确	15			
	引导问题填写准确完整	15			
	按时完成任务	15			
	完成质量	15			
创新性评价+5分	项目创新	5			
总分		105			
总评	自评（25%）+互评（25%）+教师评（50%）		教师（签名）：		

任务 4.2　泵送混凝土施工

4.2.1　泵送混凝土施工特点

泵送混凝土设备单一，并且可同时作水平和垂直运输，可直接入仓布料，简化浇筑程序；机械化程度高，能够节省劳动力；施工时受外界气候影响小，能较好地保证混凝土拌和物出机性质；采用管道输送入仓，对场地条件要求简单，能克服其他入仓方式无法解决的困难。但是泵送混凝土胶凝材料耗量较高，砂率较大，加大了混凝土材料成本；水泥用量大，坍落度大，水化热高，硬化过程及硬化后干缩量大，使用部位受到一定限制；混凝土级配受输送管管径和混凝土泵性能的限制，现阶段不能输送大级配混凝土。

4.2.2　施工准备

首先进行混凝土泵与混凝土输送管道的安装与布置。其次为混凝土泵空转，混凝土泵压送作业前应空运转，方法是将排出量手轮旋至最大排量，给料斗加足水空转10min以上。最后是管道润滑剂的压送，混凝土泵开始连续泵送前要对配管泵送润滑剂。润滑剂有砂浆和水泥浆两种，一般常用砂浆。砂浆的压送方法是：配好砂浆；将砂浆倒入料斗，并调整排出量手轮至20～30m^3/h处，然后进行压送，当砂浆即将压送完毕时，即可倒入混凝土，直接转入正常压送。

4.2.3　泵送混凝土拌和

泵送混凝土所用各种原材料的质量应符合配合比要求，并根据原材料情况的变化及时调整配合比。泵送混凝土需用合格的拌和楼拌制，拌制时要严格控制骨料粒径和级配，防止混入超径颗粒，以免在后期泵送过程中发生管道堵塞。为减少运输中坍落度损失，应尽可能与搅拌站放在同一处直接供料，拌和楼与混凝土泵的生产效率要相匹配。混凝土的计量精度和拌和时间要符合有关规定。

4.2.4　泵送混凝土运输

泵送混凝土宜用混凝土搅拌运输车运输，运输能力要大于混凝土泵的泵送能力，以便保证混凝土供应不中断，满足施工要求。混凝土运输搅拌车装料前应用水冲洗滚筒，并排净滚筒中的多余水；为避免混凝土在运输过程中凝结，搅拌车在行进途中搅拌筒应保持慢速转动。搅拌车在卸料前应先高速运转20～30s，然后再反转卸料，以保证混凝土的和易性满足要求。如果中断卸料作业，应使搅拌筒低速搅拌混凝土。在混凝土泵进料斗上，应安置网筛并设专人监视卸料。避免粒径过大的骨料或异物进入混凝土泵造成堵塞。如果出现混凝土坍落度损失过大，可在保持水灰比不变的条件下同时加入水和水泥，搅拌后浇筑。除此之外，严禁往搅拌筒内随意加水。

4.2.5　泵送混凝土压送

开始压送混凝土时，应使混凝土泵低速运转，注意观察混凝土泵的输送压力和各部位的工作情况，在确认混凝土泵各部位工作正常后，再提高混凝土泵的运转速度，加大行程，转入正常压送。正常压送时，要保持连续压送，尽量避免压送中断。泵送时，受料斗内应经常有足够的混凝土，防止吸入空气造成阻塞。发现进入料斗的混凝土有离析状况时要暂停泵送，待搅拌均匀后再泵送。若骨料分离比较严重，料斗内灰浆明显不足时，应将分离的骨料清除或另外加砂浆，必要时可打开料斗底部闸门，把料斗内混凝土料全部排除。浇灌停歇压送中断期内，应采取一定的技术措施，防止输送管内混凝土离析或凝结而引起管路的堵塞。压送中断期内混凝土泵必须进行间隔推动，每隔4～5min一次，每次进行不少于4个行程的正、反转推动，以防止输送管的混凝土离析或凝结。如泵机停机时间超过45min，应将存留在导管内的混凝土排出，并加以清洗。

4.2.6　泵送混凝土浇筑与振捣

泵送混凝土浇筑时，应根据工程结构特点、平面形状和几何尺寸、混凝土供应和泵送设备能力、劳动力和管理能力，以及周围场地大小等条件，预先划分好混凝土浇筑区。

浇筑顺序：对同一区域的混凝土，应按先竖向结构后水平结构的顺序分层连续浇筑；当采用输送管输送混凝土时，应由远而近浇筑；当不允许留施工缝时，区域之间、上下层之间的混凝土浇筑间歇时间不得超过混凝土初凝时间；当下层混凝土初凝后，浇筑上层混凝土时，应先按留施工缝的规定处理。

在实际应用时可根据泵送能力、仓面大小、周围施工场地情况等条件，采用水平分层法、推移浇筑法或分层推移浇筑法铺料，并合理确定浇筑顺序。水平分层浇筑是在一次浇筑区段进行混凝土浇筑时，整个混凝土浇筑大致在一个水平面上，一层浇筑完成后，再浇筑上一层，每个浇筑层厚一般为40～50cm，这种方法适用于浇筑能力较大的中小仓面。推移浇筑法是从浇筑区段的一段开始，一直浇筑到顶部，然后按顺序向邻近推移直至完成整个浇筑仓面，这种方法适用于高度不大2m的浇筑仓号。分层推移浇筑法综合上述两种方法而成，先在一个浇筑层中采用推移浇筑法，完成一定区域后，再向上一层发展，进而完成整个仓号浇筑。

这种分层浇筑便于振捣密实，也可避免一次浇到顶流淌较大的现象；同时减少浇筑过程中混凝土输送管道装拆工作量和泵车移动次数。

泵送混凝土一般采用插入式振捣器捣固，振捣时间为15～30s，间隔20～30min后，进行第二次复振，且振动棒移动间距宜为400mm左右。

4.2.7　泵送混凝土养护

泵送混凝土的坍落度较普通混凝土大，水泥用量大，因而水化热较大，应加强养护过程中的测温工作。

养护工作可按普通混凝土施工规定进行，但应注意浇灌后3d，水化热达到峰值，此时应加强浇水工作。

学习情境　泵送混凝土堵管与故障处理

情境描述

某穿堤建筑物为混凝土结构，由进水口建筑结构、洞室结构、闸室结构、出水口建筑物等四部分组成。该工程采用混凝土泵送施工工艺，但在施工过程中泵送设备出现了堵管的现象，经过技术人员的努力排除了故障。

学习目标

1. 知识目标

（1）了解混凝土泵送过程中堵管的原因。

（2）掌握混凝土泵送过程中故障处理的方法。

2. 能力目标

能根据工程要求独立排除混凝土泵送过程中故障。

3. 素质目标

（1）遵守道德准则和行为规范，具有良好的纪律观念；

（2）具有分析问题和解决问题的能力。

4. 思政育人目标

（1）自觉执行水利行业规范、标准和规程。

（2）践行勇于实践、甘于奉献的水利精神。

任务书

表4.11　　任 务 单 表

分组编号		组　长		日　期	
施工任务：泵送混凝土堵管与故障处理					
任务内容： 1. 了解混凝土泵送过程中堵管的原因 2. 掌握混凝土泵送过程中故障的排除办法					

任务分组

表 4.12　　学生任务分配表

班　　级		分组编号		指导教师	
组长					
组员	姓名				
	学号				
	姓名				
	学号				
任务分工					

获取信息

学习内容：混凝土泵送施工过程中的堵管原因和故障处理办法。可以通过预习学习情境的知识点、网络搜索等多种形式获取信息，并完成下列问题。

引导问题1：如何判断泵送管道堵塞？

工作计划

按照任务书要求，制定泵送混凝土堵管与故障处理实施方案，完成表4.13内容。

表 4.13　　泵送混凝土堵管与故障处理实施方案

步　　骤	工作内容	负责人	步　　骤	工作内容	负责人
1			5		
2			6		
3			7		
4			8		

进行决策

（1）各小组选派代表详细阐述工作方案。

（2）各组对其他组的工作方案提出各自的不同看法。

（3）教师根据各组汇报的内容进行点评，提出方案存在的问题。

（4）各组根据教师和同学提出的意见进行完善修改。

工作实施

1. 混凝土泵送施工前机械设备排查记录

由教师和学生分别模拟施工单位和项目监理机构填写材料进场验收记录模拟表，见表4.14。

表4.14　混凝土泵送施工前机械设备进场验收表

工程名称			编　号		
机械名称			进场日期		
机械品种		规格		进场数量	
生产厂家		操作人员证书编号：			

验收情况：

1. 混凝土泵送车：

品种：__________，型号：__________，生产厂家：__________，操作人员证书编号：__________。

2. 混凝土运输车：

品种：__________，型号：__________，生产厂家：__________，操作人员证书编号：__________。

施工单位（组长）检查意见：

施工员：　　　　　年　　月　　日

项目监理机构（教师）验收意见：

专业监理工程师：　　　　　年　　月　　日

注　本表由施工单位填写，监理机构验收合格后，作为质量证明资料，由施工单位保存。

2. 泵送混凝土施工

引导问题2：泵送混凝土施工中堵泵的原因有哪些？

引导问题3：泵送混凝土堵管后应采取哪些措施？

考核评价

表4.15　　项目考核评价表

项目名称	评价内容	分值	评价结果		
			自评	互评	教师评
职业素养评价 40％	学习准备	7			
	安全责任意识	7			
	积极参与项目	10			
	沟通协作	6			
	纪律	10			
专业能力评价 60％	专业知识查找及时准确	15			
	引导问题填写准确完整	15			
	按时完成任务	15			
	完成质量	15			
创新性评价＋5分	项目创新	5			
总分		105			
总评	自评（25％）＋互评（25％）＋教师评（50％）		教师（签名）：		

任务4.3　泵送混凝土堵管与故障处理

泵送混凝土作为一项全新的施工工艺，日益显示出其高质高效的特点，但是，由于有的施工人员对该工艺的一些要求缺乏系统了解，而应用一些传统操作方法，致使施工中时常发生泵送故障和混凝土质量问题。

在混凝土中，水、水泥和砂形成水泥砂浆，均匀包在粗骨料表面，并携带粗骨料在输送管中以悬浮状态运动。泵送过程中由于压力作用，一部分水泥砂浆被挤向外层，在粗骨料与管壁之间形成一个润滑层。混凝土只有保持这种状态，泵送才能顺利进行。

4.3.1　堵管

堵管一般有明显征兆，从泵送油压看，如果每个泵送冲程的压力峰值随冲程的交替而迅速上升，并很快达到设定压力，正常的泵送循环自动停止，主油路溢流阀发出溢流响声，就表明已经堵管。另外，可观察输送管道状况，正常泵送时管道和泵机只产生轻微的后座震动，如果突然产生剧烈震动，尽管泵送操作仍在进行，但管口不见混凝土流出，也表明发生了堵管。输送管有时会因堵管时产生的强大压力胀裂。

4.3.1.1　堵管原因

（1）混凝土配合比不良。配合比不良的混凝土拌和物在压力梯度较大处，水分会通过骨料间隙渗透，使骨料聚结引起堵管，多发生在管道弯曲、变径和管路中间布置软管处；另外，在水灰比过大时易离析，造成砂浆与骨料分离而堵管，多见于长距离水平泵送时的“偏析”堵管和竖直下行布管的下端离析堵管。水泥用量过少和砂率过低时，混凝土和易性差，变形困难，在管道中摩擦阻力增大，极易堵管。混凝土坍落度过低（80mm以下），泵送阻力明显增大，使泵送无法进行。

（2）砂的粒径不合理。当通过0.315mm筛孔的细砂含量少时，即使混凝土其他技术指标都符合要求也会堵管。因为这些细砂在混凝土中起一种类似滚珠的作用，能减少管壁与混凝土的摩擦，提高混凝土流动性，增大混凝土的黏聚力和保水性，对混凝土的可泵性影响很大。因此在《混凝土泵送施工技术规程》（JGJ/T 10—1995）中规定通过0.315mm筛孔的砂不应少于15%。

（3）异物堵管。理论上讲，堵管最易发生在3个大石子在同一截面相遇卡紧时，这时截面大部分被石子占据，可流通面积很小。通常规定石子最大粒径与管内径 $d:D<1:3$，并在泵机料斗上设方格网，防止超径石子混入。

4.3.1.2　堵管后采取的措施

（1）查明堵管部位，发生堵管时从泵出口到堵塞处的一段管路震动剧烈，管段接头处有脱开的倾向，而堵管处之后的管路则是静止的。根据这种现象可以找到堵管部位，也可用铁棒敲击管壁，堵塞部位会有发“闷”的声音和密实的感觉。

（2）找到堵管部位后拆下这段管道，清除堵塞的混凝土，经试泵无阻挡再接管，继续进行泵送。

（3）查明堵管原因，及时排除故障因素，以防再次堵管。

4.3.1.3　预防堵管注意事项

（1）选择合格的原材料和配合比，在施工中采取措施使之适合泵送的特殊要求。例如：要使用普通硅酸盐水泥，使用矿渣水泥时应掺加适量的粉煤灰，适当提高砂率；水泥用量不应小于300kg/m^3，石子粒径应满足 $d:D<1:3$ 的要求，级配要连续；应当使用中砂，特别注意通过0.315mm筛孔的砂不应少于15%，砂率应在40%～50%之间；坍落度值控制在80～180mm之间。

（2）认真组织施工，消除故障因素：①合理布置管路，尽量少用弯管、锥管，不宜在管路中间布置软管；②管路的水平换算距离要小于泵的输送距离，留有泵送余力；③下行配管的倾斜角或落差较大时，要采取措施增加斜管部的阻力，在斜管上端弯管处设置气门；④管段接头要严密，防止漏浆引起水泥量减少，管路要与临近建筑物牢固固定，防止因振动使管路接头松动；⑤开泵前认真润滑管路，检查破质量；⑥尽可能连续泵送，不得已停顿时料斗中要保留足够的混凝土，每隔 5min 作正反操作各两个冲程防止离析，停泵超过 30～45min 时要清除泵和管中的混凝土，对坍落度较小的混凝土要更加注意。

4.3.2　堵泵

堵泵指投泵的吸入流道被堵塞无法输入混凝土。堵泵的征兆与堵管相反，堵泵时主油路泵送油压会明显降低，混凝土输出量明显减少，料斗内的混凝土下得很慢，搅拌也往往发生困难，最后泵送油压降低到零，混凝土输出完全停止，推送机构空载循环，有时泵机会发出“嗤嗤”声。

4.3.2.1　堵泵原因

（1）由于混凝土的配合比不良引起，这时大量的粗骨料积聚在料斗颈部，混凝土不能顺利进入混凝土缸，直到吸入流道被完全堵塞，泵送停止。

（2）混凝土离析后，部分骨料之间的空隙得不到灰浆的补充，骨料空隙中的空气随混凝土一起被吸入混凝土缸内，随着空气在混凝土缸内积聚增加，吸入效率迅速降低，最后混凝土的吸入和泵送完全停止。由于有部分空气进入输送管，在泵送时会听到漏气声。

4.3.2.2　堵泵的处理和预防

如果刚发生堵泵可立即进行反泵操作，将混凝土吸回料斗重新搅拌均匀后再泵送。但当吸料已完全受阻，泵送油压已降到零时，反泵操作无效，只有将泵内混凝土完全清除，再重新泵送。

重新泵送时料斗内要加入砂浆充足、质量较好的混凝土，反复进行正反泵操作，直至能正常操作为止。不要试图将劣质混凝土泵送出去，因为即使勉强泵入输送管，也会发生堵管，而堵管比堵泵难处理得多。

此外，应及时改善混凝土配合比，改进供料方式，以防堵泵再次发生。

学习情境　泵送混凝土质量控制

情境描述

某穿堤建筑物为混凝土结构，由进水口建筑结构、洞室结构、闸室结构、出水口建筑物等四部分组成。该工程采用混凝土泵送施工工艺，该工程项目部的工程管理部门制定了质量控制方案，并在混凝土施工后对混凝土抗压强度进行了评定。

学习目标

1. 知识目标

掌握泵送混凝土施工质量控制方法。

2. 能力目标

(1) 能独立完成泵送混凝土施工质量控制。

(2) 能独立完成泵送混凝土抗压强度的评定。

3. 素质目标

(1) 遵守道德准则和行为规范，具有良好的纪律观念。

(2) 增强动手操作能力，使学生的综合素质得到全面提升。

4. 思政育人目标

(1) 自觉执行水利行业规范、标准和规程。

(2) 践行勇于实践、甘于奉献的水利精神。

任务书

表 4.16　任务单表

分组编号		组　长		日　期	
施工任务：泵送混凝土质量控制					
任务内容： 1. 掌握泵送混凝土质量控制方法 2. 掌握泵送混凝土质量评定办法					

任务分组

表 4.17　学生任务分配表

班　级		分组编号		指导教师	
组长					
组员	姓名				
	学号				
	姓名				
	学号				
任务分工					

获取信息

学习内容：泵送混凝土质量控制与评定的方法。可以通过预习学习情境的知识点、网络搜索等多种形式获取信息，并完成下列问题。

引导问题 1：泵送混凝土质量控制应遵循哪些规范？

____

____

____

____

____

工作计划

按照任务书要求，制定泵送混凝土质量控制方案，完成表 4.13 内容。

表 4.18　　泵送混凝土质量控制方案

步　骤	工作内容	负责人	步　骤	工作内容	负责人
1			5		
2			6		
3			7		
4			8		

进行决策

（1）各小组选派代表详细阐述工作方案。

（2）各组对其他组的工作方案提出各自的不同看法。

（3）教师根据各组汇报的内容进行点评，提出方案存在的问题。

（4）各组根据教师和同学提出的意见进行完善修改。

工作实施

引导问题 2：泵送混凝土质量控制的方法有哪些？

____

____

____

____

____

____

____

考核评价

表 4.19　项目考核评价表

项目名称	评价内容	分值	评价结果		
			自评	互评	教师评
职业素养评价 40%	学习准备	7			
	安全责任意识	7			
	积极参与项目	10			
	沟通协作	6			
	纪律	10			
专业能力评价 60%	专业知识查找及时准确	15			
	引导问题填写准确完整	15			
	按时完成任务	15			
	完成质量	15			
创新性评价+5分	项目创新	5			
总分		105			
总评	自评（25%）+互评（25%）+教师评（50%）		教师（签名）：		

任务 4.4　泵送混凝土质量控制与评定

4.4.1　泵送混凝土的质量控制要求

（1）根据要求应建立质量控制保证体系，制定保证质量的技术措施。泵送混凝土的原材料及其储存、计量应符合现行国家标准《预拌混凝土》（GB/T 14902—2012）的有关规定，原材料的储备量应满足泵送要求。

（2）泵送混凝土质量应符合现行国家标准《混凝土结构工程施工质量验收规范》（GB 50204—2015）和《预拌混凝土》（GB/T 14902—2012）的有关规定。

（3）泵送混凝土的可泵性试验，可按现行国家标准《普通混凝土拌合物性能试验方法标准》（GB/T 50080—2016）有关压力泌水试验的方法进行检测，10s 时的相对压力泌水率不宜大于 40%。

（4）混凝土入泵时的坍落度及其允许偏差，应符合表 4.20 的规定。

表 4.20　混凝土坍落度允许偏差

坍落度/mm	坍落度允许偏差/mm
100～160	±20
>160	±30

4.4.2　混凝土拌和物质量控制

1. 主控项目

（1）预拌混凝土进场时，其质量应符合国家标准《预拌混凝土》（GB/T 14902—2012）的规定。

检查数量：全数检查。

检验方法：检查质量证明文件。

（2）混凝土拌和物不应离析。

检查数量：全数检查。

检验方法：观察。

（3）混凝土中氯离子含量和总碱量应符合现行国家标准《混凝土结构设计规范》（GB 50010—2010）的规定和设计要求。

检查数量：同一配合比的混凝土检查不应少于一次。

检验方法：检查原材料试验报告和氯离子、碱总量计算书。

（4）首次使用的混凝土配合比应进行开盘鉴定，其原材料、强度、凝结时间、稠度等应满足设计配合比的要求。

检查数量：同一配合比的混凝土检查不应少于一次。

检验方法：检查开盘鉴定资料和强度试验报告。

2. 一般项目

（1）混凝土拌和物稠度应满足施工方案的要求。

检查数量：对同一配合比混凝土，取样应符合下列规定。

1）每拌制 100 盘且不超过 $100m^3$ 时，取样不得少于一次。

2）每工作班拌制不足 100 盘时，取样不得少于一次。

3）连续浇筑超过 $1000m^3$ 时，每 $200m^3$ 取样不得少于一次。

4）每一楼层取样不得少于一次。

检验方法：检查稠度抽样检验记录。

4.4.3　混凝土耐久性质量控制

混凝土有耐久性指标要求时，应在施工现场随机抽取试件进行耐久性检验，其检验结果应符合国家现行有关标准的规定和设计要求。

检查数量：同一配合比的混凝土，取样不应少于一次，留置试件数量应符合国家现行标准《普通混凝土长期性能和耐久性能试验方法标准》（GB/T 50082—2019）和《混凝土耐久性检验评定标准》（JGJ/T 193—2009）的规定。

检验方法：检查试件耐久性试验报告。

混凝土有抗冻要求时，应在施工现场进行混凝土含气量检验，其检验结果应符合国家现行有关标准的规定和设计要求。

检查数量：同一配合比的混凝土，取样不应少于-次，取样数量应符合现行国家标准《普通混凝土拌合物性能试验方法标准》（GB/T 50080—2016）的规定。

检验方法：检查混凝土含气量试验报告。

项目5　预应力混凝土施工

学习情境　先张法施工

项目5
预应力混凝土施工

情境描述

某桥桥梁全长103.7m，引道长45.15m，桥宽50m，单跨最大跨度31.5m，主桥采用先张法预应力预制空心板结构。预应力混凝土空心板，共100片。预应力筋27A级钢绞线。全桥采用平行布墩，各孔空心板角度不同，分别为9.73°、8.54°、5.68°、1.91°。预制空心板梁采用集中预制，设长线台座2个，每个台座一次成梁4片。预制场内配置2台30t轨道式龙门架起重机，配合施工作业。

学习目标

1. 知识目标

(1) 掌握先张法施工的工艺步骤和方法。

(2) 掌握先张法施工的机具设备。

2. 能力目标

(1) 能根据工程条件选择合适的施工机械设备。

(2) 能根据项目特点进行先张法预应力混凝土施工。

3. 素质目标

(1) 能针对问题，提出有效的解决方案。

(2) 养成自我学习的习惯和能力。

4. 思政育人目标

(1) 自觉执行水利行业规范、标准和规程。

(2) 在工程建设中，践行勇于实践、甘于奉献的水利精神。

任务书

表5.1　　任　务　单　表

分组编号		组　长		日　期	
施工任务：先张法施工					
任务内容： 1. 掌握先张法施工的工艺步骤和方法 2. 掌握先张法施工的机具设备					

任务分组

表 5.2　　　　学生任务分配表

班　级		分组编号		指导教师	
组长					
组员	姓名				
	学号				
	姓名				
	学号				
任务分工					

获取信息

学习内容：预应力混凝土先张法施工的工艺和方法。可以通过学习情境的知识点、网络搜索、数字资源等多种形式获取信息，并完成下列问题。

引导问题1：什么是预应力混凝土？有哪些优缺点？

引导问题2：什么是先张法？适用条件有哪些？

工作计划

按照任务书要求，制定先张法施工实施方案，完成表5.3内容。

表5.3　　张法施工实施方案

步　骤	工作内容	负责人	步　骤	工作内容	负责人
1			5		
2			6		
3			7		
4			8		

进行决策

（1）各小组选派代表详细阐述工作方案。

（2）各组对其他组的工作方案提出各自的不同看法。

（3）教师根据各组汇报的内容进行点评，提出方案存在的问题。

（4）各组根据教师和同学提出的意见进行完善修改。

工作实施

引导问题3：先张法施工的工艺流程有哪些？

引导问题4：先张法施工的主要设备、类型和作用有哪些？

引导问题5：先张法施工的主要工艺流程有哪些？

引导问题6：张拉预应力钢筋有哪些要求？如何进行钢筋张拉？

引导问题7：浇筑的混凝土有什么要求？浇筑时应该注意哪些问题？

引导问题8：预应力钢筋的放张方法有哪些？

考核评价

表5.4　项目考核评价表

项目名称	评价内容	分值	评价结果		
			自评	互评	教师评
职业素养评价 40%	学习准备	7			
	安全责任意识	7			
	积极参与项目	10			
	沟通协作	6			
	纪律	10			
专业能力评价 60%	专业知识查找及时准确	15			
	引导问题填写准确完整	15			
	按时完成任务	15			
	完成质量	15			
创新性评价+5分	项目创新	5			
总分		105			
总评	自评（25%）+互评（25%）+教师评（50%）		教师（签名）：		

预应力混凝土是指在混凝土构件承受使用荷载前的制作阶段，预先对使用阶段的受拉区施加压应力。当构件承受使用荷载而产生拉应力时，首先抵消混凝土的预压应力，从而推迟混凝土裂缝的出现和开展。这种在结构构件承受荷载以前预先对受拉区混凝土施加压应力的结构构件，称为预应力混凝土构件。

任务 5.1　先张法施工

5.1.1　预应力混凝土概述

预应力混凝土是在混凝土构件承受外荷载之前，对其受拉区预先施加压应力，改变其受荷前内部应力状态而成为预应力混凝土结构。经过预压的混凝土，使原来抗拉弱、抗压强的脆性材料变为既能抗压又能抗拉的弹性材料。若预应力所产生的压应力可以部分或全部抵消外荷载产生的拉应力，则受拉区混凝土在正常使用状态下，将不受或少受拉应力的影响，从而减少或避免裂缝的出现。

5.1.1.1　预应力混凝土的优缺点

1. 预应力混凝土的优点

预应力混凝土与普通钢筋混凝土相比，具有以下优点。

（1）抗裂性好，刚度大。由于对构件施加预应力，在正常使用荷载作用下，构件可不出现裂缝，或使裂缝推迟出现，所以提高了构件的刚度，增加了结构的耐久性。

（2）节省材料，减小自重。预应力混凝土结构由于采用高强度钢材和高强度混凝土材料，因而在同等外荷载作用下，比普通钢筋混凝土结构减少钢筋用量或减小构件截面尺寸，节省钢材和混凝土，降低结构自重，对大跨度和重荷载结构有着明显的优越性。

（3）提高构件的抗剪能力。试验表明，纵向预应力钢筋起着锚栓的作用，阻碍构件斜裂缝的出现与开展。

（4）提高受压构件的稳定性。当受压构件长细比较大时，在受到一定的压力后便容易被压弯，以致丧失稳定而破坏。如果对钢筋混凝土柱施加预应力，使纵向受力钢筋张拉得很紧，不但预应力钢筋本身不容易压弯，而且可以提高混凝土抵抗压弯的能力。

（5）提高构件的耐疲劳性能。因为构件具有预应力钢筋，在使用阶段因加荷或卸荷所引起的应力变化幅度相对较小，故此可提高抗疲劳强度。

（6）结构质量安全可靠。预应力混凝土在施加预应力过程中，钢材和混凝土都要经受高应力的作用，如果钢筋在张拉、混凝土在受压时表现质量良好，则在使用荷载作用下结构的安全性及其他使用性能更为可靠。

2. 预应力混凝土的缺点

（1）施工工艺比较复杂，对施工过程的监控和施工质量要求高，因而需要配备一支技术较熟练的专业队伍。

（2）需要有配制专门设备，如张拉机具、施工台座、油泵、锚具、灌浆设备等。

（3）预应力反拱不易控制，它将随混凝土的徐变增加而增大，可能影响结构使用效果。

（4）预应力混凝土结构的开工费用较大，对跨度小、构件数量少的工程成本较高。

5.1.1.2　预应力混凝土的分类

预应力混凝土结构根据其预应力施加工艺可分为先张法和后张法两种。

（1）先张法指利用台座在构件混凝土浇筑之前对预应力筋施加张拉力，使其在弹性范围内达到设计的伸长率后锚固在台座上，然后浇筑混凝土，待混凝土达到设计强度和龄期，放松锚固设备或切断钢筋，将施加在预应力筋上的拉力逐渐释放，在预应力筋回缩的过程中利用其与混凝土之间的黏结握裹力，对混凝土施加预应力。

先张法生产工艺简单、工序少、效率高、多用于在有永久性或半永久性张拉台座的预制构件厂内，成批生产定型的中、小型预应力构件。

（2）后张法指在混凝土构件浇筑、养护待龄期和强度达到设计值后，利用预先在混凝土构件内设置的孔道穿入预应力筋，以混凝土构件本身为支承在两端用张拉机具张拉预应力筋，使其达到设计张拉应力，然后用特制锚具将预应力筋锚固形成永久预加力，最后在预应力筋孔道内灌注混凝土封闭孔道、防止钢筋生锈并使预应力筋和混凝土黏结成整体。

5.1.1.3　预应力混凝土材料

1. 混凝土强度要求

预应力混凝土应采用高强混凝土，并与相应的高强预应力筋相匹配。这样可以充分发挥强度，有效地减小构件截面尺寸和自重，以利于大跨度构件制作；高强混凝土具有较高的弹性模量和更小的弹性变形及塑性变形，可以减少预应力损失；另外高强混凝土具有更高的抗拉和抗压能力及与钢筋的黏结力，可推迟构件裂缝的出现，且有利于黏结后张和先张预应力筋的锚固。

预应力混凝土不仅应具有高强，而且应具有早强的性能，以便早日施加预应力。预应力混凝土的强度等级不应低于C40；当采用钢绞线、钢丝作预应力钢筋时，混凝土强度等级不宜低于C40。为保证混凝土有足够的耐久性，规范规定最小水泥用量不宜少于300kg/m^3。无黏结预应力混凝土板不应低于C30，梁及其他构件不应低于C40。

配制强度高和收缩、徐变小的混凝土，应尽可能采用高强度等级水泥、减少水泥用量，降低水灰比，选用优质骨料。具体配制要求如下：采用硅酸盐水泥，选用合适的掺合料，水灰比控制在0.5以下，用水量不超过150kg/m^3，适当减少水泥用量、但应控制水泥用量不低于300kg/m^3，混凝土坍落度小于10mm。

2. 预应力筋

常用的预应力筋有钢丝、钢绞线、热处理钢筋等。要求强度高，有较好的延性，有良好的焊接性，有较好的黏结性能，以满足混凝土与钢筋的握裹和黏结要求。

3. 预应力钢筋的类型

（1）高强钢丝。消除应力钢丝是指钢丝在塑性变形下（轴应变）进行短时热处理后的低松弛钢丝，或钢丝通过矫直工序后在适当温度下进行短时热处理后的普通松弛钢丝，所谓松弛，是指钢材在高应力作用下其长度保持不变，应力随时间而减小的现象。消除应力钢丝按其外形可分为光面、螺旋肋（图5.1）和刻痕钢丝（图5.2）三种，分别用P、H、I表示。

冷拉钢丝（WCD）是指用盘条通过拔丝模或轧辊经冷加工而成的，以盘卷供货的钢丝。

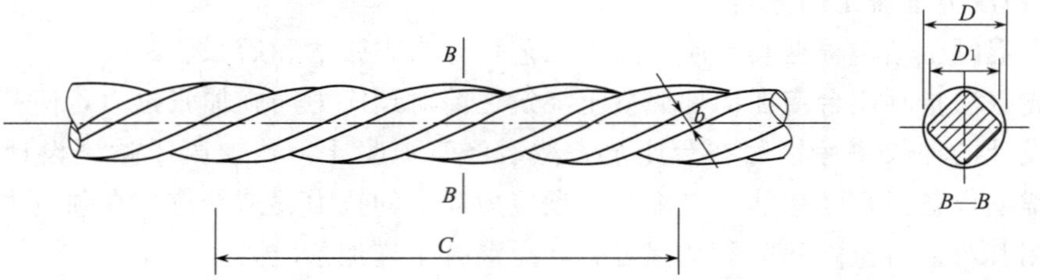

图 5.1　螺旋肋钢丝外形示意图

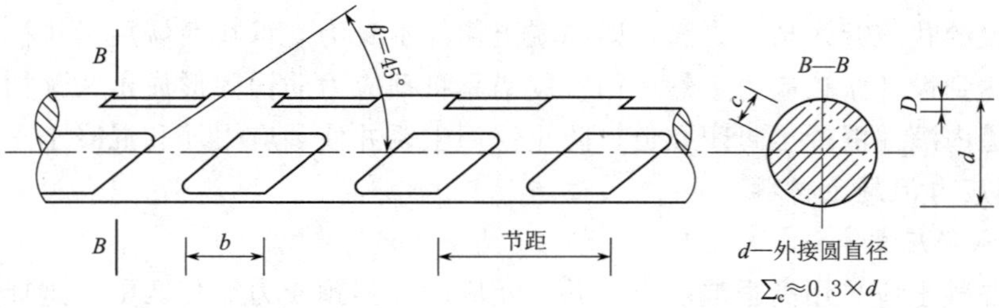

图 5.2　三面刻痕钢丝外形示意图

(2) 钢绞线。是指由冷拉光圆钢丝或刻痕钢丝捻制的用于预应力混凝土结构的钢绞线。

钢绞线按其加工方式有由冷拉光圆钢丝制成的标准型钢绞线、由刻痕钢丝捻制成的刻痕钢绞线和捻制后再经冷拔成的模拔钢绞线三种。

钢绞线按结构可分为 5 类：用两根钢丝捻制的钢绞线（1×2）、用三根钢丝捻制的钢绞线（1×3）、用三根刻痕钢丝捻制的钢绞线（1×3I）、用七根钢丝捻制的标准型钢绞线（1×7）、用七根钢丝捻制又经模拔的钢绞线（1×7）C。其结构型式如图 5.3～图 5.5 所示。

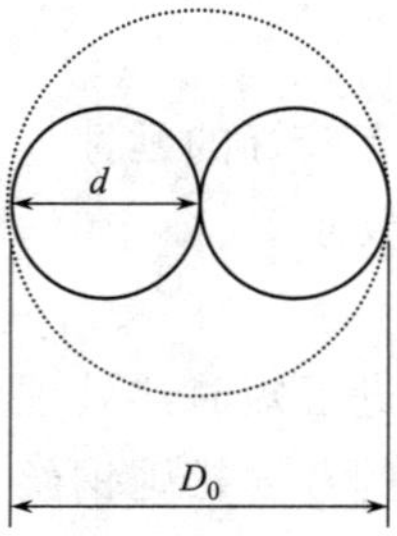

图 5.3　1×2 钢绞线示意图

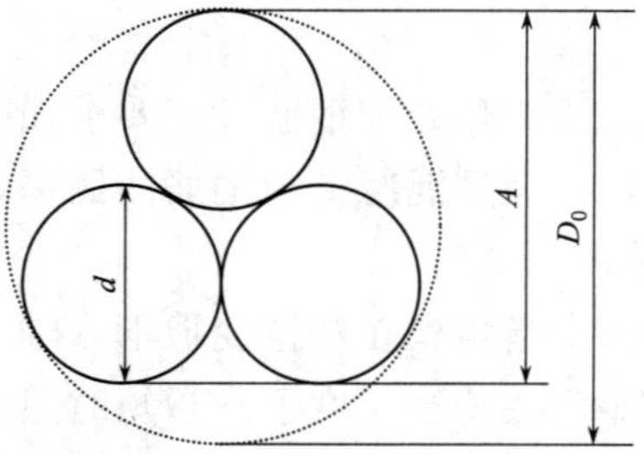

图 5.4　1×3 钢绞线示意图

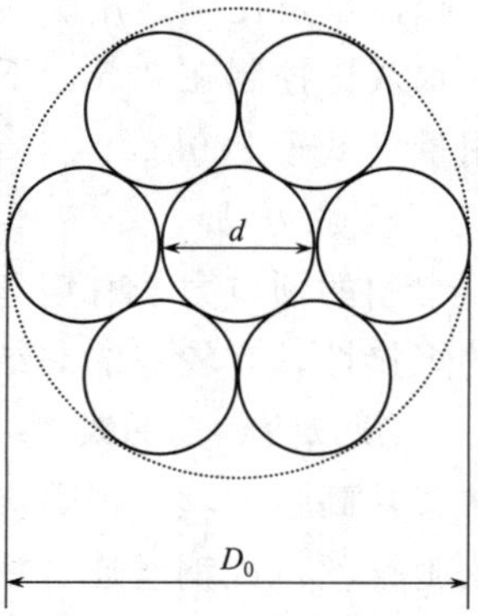

图 5.5　1×7 钢绞线示意图

5.1.2　先张法施工

先张法是在浇筑混凝土构件之前将预应力筋张拉到设计控制应力，用夹具将其临时固定在台座或钢模上，进行绑扎钢筋，安装铁件，支设模板，然后浇筑混凝土；待混凝土达规定的强度（一般不低于设计强度等级的70%），保证预应力筋与混凝土有足够的黏结力时，放松预应力筋，借助它们之间的黏结力，在预应力筋弹性回缩时，使混凝土构件受拉区的混凝土获得预压应力，致使下部混凝土受压起拱，构件长度缩短。施工过程如图5.6所示。

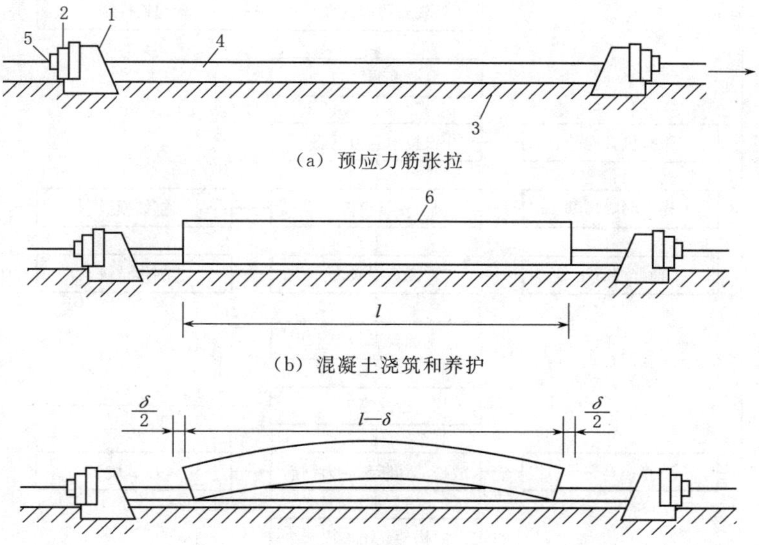

（a）预应力筋张拉

（b）混凝土浇筑和养护

（c）放松预应力筋

图5.6　先张法施工示意图

1—台座；2—横梁；3—台面；4—预应力筋；5—夹具；6—构件

5.1.2.1　先张法施工工艺流程

先张法采用台座法生产时，预应力筋的张拉、锚固，混凝土构件的浇筑、养护和预应力筋放张等工序皆在台座上进行，预应力筋的张拉力由台座承受。先张法适用于生产定型的小型构件，如空心板、屋面板、吊车梁等。先张法生产的施工工艺流程如图5.7所示。

5.1.2.2　先张法施工的主要设备

1. 台座

台座由台面、横梁和承力结构等组成，是先张法生产的主要设备。预应力筋张拉、锚固，混凝土浇筑、振捣和养护及预应力筋放张等全部施工过程都在台座上完成；预应力筋放松前，台座承受全部预应力筋的拉力。因此，台座应有足够的强度、刚度和稳定性。

（1）墩式台座。由台墩、台面与横梁等组成。台墩和台面共同承受拉力。墩式台座用以生产各种形式的中小型构件，如图5.8所示。

台墩是承力结构，由钢筋混凝土浇筑而成。承力台墩设计时，应进行稳定性和强度验算。稳定性验算一般包括抗倾覆验算与抗滑移验算。抗倾覆系数不得小于1.5，抗滑移系数不得小于1.3。

台面是预应力构件成型的胎模，要求地基坚实平整，它是在厚150mm夯实碎石垫层上，浇筑厚60～80mmC20混凝土面层，砂浆压实抹光而成。台面要求坚硬、平整、光滑，沿其纵向有3%的排水坡度。

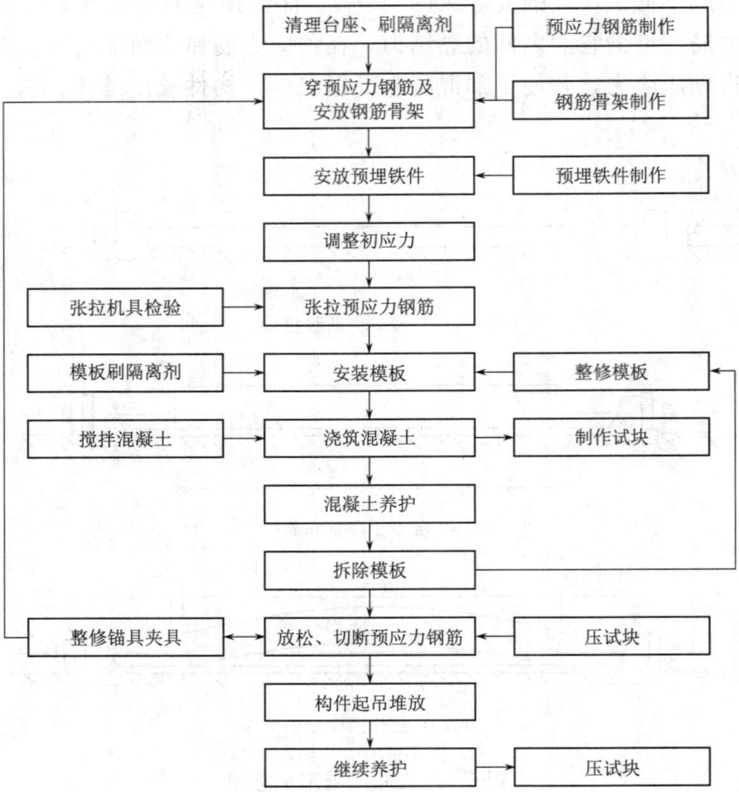

图5.7　先张法生产的施工工艺流程图

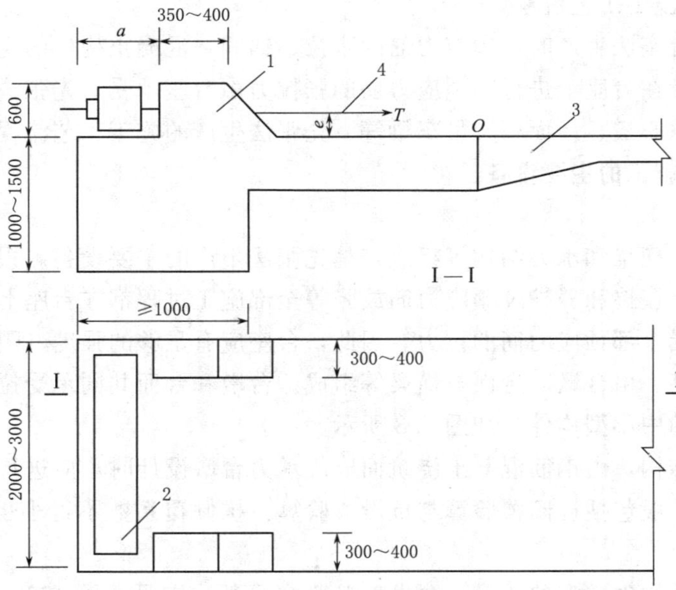

图5.8　墩式台座（单位：mm）

1—混凝土墩；2—钢横梁；3—局部加厚台面；4—预应力钢筋

横梁以墩座牛腿为支承点安装其上，是锚固夹具临时固定预应力筋的支承点，也是张拉机械张拉预应力筋的支座。横梁常采用型钢或钢筋混凝土制作。

（2）槽式台座。槽式台座构造如图5.9所示，槽式台座由钢筋混凝土端柱，传力柱，上、下横梁和柱垫等组成。槽式台座既可承受拉力，又可作蒸汽养护槽，适用于张拉吨位较高的大型构件，如屋架、吊车梁等。槽式台座端柱抗倾覆力矩由端柱、横梁自重力矩及部分张拉力矩组成。

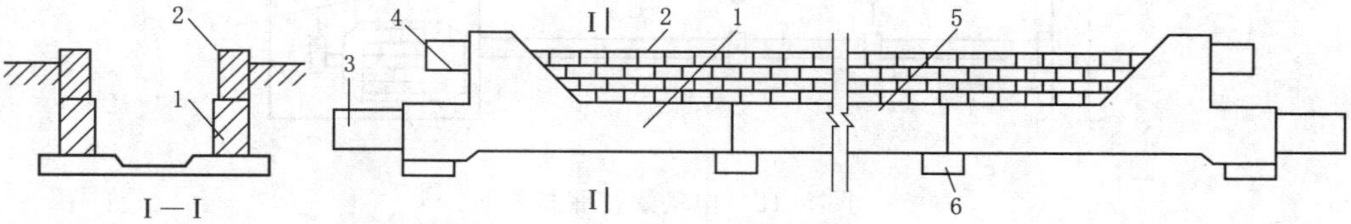

图5.9 槽式台座构造图

1—钢筋混凝土端柱；2—砖墙；3—下横梁；4—上横梁；5—传力柱；6—柱垫

2. 夹具

夹具是预应力筋进行张拉和临时固定的工具，要求夹具工作可靠，构造简单，施工方便，成本低。根据夹具的工作特点分为张拉夹具和锚固夹具。

（1）张拉夹具。张拉夹具是将预应力筋与张拉机械连接起来，进行预应力张拉的工具。常用的张拉夹具有两种：偏心式夹具和楔形夹具。偏心式夹具由一对带齿的月牙形偏心块组成，如图5.10所示；楔形夹具由锚板和楔块组成，如图5.11所示。

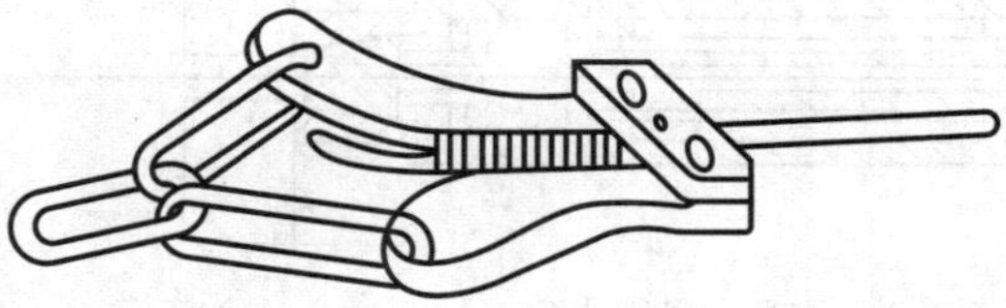

图5.10 偏心式夹具

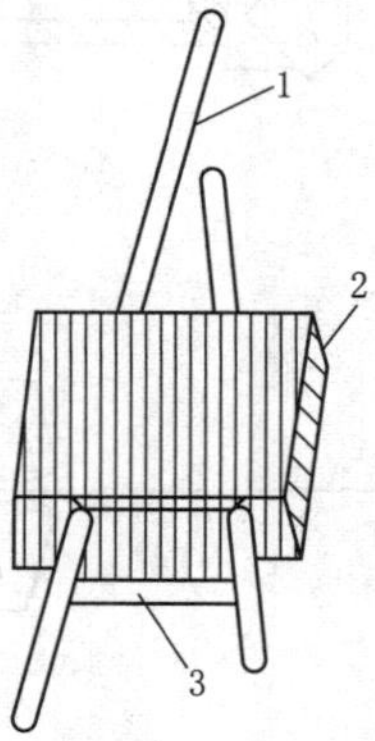

图5.11 楔形夹具

1—钢丝；2—锚板；3—楔块

（2）锚固夹具。锚固夹具是将预应力筋临时固定在台座横梁上的工具。常用的锚固夹具有锥形夹具、圆套筒、三片式夹具、方套筒两片式夹具、镦头夹具5种。

（3）张拉机械。先张法施工中预应力筋可单根张拉或多根成组张拉，常用的张拉机械有以下几种。

1）电动螺杆张拉机。电动螺杆张拉机由张拉螺杆、变速箱、拉力架、承力架和张拉夹具组成。最大张拉力为300～600kN，张拉行程为800mm，自重400kg，为了便于转移和工作，将其装置在带轮的小车上。电动螺杆张拉机可以张拉预应力钢筋也可以张拉预应力钢丝，如图5.12所示。

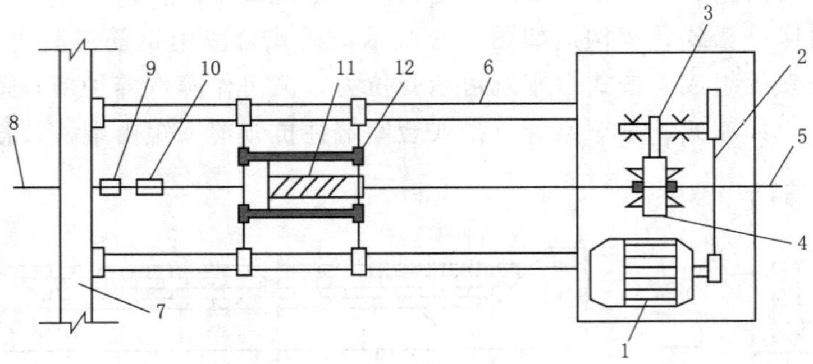

图5.12　电动螺杆张拉机

1—电动机；2—皮带传动；3—齿轮；4—齿轮螺母；5—螺杆；6—顶杆；7—台座横梁；8—钢丝；9—锚固夹具；10—张拉夹具；11—弹簧测力器；12—滑动架

2）YC-200型穿心式千斤顶。张拉直径12～20mm的单根预应力钢筋，可采用YC-200型穿心式千斤顶，如图5.13所示。最大张拉力200kN，张拉行程200mm，由偏心式夹具、油缸和弹性顶压头组成。

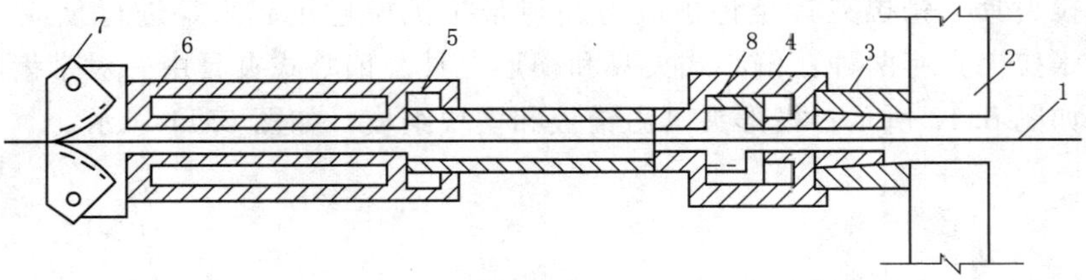

（a）张拉过程

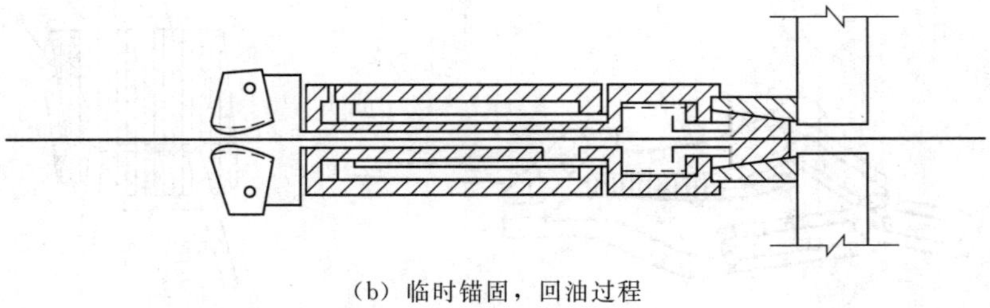

（b）临时锚固，回油过程

图5.13　YC-200型穿心式千斤顶工作示意图

1—钢筋；2—台座；3—圆套筒三片式夹具；4—弹性顶压头；5、6—油嘴；7—偏心式夹具；8—弹簧

5.1.2.3　先张法施工工艺

先张法施工工艺大致可分为：张拉预应力筋→混凝土浇筑养护→预应力钢筋放张。

1. 张拉预应力筋

（1）钢筋构造要求。对于配筋密集区域，先张法预应力钢丝按单根方式配筋困难时，可采用相同直径钢丝并筋的配筋方式。并筋对锚固及预应力传递性能的影响由等效直径反映，其等效直径取与其截面积相等的圆截面的直径。根据经验，预应力钢丝并筋不宜超过

3 根。并筋的各项计算及构造要求均应按等效直径考虑。

先张法预应力钢筋之间的净距不应小于其公称直径或等效直径的 1.5 倍，且应符合下列规定：热处理钢筋及钢丝不应小于 15mm，三股钢绞线不应小于 20mm，七股钢绞线不小于 25mm。先张法预应力传递长度范围内，因局部挤压造成的环向拉应力容易导致构件端部混凝土出现劈裂裂缝，故端部需采取构造措施，以确保自锚端的局部承载力。对单根配置的预应力筋，其端部宜设置长度大于 150mm，且不少于 4 圈的螺旋筋。对分散布置的多根预应力筋，在端部 $10d$（公称直径）范围内设置 3～5 片与预应力筋垂直的钢筋网。对采用预应力钢丝配筋的薄板，在板端 100mm 范围内适当加密横向钢筋。

（2）钢筋张拉。长线台座（台面）在铺放钢丝前应涂隔离剂。隔离剂不应沾污钢丝，以免影响钢丝与混凝土的黏结。如果预应力筋遭受污染，应使用适当的溶剂加以清洗。

预应力钢丝宜用牵引车铺设。如遇钢丝需要接长，可借助于钢丝拼接器用 20～22 号铁丝密排绑扎，如图 5.14 所示。绑扎长度：对冷拔低碳钢丝不得小于 40 倍钢丝直径；对高强刻痕钢丝不得小于 80 倍钢丝直径。

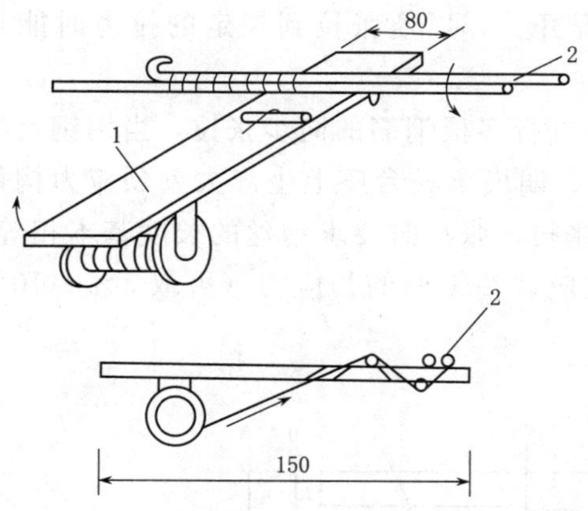

图 5.14　钢丝拼接器
1—拼接器；2—钢丝（单位：mm）

预应力筋张拉所用机具设备及仪表应定期维护和校验。张拉设备应配套校验，以确定张拉力与仪表读数的关系曲线。压力表的精度不宜低于 1.5 级，校验张拉设备用的试验机或测力计精度不得低于±2%。校验时千斤顶活塞的运行方向应与实际张拉工作状态一致。校验期限不宜超过半年，设备出现反常现象或在检修后，应重新校验。

张拉控制应力的数值直接影响预应力的效果。控制应力越高、预应力值越大。但控制应力过高，使构件出现裂缝的荷载与破坏荷载接近，破坏前无明显的预兆，这是不允许的。因此，预应力筋的张拉控制应力 σ_{wn} 应符合设计规定。为了部分抵消由于应力松弛、摩擦、钢筋分批张拉以及预应力筋与张拉台座之间的温差因素产生的预应力损失，施工中预应力筋需超张拉时，可比设计要求提高 5%，但其最大张拉控制应力不得超过表 5.5 的规定。

表 5.5　　最大张拉控制允许应力值

钢筋类型	张拉方法	
	先张法	后张法
碳素钢丝、刻痕钢丝、钢绞线	$0.80f_{ptk}$	$0.75f_{ptk}$
热处理钢筋、冷拔低碳钢丝	$0.75f_{ptk}$	$0.70f_{ptk}$
冷拉钢筋	$0.90f_{pyk}$	$0.85f_{pyk}$

注　f_{ptk} 为预应力筋极限抗拉强度标准值；f_{pyk} 为预应力筋屈服强度标准值。

为减少预应力筋的应力松弛损失，张拉程序可按下列之一进行：

$$0 \longrightarrow 105\%\sigma_{wn} \xrightarrow{\text{持荷 2min}} \sigma_{wn} \longrightarrow \text{锚固}$$

或

$$0 \longrightarrow 103\%\sigma_{wn} \longrightarrow \text{锚固} \tag{5.1}$$

应力松弛损失即钢材在常温、高应力状态下具有不断产生塑性变形的特点。松弛的数值与控制应力和延续时间有关，控制应力高，松弛也大，所以钢丝、钢绞线的松弛损失比冷拉热轧钢筋大。松弛损失还随着时间的延续而增加，但在第一分钟内可完成损失总值的50%左右，24h内则可完成80%。上述张拉程序，如先超张拉5%σ_{wn}再持荷2min，则可减少50%以上的松弛损失。超张拉3%σ_{wn}，亦是为了弥补预应力钢筋的松弛等原因所造成的预应力损失。

1）单根预应力钢筋张拉。单根张拉钢筋（丝）时，应按对称位置进行，并考虑下批张拉所造成的预应力损失。

在先张法台座上生产构件进行单根钢筋张拉，一般用小型电动螺杆张拉机，以弹簧、杠杆等设备测力。用弹簧测力时宜设置行程开关，以便张拉到规定的拉力时能自行停车。

2）多根钢筋同步张拉。先张法施工中常常会进行多根钢筋的同步张拉，当用钢台模以机组流水法或传送带法生产构件或在三横梁式、四横梁式台座上生产大型预应力构件时，多进行多根张拉，可用普通液压千斤顶进行张拉。张拉时要求钢丝的长度基本相等，以保证张拉后各钢筋的预应力相同，为此，事先应调整钢筋的初应力（可取5%～10%σ_{wn}），使每根均匀一致，然后再进行张拉。

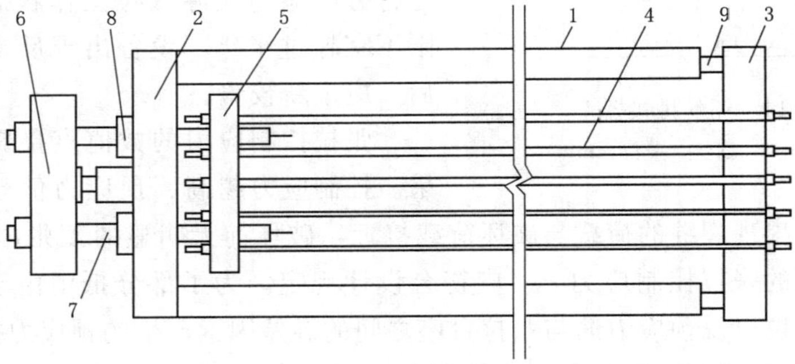

图5.15　液压千斤顶成组张拉

1—台模；2、3—前后横梁；4—钢筋；5、6—拉力架横梁；7—大螺丝杆；8—液压千斤顶；9—放松装置

多根预应力筋在张拉过程中，应抽查预应力值，其偏差不得大于或小于一个构件全部钢丝预应力总值的5%；其断丝或滑丝数量不得大于钢丝总数的3%。

3）张拉及锚固要求。张拉应以稳定的速率逐渐加大拉力，并保证使拉力传到横梁上，而不应使预应力筋或夹具产生次应力（如钢丝在分丝板、横梁或夹具处产生尖锐的弯曲）。锚固时，敲击锥塞或楔块应先轻后重，与此同时，倒开张拉机，放松钢丝，两者应密切配合，既要减少钢丝滑移，又要防止锤击力过大，导致钢丝在锚固夹具与张拉夹具处受力过大而断裂。

预应力筋张拉锚固后实际应力值与工程设计规定检验值的相对允许偏差为±5%。预应力筋的应力测量常选用测力传感器及配套仪表来完成。根据传感器的不同原理，测力传感器又分为电阻应变式传感器和振弦式测力传感器。先张法预应力筋张拉后与设计位置的偏差不得大于5mm，且不得大于构件截面短边边长的4%。

预应力钢筋张拉后，一般要校核其伸长值。其理论伸长值与实际伸长值的误差不应超过+10%、−5%。如果超过，应暂停张拉，查明原因，采取措施予以调整后，方可继续张拉施工。预应力筋的理论伸长值按下式计算：

$$\Delta l=\frac{F_P l}{A_P E_S} \tag{5.2}$$

式中　F_P——预应力筋的平均张拉力，kN；

l——预应力筋的长度，mm；

A_P——预应力筋的截面面积，mm^2；

E_S——预应力筋的弹性模量，kN/mm^2。

预应力筋的实际伸长值，宜在初应力约10%σ_{wn}时量测，但必须加上初应力以下的推算伸长值。

采用钢丝作预应力筋时，不作伸长值校核。但应在钢丝锚固后，用钢丝测力计检查钢丝应力，其偏差按一个构件全部钢丝的应力平均值计算，不得超过设计值的±5%。

2. 混凝土的浇筑与养护

为了尽量减少混凝土的收缩和徐变，以减少预应力损失，确定预应力混凝土的配合比时，应采用低水灰比，控制水泥用量，骨料采用良好的级配。

预应力筋张拉、绑扎和立模工作完成之后，即应浇筑混凝土，每条生产线应一次浇筑完毕，不允许留设施工缝。混凝土要保证振捣密实，特别是构件端部，以保证混凝土的强度和黏结。为保证钢丝与混凝土有良好的黏结，浇筑时振动器不应碰撞钢丝，混凝土未达到一定强度前也不允许碰撞或踩动钢丝。

预应力混凝土可采用自然养护或蒸汽养护。当预应力混凝土进行蒸汽养护时，预应力筋张拉后锚固在台座上，温度升高后预应力筋膨胀，而台座的温度和长度无变化，因而引起预应力筋的应力减少。如果在这种情况下混凝土逐渐硬结，而预应力筋由于温度升高而引起的应力减少则永远不能恢复，所以引起预应力损失。为了减少温差造成的预应力损失，应使混凝土在达到一定强度（粗钢筋配筋时为7.5MPa，钢丝、钢绞线配筋时为10MPa）之前，温差限制在一定范围内（一般不超过20℃）。以机组流水法或传送带法用钢模制作预应力构件时，由于钢模与预应力筋同步伸缩，故不存在因温差而引起的预应力损失，可进行一般的加热养护。

3. 预应力筋放张

预应力筋放张前，张拉力由台座承受，构件并未受到预应力，待预应力筋放张后，张拉力即靠钢筋与混凝土的黏结力施加于混凝土构件上。所以，放张预应力筋时，混凝土强度必须达到一定值，且混凝土与钢筋有足够的黏结力。施工规范规定放张预应力筋时混凝土强度必须符合设计要求；如设计无专门要求时，不得低于设计混凝土强度标准值的75%。放张过早会由于预应力筋回缩而引起较大的预应力损失或产生预应力筋滑动。

预应力混凝土构件在预应力筋放张前要对混凝土试块进行试压，以确定混凝土的实际强度。

(1) 放张顺序。预应力筋的放张顺序应符合设计要求，当设计无要求时，应符合下列规定。

1) 对承受轴心预压力的构件（压杆、桩等），所有预应力筋应同时放张。

2) 对承受偏心预压力的构件（如吊车梁），应先同时放张预压力较小区域的预应力筋，再同时放张预压力较大区域的预应力筋。

3) 如不能满足上述要求时，应分阶段、对称、相互交错进行放张，以防止在放张过程中构件产生翘曲、裂纹及预应力筋断裂等现象。

放张前应拆除侧模，使放张时构件能自由压缩，否则将损坏模板或造成构件开裂，对有横肋的构件（如大型屋面板），其横肋断面应有适宜的斜度，或采用活动模板，以免放张钢筋时构件端部开裂。

(2) 放张方法。配筋不多的中小型钢筋混凝土构件，钢丝可用砂轮锯或切断机切断等方法放张。配筋多的钢筋混凝土构件，钢丝应同时放张，如逐根放张，则最后几根钢丝将由于承受过大的拉力而突然断裂，易使构件端部开裂。

放张后预应力筋的切断顺序，一般由放张端开始，逐次切向另一端。

预应力筋为钢筋时，对热处理钢筋及冷拉Ⅳ级钢筋，不得用电弧切割，宜用砂轮锯或切断机切断。数量较多时，应同时放张，可用油压千斤顶、砂箱、楔块等装置。

1) 楔块放张。楔块装置放置在台座与横梁之间，放张预应力筋时，旋转螺母使螺杆向上运动，带动楔块向上移动，钢块间距变小，横梁向台座方向移动，便可同时放松预应力筋，如图5.16所示。楔块放张，一般用张拉力不大于300kN的情况。

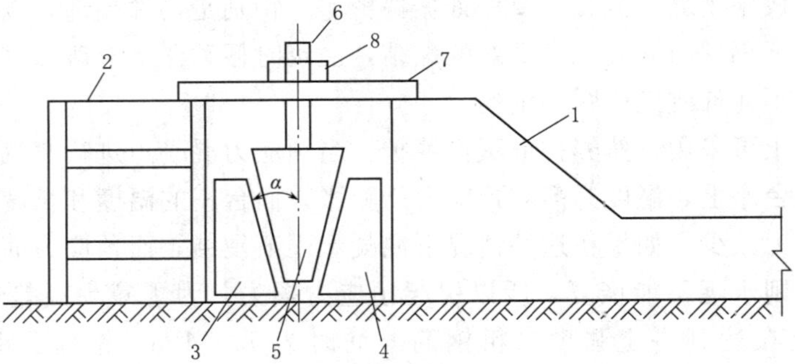

图5.16　楔块放张

1—台座；2—横梁；3、4—钢块；5—钢楔块；6—螺杆；7—承力板；8—螺母

2) 砂箱放张。砂箱装置放置在台座和横梁之间，它由钢制的套箱和活塞组成，内装石英砂或铁砂。预应力筋张拉时，砂箱中的砂被压实，承受横梁的反力。预应力筋放张时，将出砂口打开，砂缓慢流出，从而使预应力筋缓慢茶地放张。砂箱装置中的砂应采用干砂并选定适宜的级配，防止出现砂子压碎引起流不出的现象或者增加砂的空隙率，使预应力筋的预应力损失增加。采用砂箱放张，能控制放张速度，工作可靠，施工方便，可用于张拉力大于1000kN的情况，如图5.17所示。

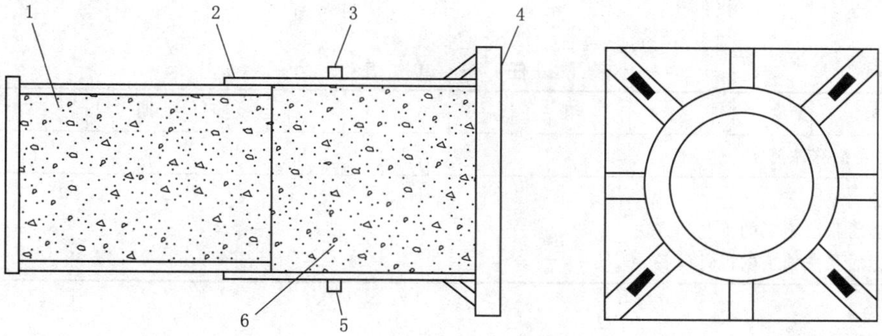

图5.17　砂箱装置示意图

1—活塞；2—钢套箱；3—进砂口；4—钢套箱底板；5—出砂口；6—砂子

学习情境　后张法施工

情境描述

某国际广场占地65亩，建筑平面为“品”字形，其中地下一层，地上四层，建筑层高多为4.7m，建筑面积达166642m²，单层达34000m²，建筑物采用现浇后张法预应力钢筋混凝土框架结构，预应力施加于主次梁。其中每层由104根内柱、62根外柱、主次梁构成，柱网尺寸为20m×20m，相应柱截面为1.1m，钢筋为63ϕ36和60ϕ32，梁、柱的混凝土设计强度等级为C50。

学习目标

1. 知识目标

（1）掌握后张法施工的工艺和方法。

（2）掌握后张法施工的机具设备。

2. 能力目标

（1）能进行预应力混凝土后张法施工。

（2）能根据施工条件，选择合适的施工机具设备。

3. 素质目标

（1）能针对问题提出合理的解决方案。

（2）养成自觉学习的习惯和能力。

4. 思政育人目标

（1）自觉执行水利行业规范、标准和规程。

（2）在工程建设中，践行勇于实践、甘于奉献的水利精神。

任务书

表5.6　任务单表

分组编号		组　长		日　期	
施工任务：后张法施工					
任务内容： 1. 掌握后张法施工的工艺和方法 2. 掌握后张法施工的机具设备					

任务分组

表5.7　学生任务分配表

班　级		分组编号		指导教师	
组长					
组员	姓名				
	学号				
	姓名				
	学号				
任务分工					

获取信息

学习内容：后张法施工的工艺流程和方法。可以通过学习情境的知识点、网络搜索、数字资源等多种形式获取信息，并完成下列问题。

引导问题1：什么是后张法施工？适用于什么条件？

工作计划

按照任务书要求，制定后张法施工实施方案，完成表5.8内容。

表 5.8　**后张法施工实施方案**

步　骤	工作内容	负责人	步　骤	工作内容	负责人
1			5		
2			6		
3			7		
4			8		

进行决策

（1）各小组选派代表详细阐述工作方案。

（2）各组对其他组的工作方案提出各自的不同看法。

（3）教师根据各组汇报的内容进行点评，提出方案存在的问题。

（4）各组根据教师和同学提出的意见进行完善修改。

工作实施

引导问题 2：后张法施工的工艺有哪些？与先张法有什么不同？

引导问题 3：后张法施工所用的机械设备有哪些？应如何选择？

引导问题 4：后张法施工孔道预留可以采用什么方法？各适用于什么条件？

引导问题5：如何穿预应力钢筋？如何张拉钢筋？

____

____

____

____

____

引导问题6：后张法如何进行孔道灌浆？

____

____

____

____

____

考核评价

表 5.9　　项目考核评价表

项目名称	评价内容	分值	评价结果		
			自评	互评	教师评
职业素养评价 40%	学习准备	7			
	安全责任意识	7			
	积极参与项目	10			
	沟通协作	6			
	纪律	10			
专业能力评价 60%	专业知识查找及时准确	15			
	引导问题填写准确完整	15			
	按时完成任务	15			
	完成质量	15			
创新性评价+5分	项目创新	5			
总分		105			
总评	自评（25%）+互评（25%）+教师评（50%）		教师（签名）：		

任务5.2　后 张 法 施 工

后张法是先制作混凝土构件，并在构件中按预应力筋的位置预先留设孔道，待构件混凝土强度达到设计规定值后，穿入预应力筋，用张拉机具进行张拉，最后利用锚具把张拉后的预应力筋锚固在构件的端部。预应力筋的张拉力，主要靠构件端部的锚具传给构件混凝土，使混凝土产生预压应力。张拉锚固后，立即在预留孔道内灌浆，使预应力筋不受锈蚀，并与构件形成整体。其优点是直接在构件上张拉，不需要专门的台座，现场生产时可避免构件的长途搬运，所以适宜于在现场生产的大型构件，特别是大跨度的构件，如薄腹梁、吊车梁和屋架等。后张法又可作为一种预制构件的拼装手段，可先在预制厂制作小型块体，运到现场后，穿入钢筋，通过施加预应力拼装成整体。但后张法需要在钢筋两端设置专门的锚具，这些锚具永远留在构件上，不能重复使用，耗用钢材较多，且要求加工精密，费用较高；同时，由于留孔、穿筋、灌浆及锚具部分预压应力局部集中处需加强配筋等原因，使构件端部构造和施工操作都比先张法复杂，所以造价一般比先张法高，如图5.18所示。

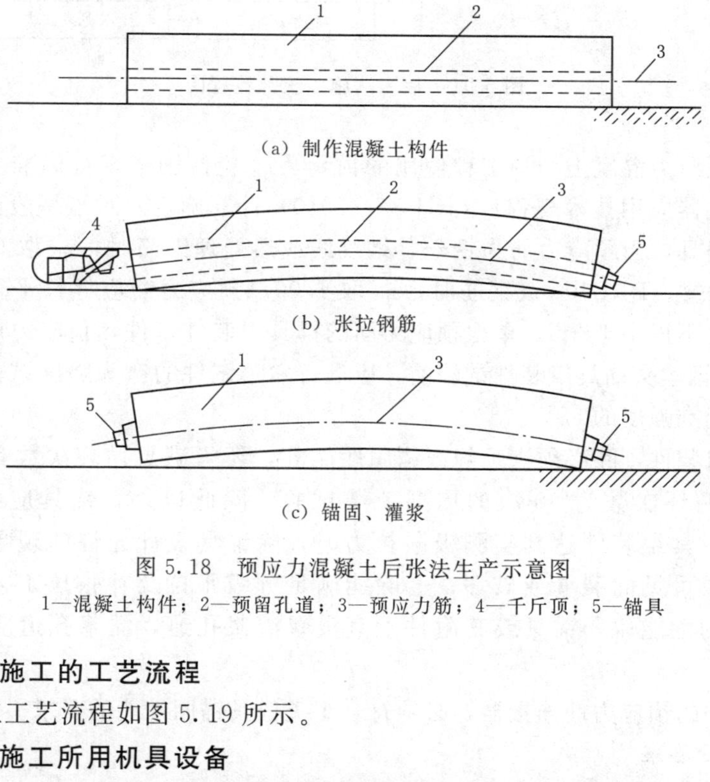

图5.18 预应力混凝土后张法生产示意图

1—混凝土构件；2—预留孔道；3—预应力筋；4—千斤顶；5—锚具

5.2.1 后张法施工的工艺流程

后张法施工工艺流程如图5.19所示。

5.2.2 后张法施工所用机具设备

在后张法中，预应力筋、锚具和张拉机具是配套的。目前，后张法中常用的预应力筋有单根粗钢筋、钢筋束（或钢绞线束）和钢丝束三类。它们是由冷拉HRB400、RRB400级钢筋，冷拉5号钢筋，碳素钢丝和钢绞线制作的。锚具有多种类型，锚具须具有可靠的锚固能力。张拉机具是液压千斤顶。

1. 锚具分类

后张法的锚具是结构的重要组成部分，锚具按其锚固性能分为两类。

Ⅰ类锚具：适用于承受动、静荷载的预应力混凝土结构。

Ⅱ类锚具：仅适用于有黏结预应力混凝土结构，且锚具只能处于预应力筋应力变化不大的部位。

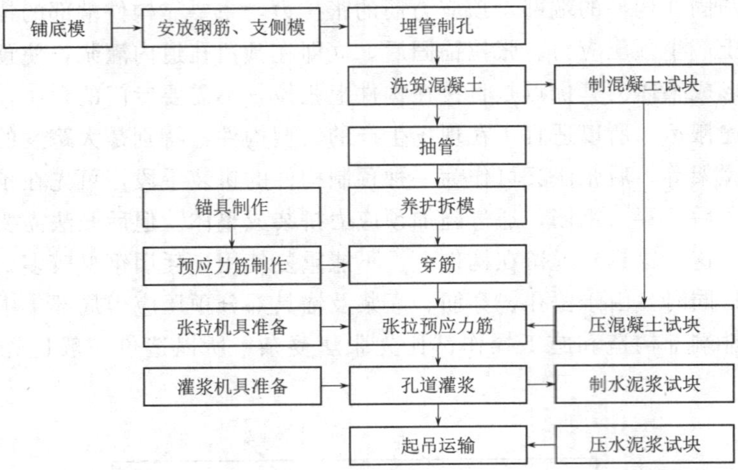

图5.19　后张法施工工艺流程图

对于重要预应力混凝土结构工程使用的锚具，η_P 应按国家现行标准《预应力筋用锚具、夹具和连接器应用技术规程》（JGJ 85—2010）计算确定。对于一般预应力混凝土结构工程使用的锚具，当预应力筋为钢丝、钢绞线或热处理钢筋时，η_P 取0.97；当预应力筋为冷拉HRB400、RRB400级钢筋时，η_P 取1.00。预应力筋应等长平行，使之受力均匀，其受力长度不得小于3m。单根预应力筋的锚具组装件试件，预应力筋的受力长度不得小于0.6m；钢丝头锚具组装件试验前，应进行六个试件的镦头强度试验，其镦头强度不得低于钢丝标准强度的98%。

Ⅰ类锚具组装件，除必须满足静载锚固性能外，还须满足循环次数为200万次的疲劳性能试验和循环次数为50次的周期荷载试验。除此以外，锚具应符合下列规定：①当预应力筋锚具组装件达到实测极限拉力时，除锚具设计允许的现象外，全部零件均不得出现肉眼可见的裂缝或破坏；②除能满足分级张拉及补张拉工艺外，宜具有能放松预应力筋的性能；③锚具或其附件上宜设置灌浆孔道，灌浆孔道应有使浆液通畅的截面面积。

用于后张法的预应力筋连接器，必须符合Ⅰ类锚具锚固性能的要求。

2. 锚具质量要求

预应力筋锚具、夹具和连接器验收批的划分，在同种材料和同一生产条件下，锚具、夹具应以不超过1000套组为一个验收批；连接器应以不超过500套组为一个验收批。锚具、夹具和连接器应有出厂合格证，并在进场时按规范规定验收。

（1）外观检查。应从每批中抽取10%但不少于10套的锚具检查其外观和尺寸。当有一套表面有裂纹或超过产品标准及设计图纸规定尺寸的允许偏差时，应另取双倍数量的锚具重做检查，如仍有一套不符合要求，则不得使用或逐套检查，合格者方可使用。

（2）硬度检查。应从每批中抽取5%但不少于5件的锚具，对其中有硬度要求的零件做硬度试验，对多孔夹片式锚具的夹片，每套至少抽取5片。每个零件测试3点，其硬度应在设计要求范围内，当有一个零件不合格时，应另取双倍数量的零件重做试验，如仍有一个零件不合格，则不得使用或逐个检查，合格者方可使用。

（3）静载锚固性能试验。经上述两项试验合格后，应从同批中抽取6套锚具（夹具或连接器）组成3个预应力筋锚具（夹具、连接器）组装件，进行静载锚固性能试验，当有一个试件不符合要求时，应另取双倍数量的锚具（夹具或连接器）重做试验；如仍有一套不合格，则该批锚具（夹具或连接器）为不合格品。

3. 锚具的应用

（1）单根粗钢筋锚具。单根粗钢筋一般指直径18～36mm冷拉HRB235、HRB335、HRB400级钢筋。

单根粗钢筋的锚具有两种：张拉端一般用螺丝端杆锚具，固定端一般用帮条锚具或镦头锚具。

1）螺丝端杆锚具。螺丝端杆锚具由螺丝端杆和螺母及垫板组成，如图5.20所示。螺丝端杆与预应力筋对焊连接，张拉设备张拉螺丝端杆用螺母锚固。螺丝端杆与预应力钢筋的焊接，应在预应力钢筋冷拉以前进行。预应力钢筋进行冷拉时，螺母应在端杆的端部，使拉力由螺母传至端杆和预应力筋。

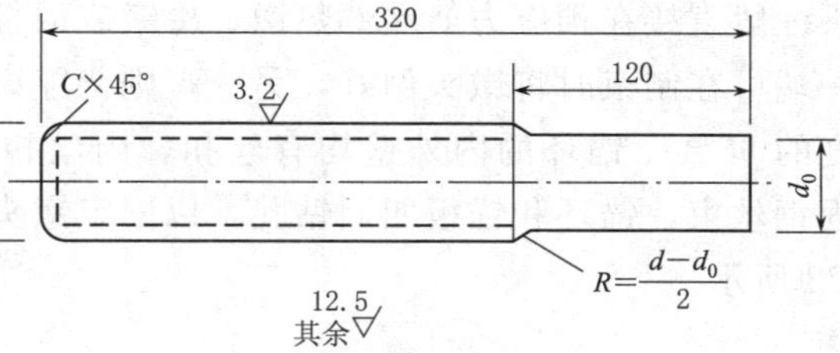

（a）螺丝端杆

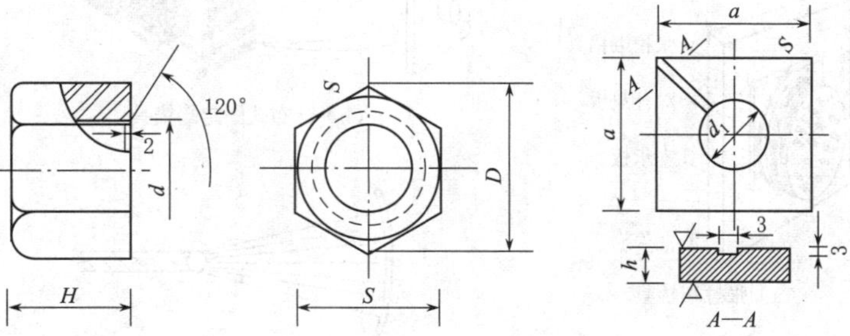

（b）螺母　　（c）垫板

图5.20　螺丝端杆锚具（单位：mm）

2）帮条锚具。帮条锚具是由一块方形或圆形衬板与三根互成120的钢筋帮条与预应力钢筋端部焊接而成，如图5.21所示。适用于锚固直径为12～40mm的冷拉HRB335、HRB400级钢筋。帮条应在预应力筋冷拉前焊接。

3）镦头锚具。镦头锚具由头和垫板组成。当预应力筋直径在22mm以内时，端部镦头可用对焊机热镦。当钢筋直径较大时可采用加热锻打成型。

镦头锚具有钢丝束镦头锚具和单根镦头夹具。钢丝束镦头锚具分A型和B型。A型由锚环和螺母组成，用于张拉端。B型为锚板，用于固定端。镦头锚具是利用钢丝的粗头来锚固预应力钢丝的。其特点是锚固性能可靠，锚固力大，张拉操作方便。但要求钢筋或钢丝束的长度有较高的精度。

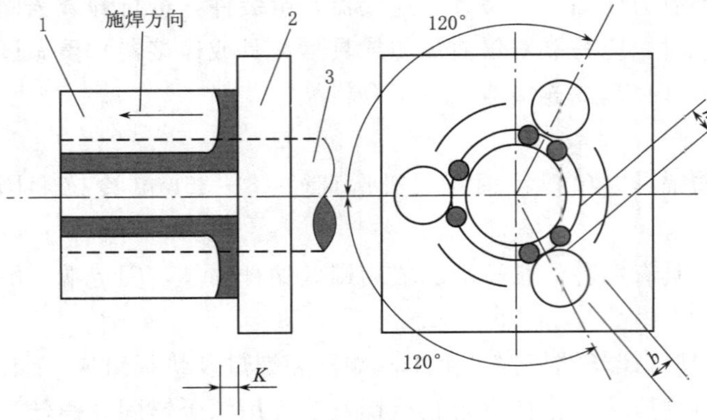

图5.21　帮条锚具

1—帮条；2—衬板；3—主筋

单根粗钢筋的镦头一般直接在预应力筋端部热镦、冷镦或锻打成型；钢丝用液压冷镦器进行镦头。钢丝束一端可在制束时将镦头做好，另一端则待穿束后镦头，镦头强度不得低于钢丝规定抗拉强度的98%。锚环的内外壁均有丝扣，内丝扣用于连接张拉螺杆，外丝扣用于拧紧螺母锚固钢丝束，锚环和锚板四周钻孔，以固定镦头的钢丝，孔数和间距由钢丝根数定，如图5.22所示。

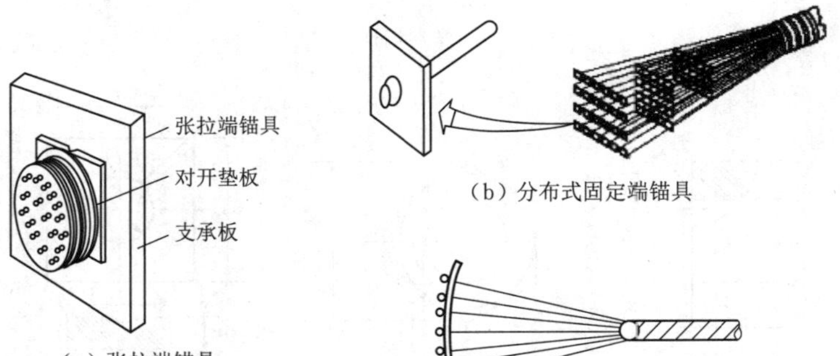

（a）张拉端锚具

（b）分布式固定端锚具

（c）集中式固定端锚具

图5.22　镦头锚具

（2）钢筋束和钢绞线束。钢筋束和钢绞线束常用的锚具有JM12、JM15型夹片式锚具，KT－Z型可锻铸铁锥形锚具和QM、XM型独立夹片锚具以及固定端用的钢筋镦头锚具。

1）JM型锚具。JM型锚具的构造如图5.23所示，根据夹片数量的不同，JM12型可锚固3～6根$\phi 12$钢绞线组成的钢绞线束。一般锚固哪一类钢筋，就在型号前加类别，和钢筋根数，如光JM12－5用于锚固5根$\phi 12$的光圆钢筋束，绞JM12－6用于锚固6根$\phi 12$的钢绞线束。

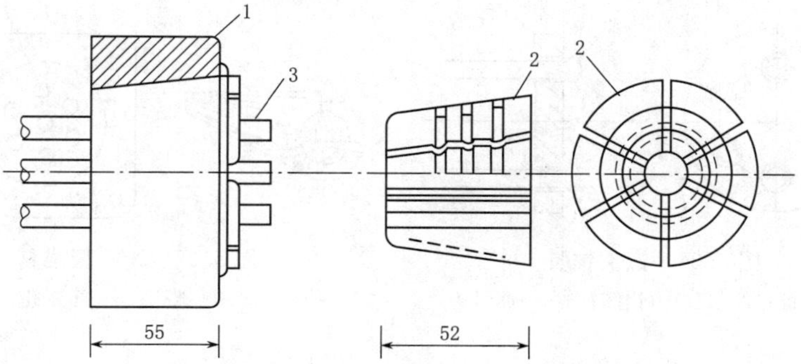

图 5.23　JM 型锚具（单位：mm）

1—锚环；2—夹片；3—预应力钢筋

2）KT－Z 型锚具。KT－Z 型锚具由可锻铸铁成型，由锚环和锥销组成，如图 5.24 所示。螺 KT－Z－3～6 型用于锚固 3～6 根 $\phi 12$ 钢筋组成的钢筋束，绞 KT－Z－3～6 型用于锚固 3～6 根 $\phi 12$ 钢绞线组成的钢绞线束。使用 KT－Z 型锚具时，由于锚环有锥度，预应力筋在通过锚环张拉时形成弯折，因而产生摩擦阻力导致预应力损失，损失值对于钢筋束约为控制应力的 4%，对于钢绞线约为控制应力的 2%。

使用 KT－Z 型锚具时，可用锥锚式双作用或三作用千斤顶，张拉前，预先将钢筋束或钢绞线束分束楔紧在千斤顶周边的锥形卡环上。三作用千斤顶可完成张拉、顶压、退楔三个过程，双作用千斤顶则不能退楔。图 5.25 为锥锚式三作用千斤顶。

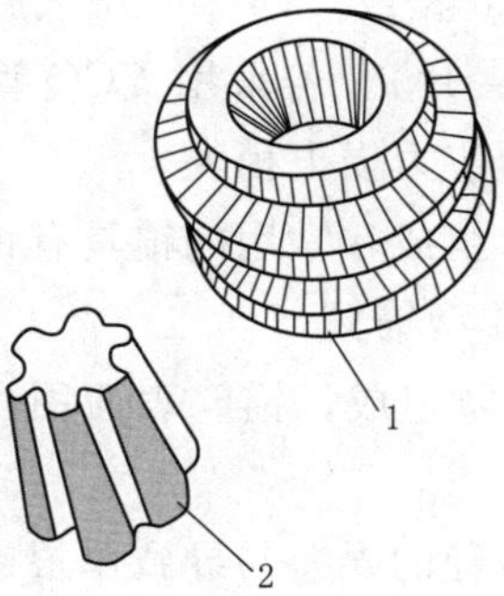

图 5.24　KT－Z 型锚具

1—锚环；2—锚塞

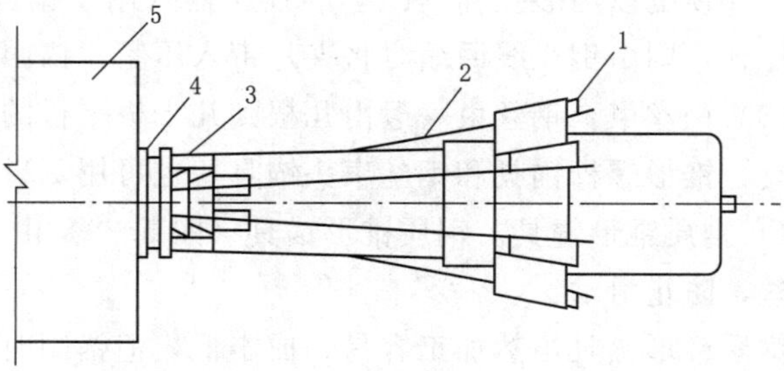

图 5.25　锥锚式三作用千斤顶

1—楔块；2—预应力钢筋；3—定位钢环；4— KT－Z 型锚具；5—构件

3）固定端用镦头锚具。固定端用镦头锚具（图 5.26）由带孔的锚固钢板和带镦头的钢筋组成，成本较其他锚具低，用于固定端锚固钢筋束。

4）XM 型和 QM 型锚具。XM 型锚具由带喇叭管的多孔锚板和能够相互独立工作的若干夹片组成（图 5.27），用于锚固钢筋束和钢绞线束。QM 型锚具也是由锚板与夹片组成，如图 5.28 所示。

XM 型的每组夹片由 3 个小夹片组成，夹片之间为斜开缝，QM 型夹片间为直开缝。锚板上仅开一孔的称为单孔锚，开有多孔的称为群锚。

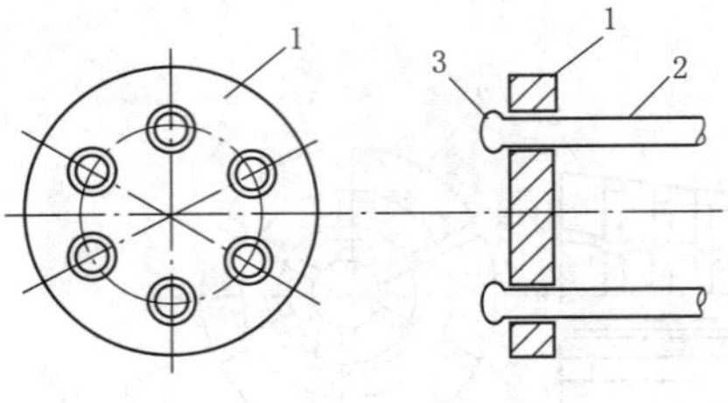

图 5.26　镦头锚具

1—锚板；2—预应力钢筋；3—钢筋镦头

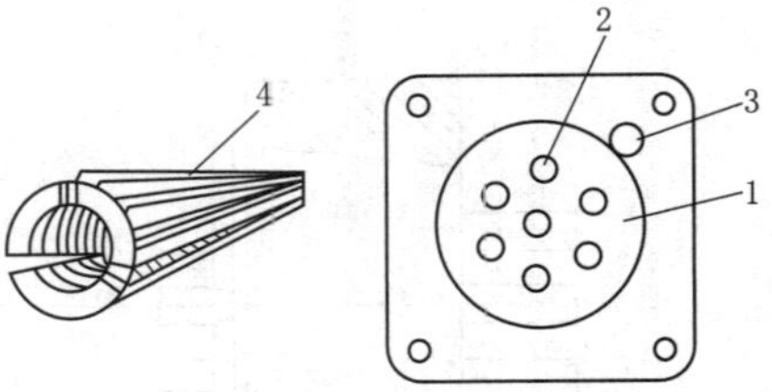

图 5.27　XM 型锚具

1—锚板；2—圆锥孔；3—灌浆孔；4—夹片

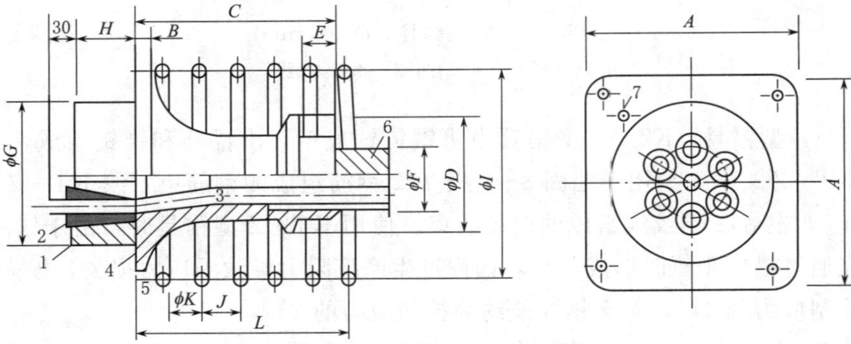

图 5.28　QM 型锚具及配件

1—锚板；2—夹片；3—钢绞线；4—喇叭形铸铁垫板；5—弹簧圈；6—波纹管；7—灌浆孔

配合 XM 型或 QM 型锚具的预应力张拉，可采用 YCD120 型或 YCD200 型大孔径穿心式千斤顶配以与多孔锚具配套的顶压器（用于锚固时压紧夹片）。若采用 YCQ 型穿心式千斤顶，则由钢绞线回缩时将夹片带入压紧，锚固造成的预应力损失稍大。

（3）钢丝束。钢丝束一般由几根到几十根平行的碳素钢丝组成，常用的锚具有钢质锥形锚具、锥形螺杆锚具和钢丝束头锚具，也可用 XM 型和 QM 型锚具。

1）钢质锥形锚具。钢质锥形锚具（图 5.29）由锚环和锚塞组成，锚塞表面用齿纹卡紧钢丝，防止滑动。

钢质锥形锚具虽然加工容易、成本低，但锚固时，钢丝直径的误差易导致单根或多根钢丝滑丝现象，且滑丝后难以补救。按施工规范要求，钢丝滑脱或断裂数严禁超过结构同一截面钢丝数量的 3%，且一束钢丝只允许滑脱或断裂一根。

2）锥形螺杆锚具。锥形螺杆锚具由带前端锥体的螺杆、螺母和套筒组成（图 5.30），用于锚固 14 根、16 根、20 根、24 根和 28 根直径 5mm 的钢丝组成的钢丝束。使用时先将预先下料编束的钢丝束用套筒锚固于螺丝端杆的锥体上，其张拉机具和张拉过程均和采用螺丝端杆锚具的单根粗钢筋相同，用拉伸机或 YC 型千斤顶张拉。

3）钢丝束镦头锚具。钢丝镦头锚具分为张拉端使用的 DM5A 型和固定端使用的 DM5B 型，如图 5.31 所示。DM5A 型由锚环和螺母组成，错环底板上钻有多个锚孔，用于穿过钢丝。内外壁均加工有螺纹，内螺纹用于张拉时连接张拉机的拉杆，外螺纹用于拧紧螺母锚固钢丝束。DM5B 型则比较简单，由钢板钻孔后制成。

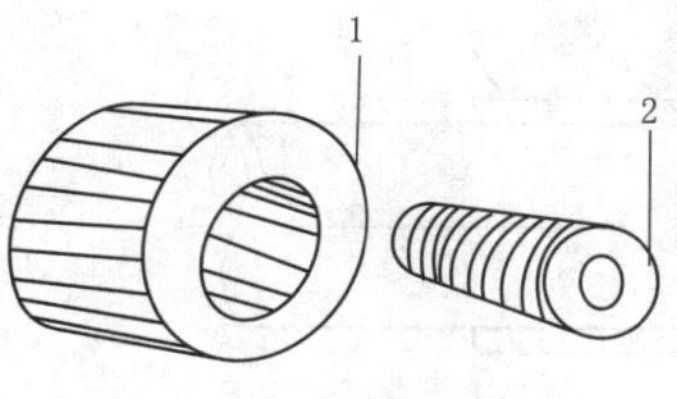

图 5.29　钢质锥形夹具

1—锚环；2—锚塞

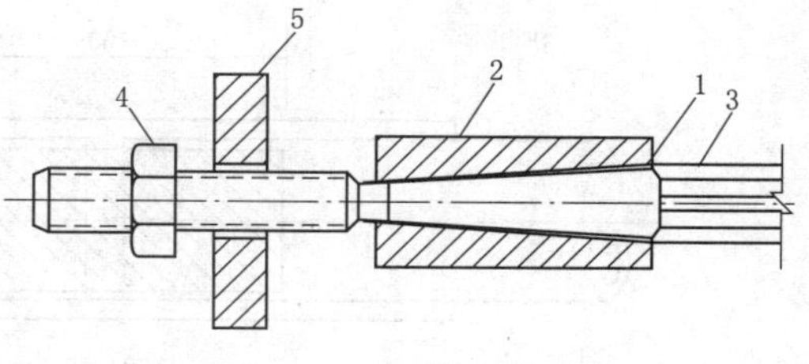

图 5.30　锥形螺杆锚具

1—锥体；2—套筒；3—预应力钢丝；4—螺母；5—垫板

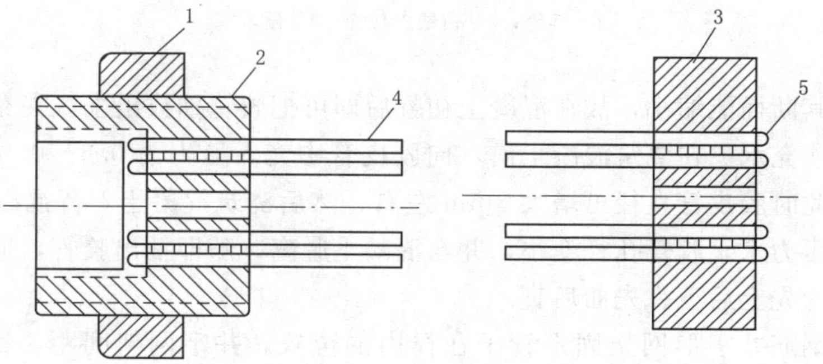

图 5.31　DM5A、DM5B 型镦头锚具

1—螺母；2—锚环；3—固定端锚板；4—预应力钢丝；5—镦头

5.2.3　后张法施工工艺

后张法施工中主要有孔道留设、预应力钢筋张拉和孔道灌浆三部分施工工序。

5.2.3.1　孔道留设

孔道的直径一般比预应力钢筋（束）外径（包括钢筋对焊接头处外径或必须穿过孔道的锚具外径）大 10～15mm，以利于预应力钢筋穿入。孔道的留设方法有抽芯法和预埋管法。

1. 抽芯法

抽芯法具有施工简单、价格便宜的优点。但对大跨度结构、大型的或形状复杂的特种结构及多跨连续结构等，因孔道密集难以适应。抽芯法一般有两种：钢管抽芯法与胶管抽芯法。

(1) 钢管抽芯法。钢管抽芯法用于留设直线孔道时，预先将钢管埋设在模板内的孔道位置外。钢管要平直，表面要光滑，每根长度最好不超过 15m，钢管两端应各伸出构件约 500mm。较长的构件可采用两根钢管，中间用套管连接，如图 5.32 所示。在混凝土浇筑过程中和混凝土初凝后，每间隔一定时间慢慢转动钢管，不让混凝土与钢管黏结牢固，等到混凝土终凝前抽出钢管。抽管过早，会造成坍孔事故；太晚，则混凝土与钢管黏结牢固，抽管困难。一般抽管时间在浇筑后 3～6h。抽管顺序宜先上后下，抽管可采用人工或用卷扬机，速度必须均匀，边抽边转，使孔道保持直线。抽管后应及时检查孔道情况，做好孔道清理工作。

(2) 胶管抽芯法。胶管抽芯法不仅可以留设直线孔道，也可留设曲线孔道，胶管弹性好，便于弯曲，一般有五层或七层夹布胶管和钢丝网橡皮管两种。胶管具有一定弹性。在

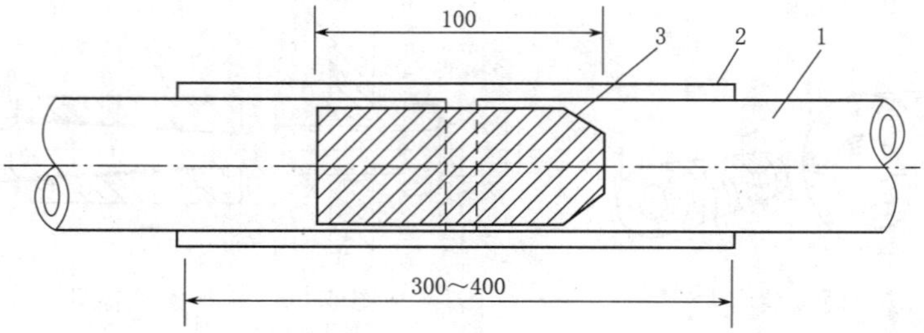

图 5.32　钢管连接方式（单位：mm）

1—钢管；2—白铁皮套管；3—硬木塞

拉力作用下，其断面能缩小，故在混凝土初凝后即可把胶管抽拔出来。夹布胶管质软，必须在管内充气或充水。在浇筑混凝土前，向胶皮管中充入压力为0.6～0.8MPa的压缩空气或压力水。此时胶皮管直径可增大3mm左右，然后浇筑混凝土，待混凝土初凝后，放出压缩空气或压力水，胶管孔径变小，并与混凝土脱离，随即抽出胶管，形成孔道。抽管顺序，一般应为先上后下、先曲后直。

一般采用钢筋井字形网架固定管子在模内的位置。井字网架间距：钢管为1～2m；胶管直线段一般为500mm左右，曲线段为300～400mm。

2. 预埋管法

预埋管法是利用与孔道直径相同的金属波纹管埋在构件中，无需抽出，一般采用黑铁皮管、薄钢管或镀锌双波纹金属软管制作。预埋管法因省去抽管工序、且孔道留设位置、形状易得到保证，故目前应用较为普遍。金属波纹软管具有质量轻、刚度好、弯折方便、连接简单、与混凝土黏结较好等优点。金属波纹管每根长4～6m，内径50～100mm，管壁厚0.25～0.3mm。除圆形管外，近年来又研制成一种扁形波纹管，可用于板式结构中，扁管的长边边长为短边边长的2.5～4.5倍。施工过程中，也可以根据需要进行现场制作。使用之前应作灌水试验，检查有无渗漏现象。波纹管的固定采用钢筋井字架，间距不宜大于0.8m，曲线孔道时应加密，并用铁丝绑扎牢。波纹管的连接可采用大一号的同型波纹管，接头管的长度为200mm，密封胶带封口。

预埋管法一般用于采用钢丝或钢绞线作为预应力钢筋的大型构件或结构中，可直接把下好料的钢丝、钢绞线在孔道成型前就穿入波纹管中，这样可以省掉穿束工序，也可待孔道成型后再进行穿束。

对连续结构中呈现波浪状布置的曲线束，且高差较大时，应在孔道的每个峰顶处设置泌水孔。起伏较大的曲线孔道，应在弯曲的低点处设置排水孔；对于较长的直线孔道，应每隔12～15m设置排气孔。泌水孔、排气孔必要时可考虑作为灌浆孔用。

5.2.3.2　预应力钢筋张拉

1. 预应力筋穿束

根据穿束与浇筑混凝土之间的先后关系，可分为先穿束和后穿束两种方法。在浇筑混凝土之前穿束称为先穿束法，适用于埋入式固定端或采用连接器施工工程。穿束方法有先穿束后装管、先装管后穿束和两者组装后放入就位等。后穿束是在浇筑混凝土之后，在预留孔道中穿束。

人工穿束是利用起重设备将预应力筋吊起，由人力将预应力筋逐步穿入孔内。此时束的前端应扎紧并裹胶布，以便顺利通过孔道。适用于直线孔道及长度小于50m两跨曲线束。卷扬机穿束主要用于超长束、特重束、多波曲线束等整束穿人的工程。束的前端应装有穿束网套或特制的牵引头。穿束机穿束适用于大型桥梁或构筑物单根穿钢绞线情况。穿束时钢绞线前端应套上一个子弹头形壳帽。

2. 预应力钢筋张拉

（1）钢筋的张拉应力。预应力钢筋的张拉是制作预应力构件的关键，必须按规范有关规定精心施工。张拉时构件或结构的混凝土强度应符合设计要求，当设计无具体要求时，不应低于设计强度标准值的75%。

预应力张拉控制应力应符合设计要求及最大张拉控制应力有关规定。其中后张法控制应力值低于先张法，这是因为后张法构件在张拉钢筋的同时，混凝土已受到弹性压缩，张拉力可以进一步补足；而先张法构件，是在预应力钢筋放松后，混凝土才受到弹性压缩，这时张拉力无法补足。此外，混凝土的收缩、徐变引起的预应力损失，后张法也比先张法小。

为了减小预应力钢筋的松弛损失等，与先张法一样采用超张拉法，其张拉程序为

$$0 \longrightarrow 105\%\sigma_{wn} \xrightarrow{\text{持荷 2min}} \sigma_{wn} \longrightarrow \text{锚固}$$

或

$$0 \longrightarrow 103\%\sigma_{wn} \longrightarrow \text{锚固} \tag{5.3}$$

（2）钢筋的张拉方法。张拉方法有一端张拉和两端张拉。两端张拉，宜先在一端张拉，再在另一端补足张拉力。如有多根可一端张拉的预应力钢筋，宜将这些预应力钢筋的张拉端分别设在结构的两端。长度不大的直线预应力钢筋，可一端张拉。曲线预应力钢筋应两端张拉。抽芯成孔的直线预应力钢筋，长度大于24m时应两端张拉，不大于24m时可一端张拉。预埋波纹管成孔的直线预应力钢筋，长度大于30m时应两端张拉，不大于30m时可一端张拉。竖向预应力结构宜采用两端分别张拉的方法，且以下端张拉为主。

安装张拉设备时，应使直线预应力钢筋张拉力的作用线与孔道中心线重合；曲线预应力钢筋张拉力的作用线与孔道中心线末端的切线重合。

（3）预应力值的校核。张拉控制应力值除了靠油压表读数来控制外，在张拉时还应测定预应力钢筋的实际伸长值。若实际伸长值与计算伸长值相差10%以上时，应检查原因，修正后再重新张拉。预应力钢筋的计算伸长值可由式（5.4）求得

$$\Delta L = \frac{\sigma_{wn}}{E_s} L \tag{5.4}$$

式中　ΔL——预应力钢筋的伸长值，mm；

σ_{wn}——预应力钢筋张拉控制应力，N/mm^2（如需超张拉 σ_{wn} 取实际超张拉的应力值）；

E_s——预应力钢筋的弹性模量，N/mm^2；

L——预应力钢筋的长度，mm。

（4）张拉顺序。当构件或结构有多根预应力钢筋（束）时，应分批张拉。张拉时宜对称进行，避免引起偏心。在进行预应力钢筋张拉时，可采用一端张拉法，也可采用两端同

时张拉法。当采用一端张拉时，为了克服孔道摩擦力的影响，使预应力钢筋的应力得以均匀传递，反复张拉 2～3 次，可以达到较好的效果。

采用分批张拉时，应考虑后批张拉预应力钢筋所产生的混凝土弹性压缩对先批预应力钢筋的影响，即应在先批张拉的预应力钢筋的张拉应力中增加 $E_s/E_b \cdot \sigma_h$。

先批张拉的预应力钢筋的控制应力 σ_{wn}^1 应为

$$\sigma_{wn}^1 = \sigma_{wn} + \frac{E_s}{E_b}\sigma_h \tag{5.5}$$

式中　σ_{wn}^1——先批预应力钢筋张拉控制应力，N/mm^2；

σ_{wn}——设计控制应力（即后批预应力钢筋张拉控制应力），N/mm^2；

E_s——预应力钢筋的弹性模量，N/mm^2；

E_b——混凝土的弹性模量，N/mm^2；

σ_h——张拉后批预应力钢筋时已张拉预应力钢筋重心处产生的法向应力，N/mm^2。

对于平卧叠层浇筑的构件，张拉时应考虑由于上下层间的摩阻引起的预应力损失，可由上至下逐层加大张拉力。对于钢丝、钢绞线、热处理钢筋。底层张拉力不宜比顶层张拉力大 5%：对于冷拉Ⅱ～Ⅳ级钢筋，底层张拉力宜比顶层张拉力大 9%，且不得超过最大张拉控制应力允许值。如果隔离层效果较好，也可采用同一张拉值。

5.2.3.3　孔道灌浆

后张法预应力钢筋张拉、锚固完成后，应立即进行孔道灌浆工作，以防锈蚀，提高结构的耐久性。

灌浆用的水泥浆，除应满足强度和黏结力的要求外，应具有较大的流动性和较小的干缩性和泌水性。应采用不低于 42.5 的普通硅酸盐水泥；水灰比宜为 0.4 左右。对于空隙大的孔道可采用水泥砂浆灌浆，水泥浆及水泥砂浆的强度均不得小于 $20N/mm^2$。为增加灌浆密实度和强度，可使用一定比例的膨胀剂和减水剂。减水剂和膨胀剂均应事前检验，不得含有导致预应力钢材锈蚀的物质。建议拌和后的收缩率应小于 2%，自由膨胀率不大于 5%。

灌浆前孔道应湿润、洁净。对于水平孔道，灌浆顺序应先灌下层孔道，后灌上层孔道。对于竖直孔道，应自下而上分段灌注，每段高度视施工条件而定，下段顶部及上段底部应分别设置排气孔和灌浆孔。灌浆压力以 0.5～0.6MPa 为宜。灌浆应缓慢均匀地进行，不得中断，并应排气通畅。不掺外加剂的水泥浆，可采用二次灌浆法，以提高密实度。

学习情境　无黏结预应力混凝土施工

情境描述

小浪底水利枢纽共设 3 条排沙洞，洞长均为 1100m 左右，分别由进口闸室、弯段、洞身段、出口闸室、下游明流槽和挑流鼻坎组成。排沙洞以防渗帷幕线为界，分为上游洞段和下游洞段。上游洞段，水击影响较弱，采用普通钢筋混凝土衬砌，衬砌厚度为 70cm；下游洞段水击影响明显增强，采用双圈环绕无黏结后张法预应力混凝土衬砌，衬砌厚度为 65cm，预应力段总长度为 2169m。在 1 号排沙洞的上游洞段，设计了两块预应力混凝土的生产性试验段。

学习目标

1. 知识目标

（1）掌握无黏结预应力混凝土施工方法。

（2）了解无黏结预应力混凝土的特点。

2. 能力目标

（1）能根据设计要求制作无黏结预应力筋。

（2）能根据项目特点进行无黏结预应力混凝土施工。

3. 素质目标

（1）能针对问题提出合理的解决方案。

（2）养成自觉学习的习惯和能力。

4. 思政育人目标

（1）自觉执行水利行业规范、标准和规程。

（2）在工程建设中，践行勇于实践、甘于奉献的水利精神。

任务书

表 5.10　　任务单表

分组编号		组　长		日　期	
施工任务：无黏结预应力混凝土施工					
任务内容 1. 掌握无黏结预应力混凝土施工方法 2. 了解无黏结预应力混凝土的特点					

任务分组

表 5.11　　学生任务分配表

班　级			分组编号		指导教师	
组长						
组员	姓名					
	学号					
	姓名					
	学号					
任务分工						

获取信息

学习内容：无黏结预应力混凝土的施工方法。可以通过学习情境的知识点、网络搜索、数字资源等多种形式获取信息，并完成下列问题。

引导问题1：什么是无黏结预应力混凝土？有什么优点？

工作计划

按照任务书要求，制定无黏结预应力混凝土施工实施方案，完成表5.12内容。

表5.12　无黏结预应力混凝土施工实施方案

步　骤	工作内容	负责人	步　骤	工作内容	负责人
1			5		
2			6		
3			7		
4			8		

进行决策

(1) 各小组选派代表详细阐述工作方案。

(2) 各组对其他组的工作方案提出各自的不同看法。

(3) 教师根据各组汇报的内容进行点评，提出方案存在的问题。

(4) 各组根据教师和同学提出的意见进行完善修改。

工作实施

引导问题2：如何制作无黏结预应力钢筋？

引导问题3：无黏结预应力混凝土施工工艺有哪些？

引导问题4：无黏结预应力钢筋的张拉和锚固方法有哪些？

____

____

____

____

考核评价

表5.13 项目考核评价表

项目名称	评价内容	分值	评价结果		
			自评	互评	教师评
职业素养评价 40%	学习准备	7			
	安全责任意识	7			
	积极参与项目	10			
	沟通协作	6			
	纪律	10			
专业能力评价 60%	专业知识查找及时准确	15			
	引导问题填写准确完整	15			
	按时完成任务	15			
	完成质量	15			
创新性评价+5分	项目创新	5			
总分		105			
总评	自评（25%）+互评（25%）+教师评（50%）		教师（签名）：		

任务5.3 无黏结预应力混凝土施工

无黏结预应力是指在预应力构件中的预应力筋与混凝土没有黏结力，预应力筋张拉力完全靠构件两端的锚具传递给构件。

无黏结预应力起源于20世纪50年代的美国，我国20世纪80年代初应用于实际工程中。无黏结后张预应力混凝土是在浇筑混凝土之前，把预先加工好的无黏结筋与普通钢筋一样直接放置在模板内，然后浇筑混凝土，待混凝土达到设计强度时，即可进行张拉。它与有黏结预应力混凝土的不同之处就在于：不需在放置预应力钢筋的部位预先留设孔道和沿孔道穿筋；预应力钢筋张拉完后，不需进行孔道灌浆。

5.3.1 无黏结预应力钢筋的制作

5.3.1.1 锚具

无黏结预应力构件中，锚具是把预应力筋的张拉力传递给混凝土的工具。因此，无黏结预应力筋的锚具有更高的要求。无黏结筋的锚具性能，应符合Ⅰ类锚具的规定。

我国主要采用高强钢丝和钢绞线作为无黏结预应力筋。高强钢丝预应力筋主要用镦头锚具；钢绞线作为无黏结预应力筋，则采用XM型锚具。

5.3.1.2　无黏结预应力钢筋的制作

无黏结预应力是指在预应力构件中的预应力筋与混凝土没有黏结力，预应力筋张拉力完全靠构件两端的锚具传递给构件。具体做法是预应力筋表面刷涂料并包塑料布（管）后，将其铺设在支好的构件模板内，并浇筑混凝土，待混凝土达到规定强度后进行张拉锚固。

预应力筋的锚具不仅受力比有黏结预应力筋的锚具大，而且承受的是重复荷载。因而对无黏施工时与普通混凝土一样，将钢筋放入设计位置可以直接浇混凝土，不必预留孔洞、穿筋、灌浆，简化施工程序，由于无黏结预应力混凝土有效预压应力增大，降低造价，同时摩擦力小，且易弯成多跨曲线型，特别适用于大跨度的单、双向连续多跨曲线配筋梁板结构和屋盖。

1. 无黏结预应力筋的制作与铺放

无黏结预应力筋主要有预应力钢材、涂料层、外包层和锚具组成，如图5.33所示。

无黏结预应力筋所用钢材主要有消除应力钢丝和钢绞线。钢丝和钢绞线不得有死弯，有死弯时必须切断，每根钢丝必须通长，严禁有接点。

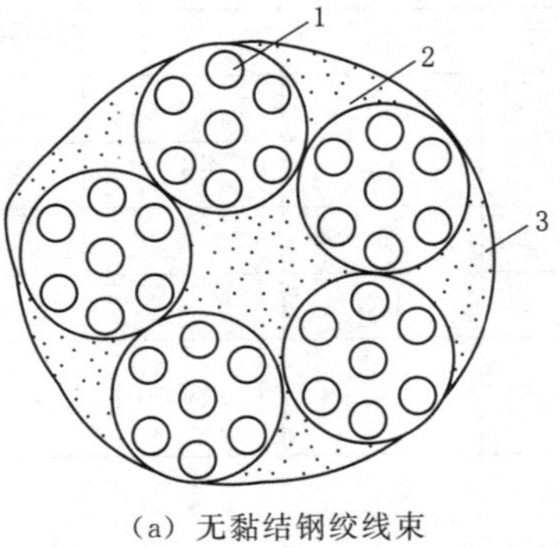

(a) 无黏结钢绞线束

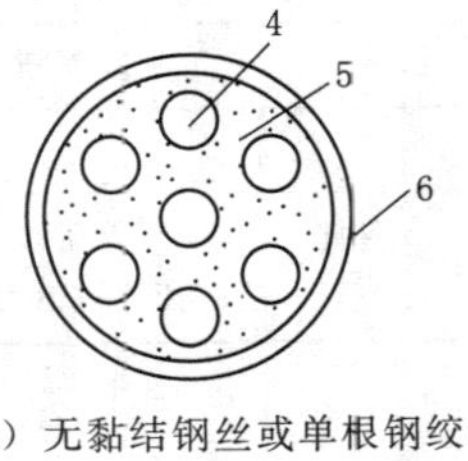

(b) 无黏结钢丝或单根钢绞线

图5.33　无黏结预应力筋横截面示意图

1—钢绞线；2—沥青涂料；3—塑料布外包层；4—钢丝；5—油脂涂料；6—塑料管、外包层

涂料层的作用是使预应力筋与混凝土隔离，减少张拉时的摩擦损失，防止预应力筋腐蚀等。常用涂料主要有防腐沥青和防腐油脂。涂料应有较好的化学稳定性和韧性；在−20～+70℃温度范围内应不开裂、不变、不流淌，能较好地黏附在钢筋上；涂料层应不透水、不吸湿、润滑性好、摩阻力小。

外包层主要由塑料带或高压聚乙烯塑料管制作而成。外包层应具有在−20～+70℃温度范围内不脆化、化学稳定性高，具有抗破性强和足够的韧性，防水性好且对周围材料无侵蚀作用。塑料使用前必须烘干或晒干，避免成型过程中由于气泡引起塑料表面开裂。单根无黏结筋制作时，宜优先选用防腐油脂之间有一定的间隙，使预应力筋能在塑料套管中任意滑动。成束无黏结预应力筋可用防腐沥青或防腐油脂作涂料层。当使用防腐沥青时，应用密缠塑料带作外包层，塑料带各圈之间的搭接宽度不应小于带宽的1/2，缠绕层数不小于4层。

无黏结预应力筋铺放之前，应及时检查其规格尺寸和数量，逐根检查并确认其端部组装配件可靠无误后，方可在工程中使用。铺放前应通过计算确定无黏结预应力筋的位置，其竖向高度宜采用支撑钢筋控制，也可与其他钢筋绑扎，无黏结预应力筋束形控制点的设计位置偏差，应符合表5.14的规定。

表5.14　　束形控制点的设计位置允许偏差　　单位：mm

截面高（厚）度	$h \leqslant 300$	$300 < h \leqslant 1500$	$h > 1500$
允许偏差	±5	±10	±15

当采用多根无黏结预应力筋平行带状布束时，每束不宜超过5根无黏结预应力筋，并应采取可靠的支撑固定措施，保证同束中各根无黏结预应力筋具有相同的矢高，带状束在锚固端应平顺地张开。

混凝土浇筑时，严禁踏压撞碰无黏结预应力筋、支撑架以及端部预埋部件。张拉端固定端混凝土必须振捣密实。

2. 无黏结预应力筋的张拉和锚固

预应力筋张拉时，混凝土强度应符合设计要求，当设计无要求时，混凝土的强度应达到设计强度的75%方可开始张拉。张拉程序一般采用0～103%σ_{con}以减少无黏结预应力筋的松弛损失。张拉顺序应根据预应力筋的铺设顺序进行，先铺设的先张拉，后铺设的后张拉。当预应力筋的长度小于25m时，宜采用一端张拉，若长度大于25m时，宜采用两端张拉；长度超过50m时，宜采取分段张拉。

（1）张拉端的处理。无黏结预应力筋采用钢丝束镦头锚具时，其张拉端头处理如图5.34所示。其中塑料套筒供钢丝束张拉时锚环从混凝土中拉出来用，软塑料管是用来保护无黏结钢丝末端因穿锚筒内产生空隙，必须用油枪通过锚环的注油孔向套内注满防腐油脂，灌油后将外露锚具封闭好，避免长期与大气接触造成锈蚀。采用无黏结钢绞线夹片锚具时，张拉端头构造简单，无须另加设施。张拉端头钢绞线预留长度不小于150mm，多余割掉，然后在锚具及承压板表面涂以防水涂料，再进行封闭。锚固区可以用后浇的钢筋混凝土圈梁封闭，将锚具外伸的钢绞线散开打弯、埋在梁内加强，如图5.35所示。

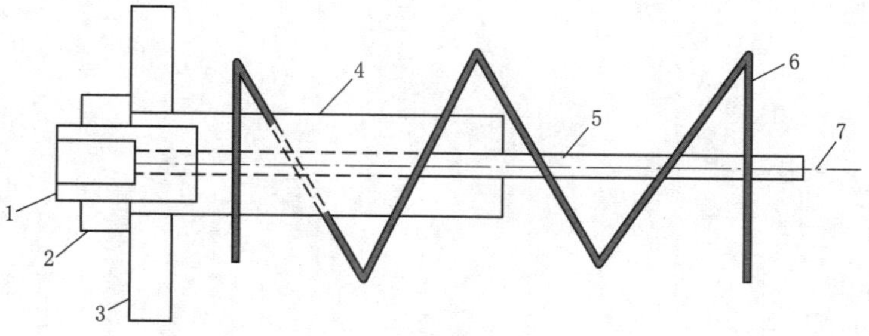

图5.34　镦头锚固系统张拉端

1—锚环；2—螺母；3—承压板；4—塑料套筒；5—软塑料管；6—螺旋筋；7—无黏结筋

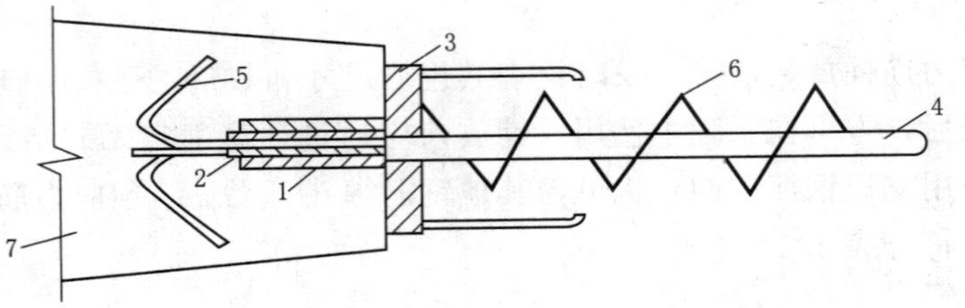

图 5.35　夹片式锚具张拉端处理

1—锚环；2—夹片；3—承压板；4—无黏结筋；5—散开打弯钢丝；6—螺旋筋；7—后浇混凝土

（2）固定端处理。无黏结筋的固定端可设置在构件内。当采用无黏结钢丝束时，固定端可采用扩大的镦头锚板，并用螺旋筋加强，如图 5.36（a）所示。施工中如端头无黏结构配筋时，需要配置构造钢筋，使固定端板与混凝土之间有可靠锚固性能。当采用无黏结钢绞线时，锚固端可采用压花成型，使固定端板与混凝土之间有可靠锚固性能。当采用无黏结钢绞线时，锚固端可采用压花成型，如图 5.36（b）所示，埋置在设计部位。这种做法的关键是张拉前锚固端的混凝土强度等级必须达到设计强度（不小于 C40），才能形成可靠的黏结式锚头。

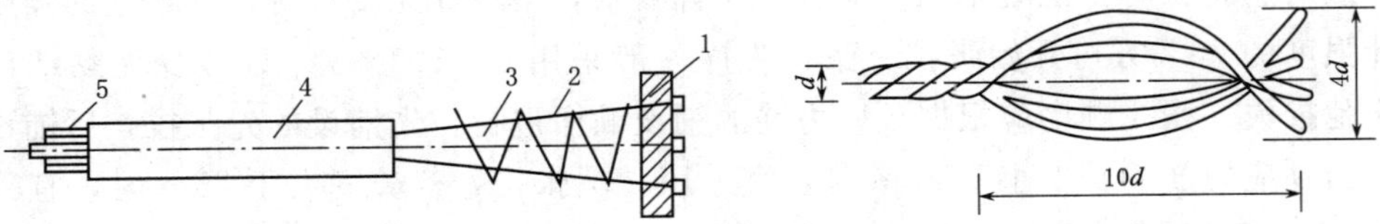

（a）无黏结钢丝束固定端　　（b）钢绞线固定端

图 5.36　无黏结筋固定端详图

1—锚板；2—钢丝；3—螺旋筋；4—软塑料管；5—无黏结钢丝束

项目6　水下混凝土施工

项目6
水下混凝土施工

学习情境　水下混凝土配合比设计

情境描述

某高速公路桥梁桩基采用钻孔桩，导管法施工，C40高性能混凝土，混凝土要求现场施工坍落度为160～200mm。由于水下混凝土所处的特殊环境和不利条件，必须具有足够的强度和良好性能。因此，该工程混凝土配合比设计的目标是在满足设计技术指标及施工要求的前提下，达到高性能、抗裂性、低热性、体积稳定性、良好工作性和经济合理性。

学习目标

1. 知识目标

（1）掌握水下混凝土施工原材料的要求。

（2）掌握水下混凝土配合比设计方法。

2. 能力目标

（1）能根据工程要求选择合适的原材料。

（2）能根据项目特点设计混凝土配合比。

3. 素质目标

（1）能针对问题提出合理的解决方案。

（2）养成自觉学习的习惯和能力。

4. 思政育人目标

（1）自觉执行水利行业规范、标准和规程。

（2）在工程建设中，践行勇于实践、甘于奉献的水利精神。

任务书

表6.1　　任　务　单　表

分组编号		组　长		日　期	
施工任务：水下混凝土配合比设计					
任务内容： 1. 掌握水下混凝土施工所用原材料的要求 2. 掌握水下混凝土施工配合比设计的方法					

任务分组

表 6.2　　学生任务分配表

班　级		分组编号		指导教师	
组长					
组员	姓名				
	学号				
	姓名				
	学号				
任务分工					

获取信息

学习内容：水下混凝土施工的原材料要求和配合比设计方法。可以通过学习情境的知识点、网络搜索、数字资源等多种形式获取信息，并完成下列问题。

引导问题 1：什么是水下混凝土？

引导问题 2：什么是水下不分散混凝土？什么是水下自密实混凝土？

工作计划

按照任务书要求，制定水下混凝土施工配合比设计实施方案，完成表 6.3 内容。

表 6.3　　水下混凝土配合比设计实施方案

步　骤	工作内容	负责人	步　骤	工作内容	负责人
1			5		
2			6		
3			7		
4			8		

进行决策

（1）各小组选派代表详细阐述工作方案。

（2）各组对其他组的工作方案提出各自的不同看法。

（3）教师根据各组汇报的内容进行点评，提出方案存在的问题。

（4）各组根据教师和同学提出的意见进行完善修改。

工作实施

引导问题 3：水下混凝土施工对原材料有哪些要求？

引导问题 4：水下混凝土配合比设计的方法有哪些？

考核评价

表 6.4　　项目考核评价表

项目名称	评 价 内 容	分值	评 价 结 果		
			自评	互评	教师评
职业素养评价 40%	学习准备	7			
	安全责任意识	7			
	积极参与项目	10			
	沟通协作	6			
	纪律	10			

续表

项目名称	评　价　内　容	分值	评　价　结　果		
			自评	互评	教师评
专业能力评价 60%	专业知识查找及时准确	15			
	引导问题填写准确完整	15			
	按时完成任务	15			
	完成质量	15			
创新性评价+5分	项目创新	5			
总分		105			
总评	自评（25%）+互评（25%）+教师评（50%）		教师（签名）：		

水下混凝土施工是指把拌制的流态混凝土用工程手段送入水下预定部位成型和硬化的过程。主要适用于围堰、混凝土防渗墙、河道护岸等工程的防渗墙结构或基础工程，水下建筑物加固与水下抗磨蚀部位混凝土的修补等工程。

水下混凝土可分为水下不分散混凝土和水下自密实混凝土。水下不分散混凝土是指掺加特定性能的分散剂后，形成具有较强黏聚力，在水中不分散、自流平、自密实的混凝土。水下自密实混凝土是掺适量的高性能减水剂和掺合料后，在水中浇筑依靠自重和自流平特性填充密实、免振捣的混凝土。

水下不分散混凝土的特点有以下几个方面。

1. 抗分散性

因为是水下环境施工，所以要求混凝土必须具有抗分散性。它主要通过在混凝土中掺加水下不分散剂或者使入仓混凝土与水隔离来实现。

这样虽然保证了混凝土的施工质量，但因不分散剂的掺入，使得水下混凝土的材料成本有所增大。所以，当水流速度超过3m/s时，应采取相应措施降低流速，以降低不分散剂的掺入量。

2. 流动性

水下施工环境要求混凝土要具有良好的流动性和填充性，能满足自流平、不振捣、自密实的施工要求。为此，水下混凝土中水泥用量要比常规混凝土中水泥用量多。水下混凝土流动性要通过试验确定，流动性的好坏，直接影响混凝土的浇筑质量。

3. 保水性

通过在混凝土中掺入不分散剂，提高混凝土的保水性，使其不出现或少出现泌水和浮浆现象。

4. 凝结特性

水下混凝土的凝结时间随所用水下不分散剂的种类不同而不同。掺入纤维素系列时，一般缓凝5～15h，且随掺入量的增加和养护温度下降而延长凝结时间。也可以通过掺缓凝型外加剂来调节时间。

任务6.1　水下混凝土配合比设计

6.1.1　原材料选择

原材料的质量直接影响水下混凝土的施工质量。因此，在混凝土生产过程中一定要对原材料进行合理选择和质量检验，检验合格后方可进行混凝土生产。

6.1.1.1　水泥

1. 水泥的选用

水下混凝土宜采用普通硅酸盐水泥，也可选用掺火山灰质的普通水泥，且要求水泥强度等级不低于42.5。不宜选用矿渣水泥，虽然其流动性好，但是保水性差；粉煤灰水泥质量不稳定，因此也不宜选用。

2. 水泥的质量要求

水泥进场检验，应符合下列规定。

(1) 水泥进场检验按同厂家、同品种、同强度等级进行编号和取样。中热硅酸盐水泥、低热硅酸盐水泥、低热矿渣硅酸盐水泥及通用硅酸盐水泥，以不超过600t为一取样单位；低热微膨胀水泥以不超过400t为一取样单位；抗硫酸盐水泥以不超过300t为一取样单位。不足一个取样单位的应按一个取样单位计。

(2) 主控项目应每批次检验1次，一般项目应每季度至少检验1次。水泥进场检验项目可按表6.5确定。

6.1.1.2　骨料

1. 骨料的选用

水下混凝土的细骨料宜采用中砂或粗砂，含泥量应控制在3%以内，细度模数2.6～2.9。粗骨料宜选卵石，若实际工程中采用的碎石，要适当地增加减水剂来完善混凝土的流动性。

自密实混凝土粗骨料应采用连续级配，且粗骨料最大粒径不宜超过40mm，同时不得超过构件最小尺寸的1/4或钢筋最小净距的1/2，以保证混凝土具有良好的流动性。水下不分散混凝土粗骨料最大粒径不宜超过20mm。

表6.5　　**水泥检测项目**　　单位：mm

序号	种　类	主 控 项 目	一 般 项 目
1	中热硅酸盐水泥、低热硅酸盐水泥、低热矿渣硅酸盐水泥	比表面积、安定性、凝结时间、强度	三氧化硫、碱含量、氧化镁、烧失量、水化热
2	通用硅酸盐水泥	比表面积（细度）、安定性、凝结时间、强度	不溶物、烧失量、三氧化硫、碱含量、氧化镁、氯离子
3	低热微膨胀水泥	比表面积、安定性、凝结时间、强度、线膨胀率	三氧化硫、碱含量、氧化镁、氯离子、烧失量
4	抗硫酸盐水泥	比表面积、安定性、凝结时间、强度	硅酸三钙、铝酸三钙、三氧化硫、碱含量、氧化镁、烧失量、抗硫酸盐侵蚀能力

注　当工程对水泥碱含量有要求或骨料有碱活性时，水泥的碱含量应作为主控项目。

2. 骨料质量要求

骨料生产和进场检验，应符合下列规定。

(1) 应按表6.6进行骨料的生产检验，在筛分楼出料皮带或下料口取样；主控项目应每8h检测1次，一般项目应每月检验不少于2次。

表6.6　骨料生产检验项目

骨料类型	主控项目	一般项目
细骨料	细度模数、人工砂石粉含量、含泥量、泥块含量	云母含量、表观密度、有机质含量、坚固性、硫化物及硫酸盐含量、轻物质含量
粗骨料	超径、逊径、含泥量和泥块含量	吸水率、表观密度、有机质含量、坚固性、硫化物及硫酸盐含量、针片状含量、压碎指标

(2) 成品骨料出厂时，每批应有产品品质检报告，内容包括产地、类别、规格、数量、检验日期、检测项目及结果、结论等。

(3) 使用单位应进行骨料进场检验，粗骨料按同料源同规格、细骨料按同料源进行，骨料主控项目应每8h检验1次。

(4) 生产和使用单位应分别每月至少进行1次全面检验。必要时应定期进行碱活性检验。

6.1.1.3　水

水下混凝土应在满足混凝土强度和流动性前提下，宜选用最少单位用水量。

符合《生活饮用水卫生标准》(GB 5749—2022) 要求的饮用水，可不经检验作为水工混凝土用水。地表水、地下水、再生水等，使用前应进行检验；使用期间，检验频率宜符合下列规定。

(1) 地表水每6个月检验1次。

(2) 地下水每年检验1次。

(3) 再生水每3个月检验1次；质量稳定一年后，可每6个月检验1次。

(4) 当发现水受到污染和对混凝土性能有影响时，应立即检验。

6.1.1.4　掺合料

可根据工程需要掺加一定量的粉煤灰、硅粉等来代替部分水泥，以降低其成本。掺合料的品种和掺量应通过试验确定。

掺合料进场检验，应符合下列规定。

(1) 粉煤灰、矿渣粉、磷渣粉等材料进场检验，应按连续供应的同厂家、同种类、同等级进行编号和取样，以不超过200t为一取样单位；硅灰以不超过20t为一取样单位。不足一个取样单位的应按一个取样单位计。

(2) 主控项目应每批次检验1次，一般项目可按5～7批次检验1次。掺合料进场检验项目，可按表6.7规定确定。

6.1.1.5　外加剂

可根据工程条件和需要有选择性地掺入水下不分散剂、高效减水剂、缓凝剂或引气剂；当掺入两种及以上时，应注意外加剂之间的相容性。外加剂应符合《水工混凝土外加剂技术规程》(DL/T 5100—2014) 标准要求。

表 6.7　　掺合料检验项目

序号	种类		主控项目	一般项目
1	粉煤灰	F类	细度、需水量比、烧失量、含水量	三氧化硫和游离氧化钙
		C类	细度、需水量比、烧失量、含水量、游离氧化钙、安定性	三氧化硫
2	硅灰		需水量比、比表面积、烧失量、含水量、二氧化硅含量和活性指标	氯离子含量同一工程、同一配合比至少检验1次
3	矿渣粉		密度、比表面积、流动度比、含水量、三氧化硫含量	氯离子含量、烧失量一年检验1次
4	磷渣粉		细度、需水量比、比表面积、三氧化硫含量、含水量、安定性	五氧化二磷含量、烧失量、活性指数

目前，国内使用的水下混凝土不分散剂（又称絮凝剂）分两大类：一类为聚丙烯酰胺系列，以 WUB 型和 PN 型为代表；另一类为纤维素系列，以 NNDC - 2 型、SCR 型为代表。

外加剂进场检验，应符合下列规定：外加剂进场检验应按掺量划分取样单位。外加剂掺量不小于 1%时，不超过 100t 为一取样单位；掺量小于 1%时，以不超过 50t 为一取样单位；不足一个取样单位的应取样 1 次。

6.1.2 水下混凝土配合比设计

6.1.2.1 水下混凝土配合比设计流程

水下混凝土配合比是水下混凝土施工的关键环节，其直接影响混凝土构件的强度。其设计流程如图 6.1 所示。

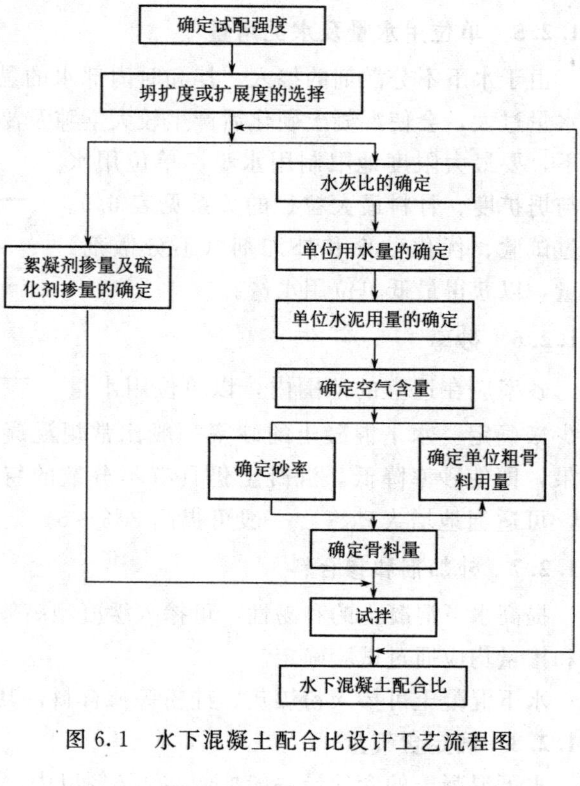

图 6.1　水下混凝土配合比设计工艺流程图

6.1.2.2 配制强度

混凝土从浇灌口的出口点到浇灌点所经历的水中落下高差，称为水中自由落差。水下不分散混凝土在浇筑中，水中自由落差不得大于 0.5m，故强度较陆地施工低，可按水下混凝土试块制作方法做成型试验，以实测强度再乘以大于 1 的系数来考虑混凝土的配置强度，一般提高 10%～20%；其胶凝材料用量不宜少于 $360kg/m^3$，混凝土材料在水中有自由落差时，其胶凝材料用量不宜少于 $400kg/m^3$。此外，规范要求水下混凝土强度等级不能低于 C20。

《港口工程技术规范》（JTJ 268—1996）规定，采用导管法浇筑的水下混凝土的配置强度要比设计强度标准值提高 40%～50%。

6.1.2.3　流动性

水下普通混凝土的流动性以坍落度指标表示，一般控制在 16～22cm，开始浇筑时，用较小值，以后可用较大的坍落度。

水下不分散混凝土的流动性常用坍扩度来表示。坍扩度的测定跟常规混凝土坍落度试验方法相同，当提起坍落度筒后，待混凝土停止流动，测混凝土坍扩平面最大直径及其垂直方向直径，取两直径的平均值作为坍扩度。不同的施工环境对其要求不同，可参考表 6.8。

表 6.8　水下混凝土坍扩度范围

施工条件	水下滑道施工	导管法施工	泵压法施工	要求极好流动性
扩展度范围/cm	30～40	36～45	45～55	＞55

6.1.2.4　水灰比

水下普通混凝土的水灰比一般在 0.55～0.66。根据掺不分散剂混凝土水下试块强度与水灰比的关系曲线确定水灰比，再结合耐久性综合考虑后，选用较小者作为设计水灰比。水灰比的确定必须通过试验，以保证其符合设计强度和施工和易性的要求。

6.1.2.5　单位用水量及水泥用量

由于水下不分散剂的掺入，拌和时内部水的黏性提高，故比常规混凝土的用水量大。用水量过大，会使混凝土硬化后产生较大空隙及泌水现象。因此，在满足和易性要求的前提下，要最大限度地限制用水量。单位用水量与坍扩度、骨料最大粒径的关系见表 6.9。通过试验、优化砂率和外加剂（不分散剂）掺量，以获得最低单位用水量。

表 6.9　单位用水量参考值

坍扩度/cm	骨料最大粒径/mm	单位用水量/(kg/m^3)
＜45	20	220～230
	40	215～225

6.1.2.6　砂率

砂率应在适宜的范围内，以单位用水量最少来确定。水下混凝土的砂率一般比常规混凝土提高 6%～8%。不分散剂具有黏稠效果，即使砂率降低，混凝土仍具有不分散的特征，一般在 38%～42%。当采用碎石时，可适当地增大砂率，一般可提高 3%～5%。

6.1.2.7　外加剂和掺合料

提高水下混凝土的和易性，可掺入缓凝型高效减水剂、引气剂、引气减水剂等，其品种和掺量均应通过试验确定。

水下混凝土可掺入粉煤灰、硅粉等掺合料，其掺量需通过试验确定。

6.1.2.8　确定含气量

水下混凝土的含气量一般控制在 4.5%以内。

学习情境　水下混凝土施工

情境描述

天桥水电站除险加固新建泄洪排沙工程。根据天桥水电站枢纽的地形地质条件、布置型式、电站常年发电及防洪防凌等条件，按照工程实际情况确定上游围堰采用壤土围堰和混凝土围堰相结合的型式，下游采用混凝土围堰。

上游左段混凝土围堰总长为80m，最大堰高为13m。混凝土围堰顶宽8.5m。830.00m高程以下采用水下混凝土，以上采用常态混凝土。下游混凝土围堰采用三段直线段连接，围堰总长为190m，最大堰高为19m，813.00m高程以下采用水下混凝土，以上采用常态混凝土。

学习目标

1. 知识目标

（1）了解水下混凝土施工方法。

（2）掌握导管法施工工艺。

2. 能力目标

（1）能运用导管法进行水下混凝土施工。

（2）能根据工程要求合理布置导管。

3. 素质目标

（1）针对问题提出合理的解决方案。

（2）养成自觉学习的习惯和能力。

4. 思政育人目标

（1）自觉执行水利行业规范、标准和规程。

（2）在工程建设中，践行勇于实践、甘于奉献的水利精神。

任务书

表6.10　　任　务　单　表

分组编号		组　长		日　期	
施工任务：水下混凝土施工					
任务内容： 1. 了解水下混凝土施工方法 2. 掌握导管法施工工艺					

任务分组

表 6.11　　学生任务分配表

班　级		分组编号		指导教师	
组长					
组员	姓名				
	学号				
	姓名				
	学号				
任务分工					

获取信息

学习内容：水下混凝土施工工艺和方法。可以通过学习情境的知识点、网络搜索、数字资源等多种形式获取信息，并完成下列问题。

引导问题 1：水下混凝土施工有哪些方法？各适用于什么条件？

____

____

____

____

工作计划

按照任务书要求，制定水下混凝土施工实施方案，完成表 6.12 内容。

表 6.12　　水下混凝土施工实施方案

步　骤	工作内容	负责人	步　骤	工作内容	负责人
1			5		
2			6		
3			7		
4			8		

进行决策

（1）各小组选派代表详细阐述工作方案。

（2）各组对其他组的工作方案提出各自的不同看法。

（3）教师根据各组汇报的内容进行点评，提出方案存在的问题。

（4）各组根据教师和同学提出的意见进行完善修改。

工作实施

引导问题2：导管法水下混凝土施工的步骤有哪些？

引导问题3：如何选择导管？

考核评价

表6.13　　**项目考核评价表**

项目名称	评价内容	分值	评价结果		
			自评	互评	教师评
职业素养评价 40%	学习准备	7			
	安全责任意识	7			
	积极参与项目	10			
	沟通协作	6			
	纪律	10			
专业能力评价 60%	专业知识查找及时准确	15			
	引导问题填写准确完整	15			
	按时完成任务	15			
	完成质量	15			
创新性评价+5分	项目创新	5			
总分		105			
总评	自评（25%）+互评（25%）+教师评（50%）		教师（签名）：		

任务 6.2　水下混凝土施工

水下混凝土常用的施工方法有导管法、混凝土泵法、开底容器法、预填骨料压浆法、袋装置换法及进占法。为了保证施工质量，优先选择导管法、混凝土泵法、开底容器法。本节重点介绍导管法施工。

6.2.1　导管法施工工艺流程

水下混凝土导管法施工工艺流程如图 6.2 所示。

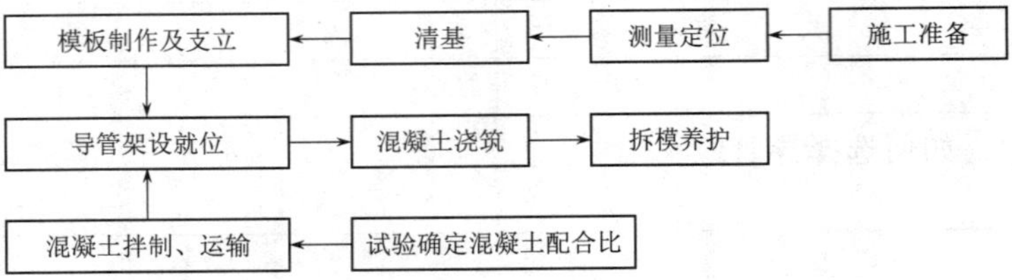

图 6.2　水下混凝土导管法施工工艺流程图

6.2.2　模板

水下混凝土模板可采用沉井、沉箱、组合钢模板及模袋等形式。模板材料可选用木模板、胶合板、钢板、预制混凝土、模袋混凝土等不易损坏、遇水不易变形及耐腐蚀的材料。宜优先采用钢模板、免拆除的混凝土模板。

钢模板表面应平整、光滑、无锈蚀，外表面应涂刷防锈漆。木模板表面应刨光，木板的拼缝宜做成搭接缝或企口缝，采用平缝时，应在外侧钉止浆板条或采取其他措施防止漏浆。模板制作允许偏差应符合表 6.14 的规定。

表 6.14　　模板制作允许偏差

项目		允许偏差/mm	检测方法
预制混凝土模板	长度、宽度	±5	钢尺
	表面平整度	10	2m 靠尺
钢模板	长度、宽度	±2	钢尺
	表面平整度	2	2m 靠尺
	连接孔眼位置	1	钢尺
木模板	长度、宽度	±3	钢尺
	表面平整度	5	2m 靠尺
	相邻两板表面高低差	1	直尺

水下模板安装，应由潜水员配合实施。模板应在陆上进行试拼，潜水员应全程参与试拼并掌握装拆要点。模板和支架的支撑部分应坚实可靠。安装过程中，应设置防倾覆的临时固定措施，支架应采用钢制支撑系统。水下大体积混凝土（扩底、扩岸、同堰等）模板安装允许偏差宜为±250mm。预制混凝土模板作为水下混凝土结构的一部分时，其强度

应不低于水下混凝土设计强度，模板结合面应凿毛处理。

6.2.3　施工设备与机具

6.2.3.1　选用原则

施工机械设备应该根据工程量、施工进度要求、施工方法等确定。混凝土泵、强制式搅拌机是水下混凝土施工的主要设备，选用时应做到设备能力、数量的组合配套。混凝土的拌运能力不应小于平均计划浇灌强度的 1.5 倍。

6.2.3.2　施工机具

水下混凝土施工的主要机具为导管。导管有漏斗、中间管和脚管组成。中间管管节长 2～3m，两端设法兰盘（法兰间加胶垫）；脚管长 3～4m，一端设有法兰盘。管节间用螺栓连接。

（1）导管规格。导管一般采用普通轧制钢管，也可用厚 2.5～5mm 的钢板卷制焊接钢管。根据水深的不同，钢管壁厚按表 6.15 选用。

表 6.15　导管管壁与水深关系参考值

浇筑水深/m	<30	30～60	>60
管壁厚度/mm	2.5	3～4	4～5

（2）导管管径。导管管径与浇筑强度、骨料最大粒径有关。常用管径为 200～300mm。导管直径不小于粗骨料最大粒径的 8 倍（水下不分散混凝土）或 4 倍（水下混凝土）。不同管径的导管输送混凝土能力见表 6.16。

表 6.16　不同管径导管的输送能力

管径/mm	150	200	250	300
通过能力/(m^3/h)	6.5	12.5	18.0	26.0

（3）导管布置。导管的平面布置和间距与混凝土的扩散半径有关。水下混凝土的扩散半径与水的深度、漏斗距水面高度以及管下埋置深度有关。水下混凝土流动性好，可按 3～6m 间距、一根导管控制面积不超过 30m^2 布置，并通过试验调整。在浇筑块最低应布置专门导管；硬管与模板间距不应小于 2m，导管作用半径与其高度关系见表 6.17。

表 6.17　导管作用半径与其高度的关系

导管作用半径 R/m	3	3.5	4
导管地段混凝土最小压力/MPa	0.1	0.15	0.25
导管高出水面高度 h_1/m	4～0.6h	6～0.6h	10～0.6h
导管已浇入混凝土的深度 h_2/m	0.9～1.2	1.2～1.5	1.5～1.8
导管控制浇筑面积/m^2	10～20	15～25	20～30

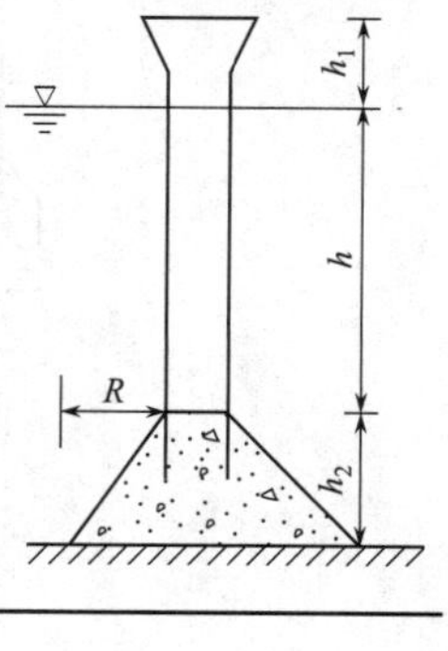

注　摘自《水利水电工程施工组织设计手册·第三卷》

6.2.4　导管法施工

1. 导管法施工要求

导管法浇筑施工时应遵守下列规定。

（1）水下混凝土导管在平面上的布设，应根据每根导管的作用半径和浇筑面积确定。

（2）混凝土导管应由装料漏斗及导管、隔水球构成。导管宜优先选用钢管，导管内径应根据浇筑面积、导管作用半径、初灌量确定，不宜小于 200mm，导管壁厚不宜小于 3mm；装料漏斗容量应满足首批混凝土浇筑量的需用要求。

（3）导管在使用前应试拼、试压，不得漏水，各节应统一编号，在每节自上而下标识刻度；并在浇筑前进行升降试验，导管吊装设备能力满足安全提升要求。

（4）开始浇筑时，导管底部应接近地基面 300～500mm，并应尽量安置在地基低洼处。

（5）第一罐水下混凝土浇筑时在导管中应设置隔水球将混凝土与水隔开。

（6）从首批混凝土浇灌至结束，导管的下端不得拔出已浇筑的混凝土，且导管埋入混凝土内深度不宜小于 1m。

（7）浇筑过程中，混凝土宜连续供应。

（8）应根据混凝土面上升高度及时提升导管，每次提升高度与混凝土浇筑速度相适应。

2. 导管法施工步骤

采用导管法浇筑水下混凝土的步骤如下。

（1）施工准备。导管安装前，应进行压水检验，水压力应大于满管流态混凝土时的最大压力，管身与接头处不得漏水。各节应统一编号，在每节自上而下标示刻度；并在浇筑前进行升降试验，保证导管吊装设备能力满足安全提升要求。

（2）导管安装。将导管置于浇筑部位，导管底部应接近底面 300～500mm，并尽量安置在地基的低洼处。导管的两端安装法兰盘把海绵制的衬垫夹住，采用 U 形钩，长螺丝等牢固拧紧，另需准备 1m 及 2m 的短管备用。为防止导管内有水而影响混凝土质量，可采用如图 6.3 所示的方法。

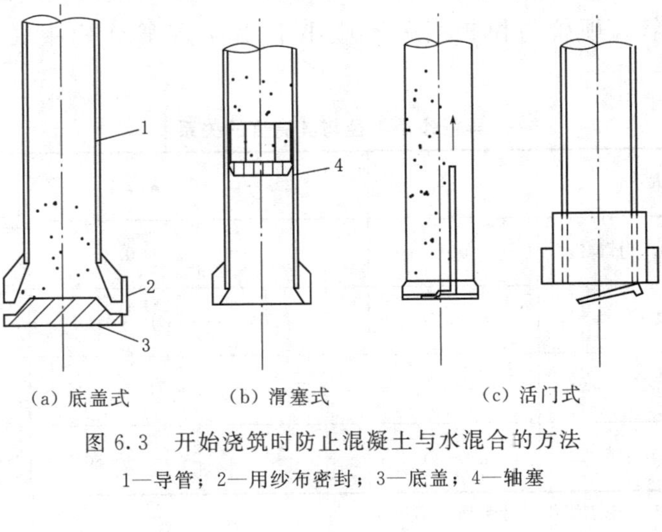

(a) 底盖式　(b) 滑塞式　(c) 活门式

图 6.3　开始浇筑时防止混凝土与水混合的方法

1—导管；2—用纱布密封；3—底盖；4—轴塞

（3）混凝土浇筑。从首批混凝土浇灌至结束，导管下端不得拔出已浇混凝土。且导管下端至埋入已浇混凝土的深度不宜小于 1m，最好插入 1.0～1.5m，导管每次上提 0.2～0.6m 左右，混凝土上升速度要控制在 2m/h 以上，可采用测绳量测方法检测。浇筑时应连续施工，若间隙时间过长或导管脱空，均应按施工缝处理。

工程中也常用挠性软管法施工，它利用不透水的柔性导管将流态混凝土输送到水下浇筑部位，其中以 KDT 导管法和液压阀法为代表，混凝土浇筑效果较好。

（4）混凝土养护。水下混凝土浇筑完成后，与水接触面应保持静水养护 14d 以上；在动水环境下，应做好水下混凝土表面保护工作。

水下混凝施工时可采用混凝土搅拌车、溜槽、溜筒等直接灌注。浇筑应填到各个角落，浇筑完的水下混凝土上表面应平整。当水下混凝土需要抹平时，应待混凝土的表面自密实和自流平终止后进行。当水下混凝土表面露出水面后需继续浇筑普通混凝土时，应将露出水面的顶部混凝土劣质层清除干净。

学习情境　水下混凝土施工质量控制

情境描述

项目位于三峡船闸下游引航道，由于库区航运迅猛发展，原设计船闸下游导航墙长度难以适应整个闸次船舶待闸停靠要求，经论证在现有导航墙下游增设 5 座靠船墩。新增靠船墩直径 8.6m、高 20m 圆柱状体实心混凝土结构。新建墩体自现有船闸导航墙下游方向的第一个墩柱开始，向下游 120m 等距布置 5 个体，新增体前沿与导航墙前沿面平齐。共浇筑水下混凝土 13789m^3，施工过程中，采用多种方式进行混凝土浇筑质量控制，从而保障闸墩的质量。

学习目标

1. 知识目标

（1）掌握导管法水下混凝土施工质量控制的方法。

（2）了解导管法水下混凝土施工质量的影响因素。

2. 能力目标

能根据项目建设要求采用合适方法进行质量控制。

3. 素质目标

（1）针对问题提出合理的解决方案。

（2）养成自主学习的习惯和能力。

4. 思政育人目标

（1）自觉执行水利行业规范、标准和规程。

（2）在工程建设中，践行勇于实践、甘于奉献的水利精神。

任务书

表6.18　　任务单表

分组编号		组　长		日　期	
施工任务：水下混凝土施工质量控制					
任务内容： 1. 掌握导管法水下混凝土质量控制的方法 2. 了解导管法水下混凝土施工质量的影响因素					

任务分组

表6.19　　学生任务分配表

班　级		分组编号		指导教师	
组长					
组员	姓名				
	学号				
	姓名				
	学号				
任务分工					

获取信息

学习内容：导管法水下混凝土施工质量控制措施。可以通过学习情境的知识点、网络搜索、数字资源等多种形式获取信息，并完成下列问题。

引导问题1：水下混凝土施工质量影响因素有哪些？

____

____

____

____

____

____

____

工作计划

按照任务书要求，制定水下混凝土施工质量控制实施方案，完成表6.20内容。

表6.20　　水下混凝土施工质量控制实施方案

步　骤	工作内容	负责人	步　骤	工作内容	负责人
1			5		
2			6		
3			7		
4			8		

进行决策

（1）各小组选派代表详细阐述工作方案。

（2）各组对其他组的工作方案提出各自的不同看法。

（3）教师根据各组汇报的内容进行点评，提出方案存在的问题。

（4）各组根据教师和同学提出的意见进行完善修改。

工作实施

引导问题2：导管法水下混凝土施工质量控制包括哪些方面？

____

____

____

____

____

____

引导问题3：如何进行原材料控制？

____

____

____

____

____

____

引导问题4：如何进行施工机具选择？

____

____

____

____

____

____

引导问题5：如何进行施工过程控制？

考核评价

表6.21　　项目考核评价表

项目名称	评价内容	分值	评价结果		
			自评	互评	教师评
职业素养评价 40%	学习准备	7			
	安全责任意识	7			
	积极参与项目	10			
	沟通协作	6			
	纪律	10			
专业能力评价 60%	专业知识查找及时准确	15			
	引导问题填写准确完整	15			
	按时完成任务	15			
	完成质量	15			
创新性评价+5分	项目创新	5			
总分		105			
总评	自评（25%）+互评（25%）+教师评（50%）		教师（签名）：		

任务6.3　水下混凝土质量控制

6.3.1　水下混凝土施工质量的影响因素

水下混凝土施工质量的影响因素有：①混凝土所用材料（如骨料、水泥絮凝剂等）的质量；②混凝土生产方式（骨料搅拌时间、添加顺序等）；③混凝土浇筑方法，混凝土浇筑现场环境条件，混凝土浇筑运输条件；④混凝土配合比设计；⑤混凝土后期养护等。因此，施工中要把好各环节的质量控制，保证水下混凝土浇筑质量，满足水下混凝土的设计和施工要求。但最终还应通过水下录像和现场成型试件或水下取芯样评价水下混凝土质量。

6.3.2　水下混凝土施工质量控制

6.3.2.1　水下混凝土原材料的质量控制

1. 水泥

水下混凝土宜选用颗粒细、泌水率小、收缩性小的水泥，可选用普通硅酸盐水泥。不宜使用出厂已超过3个月及受潮结块的水泥。对有疑问的水泥要重新鉴定其强度、安定性及初终凝时间。

2. 骨料

水下混凝土施工选择合适的砂石是浇出质量好、成本低的前提之一。为了满足水下混凝土浇筑的流动性要求，水下混凝土拌和物的含砂率为40%～47%。粗骨料宜采用卵石。当需要增加水泥浆和骨料的胶结力时，可以掺入20%～25%的碎石。在缺乏卵石的情况下，也可全部采用碎石。此时砂率较卵石大2%～4%。

3. 外加剂

优先选用缓凝型高效减水剂，使用了缓凝型高效减水剂的混凝土即有较大的坍扩度、较好的流动性，而且一小时坍落度损失率可以控制在20%内，使得混凝土的流动性得以保持。也可选用高性能减水剂和高效减水剂。

4. 掺合料

优先选用Ⅰ级粉煤灰和S105级磨细矿渣粉。掺加Ⅰ级粉煤灰和S105细矿渣粉的混凝土的耐久性大大增强。可以大大提高混凝土的使用年限。而且由于粉煤灰和磨细矿渣粉的颗粒粒径比水泥小很多。水泥的比表面积一般在350m^2/g以下，而磨细矿渣粉的比表面积一般在440m^2/kg以上，扩散度一般大于450mm。由于水泥用量减少，节约混凝土成本，掺加粉煤灰和磨细矿渣粉的混凝土，56d强度可以达到28d强度的120%左右。

6.3.2.2　水下混凝土施工设备的控制

混凝土灌注所需施工设备要求配套并且完好。这是保证灌注水下混凝土质量的基本前提。要重点强调以下施工设备的质量。

(1) 备用发电机数量充足。要保证工地的备用发电机性能良好，足以应付施工过程中可能发生的电网断电情况，这样可以防止灌注时间延误，避免造成断桩事故。

(2) 注意混凝土拌和机类型的选择，宜选用大容量拌和机，在数量上可以保证混凝土的连续灌注。对混凝土拌和机在每次使用前都应进行认真的检查维修。

(3) 导管是灌注水下混凝土的重要工具，其直径大小要根据灌注强度要求进行选择。要求导管应具备足够的强度和刚度且密封性良好，管壁光滑、导管平直，无穿孔裂纹，导管接口处应有弹性垫圈密封。如果导管接头密封不严，焊缝破裂，水从接头或焊缝中浸入会引起事故，因此施工之前必须要进行水密、承压和接头抗拉试验。

(4) 储料斗、漏斗、溜槽以及其他有关灌注机具使用前都应进行检查，以保证施工安全和施工质量。

6.3.2.3　水下混凝土施工的质量控制

1. 施工中混凝土控制要求

水下混凝土施工过程中，应重点注意以下几点。

(1) 在灌首批混凝土之前最好先配制0.1～0.3m^3水泥砂浆放入滑阀以上的导管和漏

斗中，然后再放入混凝土，确认初灌量备足后，即可剪断铁丝，借助混凝土重量排除导管内的水，使滑阀留在孔底，灌入首批混凝土。

（2）注意首批混凝土量必须满足导管埋深不能小于1.5m，所以漏斗和储料斗及漏斗和输送泵的混凝土储存数量要充足。首批混凝土若埋深不足，混凝土下灌后不能埋没导管底口，会导致泥水从导管底口进入。如果出现这种导管入水现象应立即将导管提出，将散落在孔底的混凝土拌和物用空气吸泥机或抓斗机清出，然后重新下导管灌注。

（3）首批混凝土灌注正常后，必须连续进行，不得中断。在灌注过程中，应经常用测锤探测混凝土面的上升高度，并适时提升、逐级拆卸导管，保持导管的合理埋深。此时要注意，混凝土灌到孔口不再返出泥浆时可以向上提动导管，而如果要提升导管0.5～1m以上才能灌入混凝土就应该拆除部分导管。要注意观察孔口是否返出泥浆。要注意正确控制导管埋深，如果导管埋入混凝土过深，易使导管与混凝土间摩擦阻力过大，致使导管无法拔出造成事故。而提管过程中要缓缓上提，如过猛易使导管被拉断。所以埋管深度一般应控制在2～6m，或使用附着式振捣器。同时应注意灌注速度。

（4）在灌注将近结束时，如出现混凝土顶升困难，可在孔内加水稀释泥浆，将部分沉淀土掏出。在拔出最后一段长导管时，拔管速度要慢。混凝土拌制后，应在1.5h之内灌注完毕。在灌注过程中，当导管内混凝土不满含空气时，后续混凝土宜通过滑槽徐徐流入漏斗和导管，不得将混凝土整斗从上面倾入管内，以免在导管内形成高压气囊，挤出管节间的橡胶垫而使导管漏水。

（5）浇筑过程中，及时掌握孔内混凝土面上升的高度及导管插入深度，测定每个混凝土面位置应取两个以上的测点。浇筑混凝土必须连续进行，否则先浇灌进去的混凝土达到初凝，将阻止后浇灌的混凝土从导管中流出。施工中，混凝土浇筑速度应尽可能地快一些。

2. 施工后的质量控制

（1）混凝土外观质量应按设计要求进行检查。

（2）水下混凝土结构尺寸应满足设计要求，施工时留有适当的富余度。对结构尺寸严格要求的部位，外型尺寸允许偏差参照普通水工混凝土验收规范执行，无尺寸约束的水下大体积混凝土尺寸偏差应控制在－5～300mm。

水下混凝土质量控制与检查除应符合《水工混凝土施工规范》（SL 677—2014）的规定外，尚应符合表6.22中的规定。

表6.22　导管法浇筑混凝土施工质量检查项目、标准及方法

序号	检查项目		质量标准	检测方法
1	混凝土浇筑	导管埋深	＞1m	测绳量测
		混凝土上升速度	＞2m/h	测绳量测
		混凝土最终高度	高于设计高程300mm以上	测锤、钢尺
2	混凝土性能	混凝土抗压强度	符合设计要求	取样试验
		混凝土配合比	符合设计要求	取样试验
		坍扩度	360～450mm	钢尺量测

项目7　文明施工与安全防护

项目7
文明施工与
安全防护

学习情境　文　明　施　工

情境描述

重庆中环建设有限公司三汇基地工业厂房1号、2号厂房位于重庆市合川区三汇镇，建筑总面积6580.58m^2。本工程文明施工方案主要针对1号厂房，层高12.80m，共一层。四面场地开阔，以原有围墙作为临边防护。针对施工条件，施工单位制定了翔实的文明施工方案，以保障工程顺利完成。

学习目标

1. 知识目标

（1）了解文明施工的意义和内容。

（2）掌握文明施工的措施和方法。

2. 能力目标

（1）能根据项目特点制定合理的文明施工方案。

（2）能按照目标要求进行文明施工。

3. 素质目标

（1）针对问题提出有效的解决方案。

（2）养成自主学习的习惯和能力。

4. 思政育人目标

（1）自觉执行水利行业规范、标准和规程。

（2）在工程建设中，践行勇于实践、甘于奉献的水利精神。

任务书

表7.1　　**任　务　单　表**

分组编号		组　长		日　期	
施工任务：文明施工					
任务内容： 1. 了解文明施工的意义和内容 2. 掌握文明施工的措施和方法					

任务分组

表 7.2　　**学生任务分配表**

班　级		分组编号		指导教师	
组长					
组员	姓名				
	学号				
	姓名				
	学号				
任务分工					

获取信息

学习内容：文明施工的措施和方法。可以通过学习情境的知识点、网络搜索、数字资源等多种形式获取信息，并完成下列问题。

引导问题1：什么是文明施工？文明施工的意义有哪些？

____

____

____

____

____

工作计划

按照任务书要求，制定文明施工实施方案，完成表7.3内容。

表 7.3　　**混凝土低温季节混凝土施工方案**

步　骤	工作内容	负责人	步　骤	工作内容	负责人
1			5		
2			6		
3			7		
4			8		

进行决策

（1）各小组选派代表详细阐述工作方案。

（2）各组对其他组的工作方案提出各自的不同看法。

（3）教师根据各组汇报的内容进行点评，提出方案存在的问题。

（4）各组根据教师和同学提出的意见进行完善修改。

工作实施

引导问题2：文明施工的内容有哪些？

____

____

____

____

____

引导问题3：如何实施文明施工？

____

____

____

____

____

考核评价

表7.4　　项目考核评价表

项目名称	评价内容	分值	评价结果		
			自评	互评	教师评
职业素养评价 40%	学习准备	7			
	安全责任意识	7			
	积极参与项目	10			
	沟通协作	6			
	纪律	10			
专业能力评价 60%	专业知识查找及时准确	15			
	引导问题填写准确完整	15			
	按时完成任务	15			
	完成质量	15			
创新性评价+5分	项目创新	5			
总分		105			
总评	自评（25%）＋互评（25%）＋教师评（50%）		教师（签名）：		

任务 7.1　文　明　施　工

文明施工是指保持施工现场良好的作业环境、卫生环境和工作秩序。

7.1.1　文明施工的意义

（1）文明施工能促进企业综合管理水平的提高。

（2）文明施工能减少施工对周围环境的影响，是适应现代化施工的客观要求。

（3）文明施工代表企业的形象。

（4）文明施工有利于员工的身心健康，有利于培养和提高施工队伍的整体素质。

7.1.2　文明施工的内容

文明施工是保持施工现场良好的作业环境、卫生环境和工作秩序的一种施工活动。主要内容包括：

（1）规范施工现场的场容，保持作业环境的整洁卫生。

（2）科学组织施工，使生产有序进行。

（3）减少施工对周围居民和环境的影响。

（4）遵守施工现场文明施工的规定和要求，保证职工的安全和身体健康。

7.1.3　文明施工的要求

（1）有整套的施工组织设计或施工方案，施工总平面布置紧凑、施工场地规划合理，符合环保、市容、卫生的要求。

（2）有健全的施工组织管理机构和指挥系统，岗位分工明确；工序交叉合理，交接责任明确。

（3）有严格的成品保护措施和制度，大小临时设施和各种材料构建、构件、半成品按平面布置堆放整齐。

（4）施工现场平整，道路畅通，排水设施得当。水电路整齐，机具设备状况良好，使用合理。施工作业符合消防和安全要求。

（5）搞好环境卫生管理，包括施工区、生活区环境卫生和食堂卫生管理。

（6）文明施工应贯穿施工结束后的清场。

7.1.4　文明施工的实施措施

施工现场文明施工管理的好坏，直接反映着一个企业的外部形象，树立企业形象，展现企业风采，全面开展创建文明工地活动，做到“两通三无四必须”，施工现场人行道畅通，施工工地沿线单位和居民出入口畅通；施工现场排水通畅无水，施工工地道路平整无坑塘；管理人员必须要开展以创建文明工地为主要内容的思想政治工作。

文明施工有以下措施。

（1）实行项目管理制度。

（2）施工现场有规范和科学的施工组织设计，合理的装饰施工平面布置图，现场施工管理制度健全、文明施工措施落实，责任明确，定人定岗，检查考核项目明确。

（3）施工现场安全标准齐全应悬挂在门前或场内明显位置。

（4）施工现场内外整洁卫生，有一个良好的生产、工作、生活环境。

(5) 施工现场材料、机具、设备、构件、半成品和周转材料按平面布置、定点整齐码放，道路保持畅通无阻，供排水系统畅通无积水，施工场地平整干净。

(6) 工地施工现场临时水电专人管理，工人操作地点和周围清洁整齐，做到活完脚下清，工完场地清，丢洒在施工现场的砂浆水泥等要及时清除。

(7) 严禁损坏污染成品、堵塞管道。

(8) 施工现场不准乱堆垃圾及余物，应在适当位置安排临时堆放点，并及时、定期外运。

(9) 设置黑板报，针对工程施工现场情况，适时更换内容，奖优罚劣，鼓舞士气和宣传教育。

(10) 施工现场划区管理，每道工序做到"落手清"，施工材料和工具及时回收、维修、保养、利用、归库，工程完工后料净、场清且各工序成品要妥善保护好。

(11) 施工现场管理人员和工人应戴分色或有区别的安全帽，现场指挥、质量、安全等检查监督人员应佩戴明显的袖章或标志，遵章管理，危险施工区域应派人佩章值班，并悬挂警示牌和警示灯。

(12) 施工现场施工设备整洁，电气开关柜（箱）按规定制作，完整带锁，安全保护装置齐全可靠并按规定设置，操作人员持证上岗，有岗位职责标牌和安全操作规程标牌。

(13) 施工现场有明显的防火标志，配备有足够的消防器材，防火疏散道路畅通，现场施工动火有审批手续。

(14) 运输各种材料、成品、垃圾等应有覆盖和防护措施，严防泥沙随车轮带出场外，不得将垃圾洒漏在道路上影响环境卫生。

(15) 严格遵守社会公德、职业道德、职业纪律、妥善处理好厂内周边的公共关系，控制施工噪音，尽量做到施工不干扰厂内职工正常工作。

(16) 施工现场办公室、仓库、场地等保持清洁卫生，并建立卫生包干区。

(17) 施工现场禁止居住人员，严禁非施工人员在施工现场穿行、逗留。

学习情境　安　全　防　护

情境描述

某枢纽工程由泵站、节制闸等组成，泵站与节制闸并排布置于调水河道，中间设分流岛。泵站共安装4台立式轴流泵，装机流量 $100m^3/s$，节制闸最大过闸流量 $960m^3/s$。泵站基坑最大开挖深度为10.5m，节制闸基坑最大开挖深度为6.0m，为了保证工程施工安全，施工单位在施工区入口处悬挂"五牌一图"，对施工现场的"三宝""四口""五临边"作出明确规定和具体要求。

学习目标

1. 知识目标

(1) 掌握混凝土施工安全防护的主要方面。

（2）掌握混凝土施工安全防护的措施。

2. 能力目标

（1）能根据工程要求制定合理的安全防护方案。

（2）能按照目标要求进行安全施工。

3. 素质目标

（1）针对问题提出有效的解决方案。

（2）养成自主学习的习惯和能力。

4. 思政育人目标

（1）自觉执行水利行业规范、标准和规程。

（2）在工程建设中，践行勇于实践、甘于奉献的水利精神。

任务书

表7.5　　任　务　单　表

分组编号		组　长		日　期	
施工任务：安全防护					
任务内容： 1. 掌握混凝土施工安全防护的主要方面 2. 掌握混凝土施工安全防护的措施					

任务分组

表7.6　　学生任务分配表

班　级		分组编号		指导教师	
组长					
组员	姓名				
	学号				
	姓名				
	学号				
任务分工					

获取信息

学习内容：混凝土施工安全防护的措施和方法。可以通过学习情境的知识点、网络搜索、数字资源等多种形式获取信息，并完成下列问题。

引导问题 1：什么是安全防护？

工作计划

按照任务书要求，制定混凝施工安全防护实施方案，完成表 7.7 内容。

表 7.7　　混凝施工安全防护实施方案

步　骤	工作内容	负责人	步　骤	工作内容	负责人
1			5		
2			6		
3			7		
4			8		

进行决策

（1）各小组选派代表详细阐述工作方案。

（2）各组对其他组的工作方案提出各自的不同看法。

（3）教师根据各组汇报的内容进行点评，提出方案存在的问题。

（4）各组根据教师和同学提出的意见进行完善修改。

工作实施

引导问题 2：混凝土施工时，应该从哪些方面进行安全防护？

引导问题 3：如何制定安全防护方案？

考核评价

表 7.8　　项目考核评价表

项目名称	评价内容	分值	评价结果		
			自评	互评	教师评
职业素养评价 40%	学习准备	7			
	安全责任意识	7			
	积极参与项目	10			
	沟通协作	6			
	纪律	10			
专业能力评价 60%	专业知识查找及时准确	15			
	引导问题填写准确完整	15			
	按时完成任务	15			
	完成质量	15			
创新性评价+5分	项目创新	5			
总分		105			
总评	自评（25%）+互评（25%）+教师评（50%）		教师（签名）：		

任务 7.2　安　全　防　护

安全防护，即做好准备和保护，以应付攻击或者避免受害，从而使被保护对象处于没有危险、不受侵害、不出现事故的安全状态。

7.2.1　准备工作

安全生产的准备工作主要是对各项安全设施，认真检查其是否安全可行及有无隐患，尤其是模板支撑、脚手架、架设运输道路及指挥、联络信号等。施工现场的入口处和所有危险作业区域，都应悬挂安全生产宣传画、标语和安全色标，随时提醒工人注意作业安全。危险地段，夜间还应设红灯示警。凡施工作业高度在 2m 以上时，均应采取有效防护措施。交叉作业处要设置隔离的安全技术措施，以防落物伤人。安全网要按标准定期进行冲击试验，合格后才能使用。悬挂作业时，工人必须系好安全带，才能进行作业。

此外，对上岗人员要求戴安全帽。安全帽是用来保护头部，防止物体打击头部的个人防护用品。如果戴安全帽者由高空坠落，头部先着地而帽不脱落，还可避免伤害。缓冲衬垫的松紧要由带子调节，人的头顶和帽体内部的空间至少要有 32mm 才能使用。这样在遭受冲击时不仅帽体有足够的空间可供变形，而且间隔还有利于头和帽体之间的通风。使用时安全帽要戴正，否则会降低安全帽对于冲击的防护作用。使用时安全帽下颌带要系结实，防止安全帽掉落而起不到防护作用。不要为了透气而在安全帽上随便开孔，避免安全帽帽体强度降低。要定期检查安全帽有无龟裂、下凹、裂痕和磨损等情况，不能使用有缺陷的帽子。

7.2.2　混凝土配料安全防护

在工作前，应检查所使用的一切工具是否良好、牢靠。工作前应校正磅秤，根据混凝土配料单准确计重。推土机推送砂石料时，要有行车警戒线。地垄、料口、料斗、磅秤等发生故障时，应停止工作后再进行处理。配料时，工作人员应偏离下料斗一定距离，谨防砾石伤人，如骨料弧门卡牢，应从侧面捅料。处理骨料卡死时，禁止用手掏摸。料口、称料口下料要匀称，防止猛下猛砸，使用带式输送机运料，应经常清扫撒落的砂石料，并应遵守带式输送机运行安全操作规程。要定时检查地垄、搅拌机台架等，发现问题并及时处理。

7.2.3　混凝土拌和安全防护

7.2.3.1　人工拌制混凝土

少量混凝土采用人工搅拌时，要采用两人对面翻拌作业，防止铁锹等手工工具碰伤。由高处向下推拨混凝土时，注意不要用力过猛，以免惯性作用发生人员跟下摔伤事故。

7.2.3.2　拌和站拌和

安装机械的地基应平整夯实，用支架或支脚筒架稳，不准以轮胎代替支撑。机械安装要平稳、牢固。对外露的齿轮、链轮、皮带轮等转动部位应设防护装置。开机前，应检查电气设备的绝缘和接地是否良好，检查离合器、制动器、钢丝绳、倾倒机构是否完好。搅拌机的操作人员应经过专门的技术和安全培训，并经考试合格后，方能正式操作。搅拌筒应由清水冲洗干净，不得有异物。启动后应注意搅拌筒转向与搅拌筒上标示的箭头方向一致。待机械运转正常后再加料搅拌。若遇中途停机、停电时，应立即将料卸出，不允许中途停机后重载启动。搅拌机的加料斗升起时，严禁任何人在料斗下通过或停留。不准用铁锹、木棒往下拨、刮搅拌筒口。工具不能碰撞搅拌机，更不能在转动时，把工具伸进料斗里扒浆，工作完毕后应将料斗锁好，并检查一切保护装置。未经允许，禁止拉闸、合闸和进行不合规定的维修。现场检修时，应固定好料斗，切断电源。进入搅拌筒内工作时，外面应有人监护。拌和站的机房、平台、梯道、栏杆必须牢固可靠。站内应配备有效的吸尘装置。操纵皮带机时，必须正确使用防护用品，禁止一切人员在皮带机上行走和跨越；机械发生故障时应立即停车检修，不得带病运行。

7.2.3.3　拌和楼拌和

机械转动部位的防护设施，应经常检查，保持完好。电气设备和线路必须绝缘良好，电动机必须按规定接零接地。临时停电或停工时，必须拉闸、上锁。压力窗口应按规定定期进行压力试验，不得有漏风、漏水、漏气等现象。楼梯和挑出的平台，必须设安全防护栏，马道板不得腐烂、缺损。冬季要防止结冰溜滑。消防器材应齐全、良好。楼内严禁存放易燃易爆物品。禁止明火取暖。楼内各层照明设备应充足，各层之间的操作联络信号必须准确可靠。机械、电气设备不得带病及超负荷运行，维修必须在停止运转拉闸后进行。检修时，应切断相应的电源，并挂上“有人工作，不准合闸”的标示牌。

7.2.4　混凝土运输安全防护

7.2.4.1　手推车运输

运输道路应平坦，斜道坡道坡度不得超过8%。推车时应注意平衡，掌握重心，不准猛跑和溜放。向料斗倒料，应有挡车设施，倒料时不得撒把。推车途中，前后车距在平地不得少于2m，下坡不得少于10m。用井架垂直提升时，车把不得伸出笼外，车轮前后要挡牢。行车道要经常清扫，冬季施工应有防滑措施。

7.2.4.2　自卸汽车

装卸混凝土应有统一的联系和指挥信号，驾驶员必须严格遵守交通规则和有关规定，自卸汽车向坑洼地点卸混凝土时，必须使后轮与坑边保持适当的安全距离，防止塌方翻车。卸完混凝土后，自卸汽车应立即复原，不得边走边落。车辆倒车和停车时不准靠近建筑物基坑（槽）边沿，以防土质松软车辆倾翻。在雨、雪、雾天气，车的最高时速不得超过25km/h，转弯时，要防止车辆横滑。自卸车厢内严禁搭人。夜间行车，应适当减速，并开放灯光信号。

7.2.4.3　吊罐运送

使用吊罐前，应对钢丝绳、平衡梁、吊锤（立罐）、吊耳（卧罐）、吊环等起重部件进行检查，如有破损则禁止使用。吊罐的起吊、提升、转向、下降和就位，必须听从指挥。指挥信号必须明确、准确。起吊前，指挥人员应得到两侧挂罐人员的明确信号，才能指挥起吊；起吊时应慢速，并应吊离地面30～50cm时进行检查，在确认稳妥可靠后，方可继续提升和转向。吊罐吊至仓面，下落一定高度时，应减慢下降、转向及吊机行车速度，并避免紧急刹车，以免晃动撞击人员。要慎防吊罐撞击模板、支撑、拉条和预埋件等。吊罐卸完混凝土后应将斗门关好，并将吊罐外部附着的骨料砂浆等清除后，方可吊离。放回平板车时，应缓慢下降，对准并放置平稳后方可摘钩。吊罐正下方严禁站人。吊罐在空中摇晃时，严禁扶拉。吊罐在仓面就位时，不得硬拉。当混凝土在吊罐内初凝，不能用于浇筑，采用翻罐处理废料时，应采取可靠的安全措施，并有带班人在场监护，以防发生意外。吊罐装运混凝土时严禁混凝土超出罐顶，以防外落伤人。立罐门的托辊轴承、卧罐的齿轮，要经常检查紧固，防止松脱坠落伤人。

7.2.4.4　混凝土泵

混凝土泵操作人员，必须经过训练，了解机械性能、操作方法，方可进行操作。混凝土泵应尽量安装在离浇灌工作面靠近的地点。地基必须坚实，保持泵体水平。开动时不允许有振动现象。悬臂动作范围内，禁止有任何障碍物和输电线路。操作时，操纵开关、调整手柄、手轮、控制杆、旋塞等均应放在正确的位置，液压系统应无泄漏。为防止超径骨料进入承斗内卡塞导管，应在进料系统设专人监视扒拣。

7.2.4.5　平仓振捣

浇筑混凝土前应全面检查仓内排架、支撑、模板及平台、漏斗、溜筒等是否安全可靠。仓内脚手架、支撑、钢筋、拉条、预埋件等不得随意拆除、撬动，如需拆除、撬动时，应征得施工负责人的同意。平台上所预留的下料孔，不用时应封盖。平台除出入口外，四周均应设置栏杆和挡板。仓内人员上下应设置靠梯。严禁从模板或钢筋网上攀登，吊罐卸料时，仓内人员应注意躲开。不得在吊罐正下方停留或操作。平仓振捣过程中，经常观察模板、支撑、拉筋等是否变形。如发现变形有倒塌危险时，应立即停止工作，并及时报告。操作时不得碰撞、触及模板、拉条、钢筋和预埋件。不得将运转中的振捣器，放在模板或脚手架上。仓内人员要集中思想，互相关照。浇筑高仓位时，要防止工具和混凝土骨料掉落仓外、更不允许将大石块抛向仓外，以免伤人。使用电动式振捣器须有触电保安器或接地装置。搬移振捣器或中断工作时，必须切断电源。湿手不得接触振捣器的电源开关。振捣器的电缆不得破皮漏电。下料溜筒被混凝土堵塞时，应停止下料，立即处理，处理时不得直接在溜筒上攀登。电气设备的安装拆除或在运转过程中的事故处理，均应由电工操作。

7.2.4.6　施工缝处理

冲毛、凿毛前应检查所有工具是否可靠。多人同在一个工作面内操作时，应避免面对面近距离操作，以防飞石、工具伤人。严禁在同一个工作面上下层同时操作。使用风钻、风镐凿毛时，必须遵守风钻、风镐安全技术操作规程。在高处操作时应用绳子将风钻、风镐拴住，并挂在牢固的地方。检查砂枪枪嘴时，应将风阀关闭，并不得面对枪嘴，也不得将枪嘴指向他人。使用砂罐时必须遵守压力窗口安全技术规程。当砂罐与风砂枪距离较远时，中间应有专人联系。用高压水冲毛，风、水管须装设控制阀，接头应用铅丝扎牢，使用冲毛机操作时，还应穿戴好防护面罩、绝缘手套和长筒胶靴。冲毛时要防止泥水冲到电器设备或电力线路上。工作面的电线灯头应悬挂在不妨碍冲毛的安全高度。仓面冲洗时应选择安全部位排渣，以免冲洗时石渣落下伤人。

7.2.4.7　养护

已浇筑完的混凝土，应加以覆盖和洒水，使混凝土在规定的养护期内，始终能够保持足够的润湿状态。拉移水管洒水养护混凝土时，不得倒退走路，注意梯口、洞口和建筑物的边沿处，以防误失足坠落。禁止在混凝土养护窖（池）边沿上站立或行走，同时应将窖盖板和地沟孔洞盖牢和盖严，严防失足坠落。养护用水不得喷射到电线和各种带电设备上。养护人员不得用湿手移动电线。养护水管要随用随关，不得使交通道、转梯、仓面出入口、脚手架平台等处有长流水。在养护仓面上遇有沟、坑、洞时，应设明显的安全标志。必要时，可铺安全网或设置安全栏杆。禁止在不易站稳的高处向低处混凝土面上直接洒水养护。高处作业时应执行高处作业安全规程。

7.2.4.8　预埋件和止水

吊运各种预埋件及止水、止浆片时，应绑扎牢靠，慎防在吊运过程中滑落。预埋件的安装必须牢固稳妥，不得草率，以防脱落伤人。焊接止水、止浆片时，应遵守焊接作业安全技术操作规程。

学习情境　安全事故预防与处理

情境描述

北京市粮食中心库铁路罩棚工地正在进行铺设屋面板工作。有6人在棚顶抬混凝土面板，当他们正向屋脊方向走过时，刮来一阵强风，将6人所抬之板刮得脱手，撞击在下风口的于某某身上，致使于某某从高8m处坠落，经抢救无效死亡。经调查发现，主要是施工安全管理不到位，违反“凡从事2m以上无法采取可靠防护设施的高处作业人员必须系安全带”的规定，于某某等人高处作业未系安全带，在受到屋面板撞击后，得不到有效防护而伤亡。

学习目标

1. 知识目标

(1) 掌握安全事故预防的措施。

(2) 掌握安全事故处理程序。

2. 能力目标

能根据工程要求制定安全事故预防措施。

3. 素质目标

(1) 针对问题提出有效的解决方案。

(2) 养成自主学习的习惯和能力。

4. 思政育人目标

(1) 自觉执行水利行业规范、标准和规程。

(2) 在工程建设中，践行勇于实践、甘于奉献的水利精神。

任务书

表 7.9　任务单表

分组编号		组　长		日　期	
施工任务：安全事故预防与处理					
任务内容： 1. 掌握安全事故预防措施 2. 掌握安全事故调查处理程序					

任务分组

表 7.10　学生任务分配表

班　级		分组编号		指导教师	
组长					
组员	姓名				
	学号				
	姓名				
	学号				
任务分工					

获取信息

学习内容：混凝土施工安全防护措施和安全事故调查处理程序。可通过学习情境的知识点、网络搜索、数字资源等多种形式获取信息，并完成下列问题。

引导问题1：安全事故预防的原则是什么？

工作计划

按照任务书要求，制定施工安全事故预防与处理实施方案，完成表7.11内容。

表7.11　施工安全事故预防与处理实施方案

步　骤	工作内容	负责人	步　骤	工作内容	负责人
1			5		
2			6		
3			7		
4			8		

进行决策

（1）各小组选派代表详细阐述工作方案。

（2）各组对其他组的工作方案提出各自的不同看法。

（3）教师根据各组汇报的内容进行点评，提出方案存在的问题。

（4）各组根据教师和同学提出的意见进行完善修改。

工作实施

引导问题2：预防安全事故的措施有哪些？

引导问题3：安全事故调查处理的程序有哪些？

考核评价

表 7.12　项目考核评价表

项目名称	评价内容	分值	评价结果		
			自评	互评	教师评
职业素养评价 40%	学习准备	7			
	安全责任意识	7			
	积极参与项目	10			
	沟通协作	6			
	纪律	10			
专业能力评价 60%	专业知识查找及时准确	15			
	引导问题填写准确完整	15			
	按时完成任务	15			
	完成质量	15			
创新性评价+5分	项目创新	5			
总分		105			
总评	自评（25%）+互评（25%）+教师评（50%）		教师（签名）：		

任务 7.3　安全事故预防与处理

7.3.1　安全事故预防的原则

（1）坚持“安全第一，预防为主”的原则。

（2）坚持现场常规安全管理和重点安全管理相结合的原则。

（3）科学地安排现场施工，实现施工安全动态管理的原则。

（4）建立严格的检查、考核和统计制度，加强建筑施工企业安全管理和现场安全管理并重的原则。

（5）健全一系列安全生产责任制和规章制度，实施安全生产目标。

7.3.2　预防安全事故的具体措施

（1）加强安全思想教育和安全法规教育。

（2）加强职工安全技术知识培训和教育。

（3）加强施工现场的安全防护。

（4）严格执行安全检查制度。

（5）建立劳动保护用品按期发放制度。

7.3.3　安全事故的调查与处理

7.3.3.1　安全事故的处理程序

（1）保护事故现场，及时抢救伤员。

（2）迅速成立安全事故调查小组。

（3）事故现场情况调查。

（4）分析事故产生的原因。

（5）确定事故的性质。

（6）撰写事故报告。

（7）事故的审理和结案。

7.3.3.2　收集调查资料

为查明事故发生的原因，必须收集与事故有关的以下材料。

（1）与事故有关的图纸资料，如施工图、变更通知、材料替换通知等。

（2）与事故有关的施工文件资料，如施工组织设计、施工方案，安全技术措施、安全责任制、会议纪要、建设方来文等。

（3）与事故有关的各种文件资料和数据，如施工日志、构件及材料的强度报告、现场施工及管理文件等。

7.3.3.3　现场勘查

（1）发生事故时现场的基本情况，如时间、地点、天气；现场人员情况，如人数、姓名、职务；现场原先情况和事故发生后的情况确认；现场人员、机械、设备、安全防护设施和现场施工条件有无异常情况等。

（2）现场事故情况实录，采用照相、摄像和记录单的办法将现场情况如实反映出来，以便调查分析时参考。

（3）采用绘制图形的方法将事故所涉及的平面、立体关系反映出来，针对安全事故对工程所造成的破坏程度和影响程度、事故的规模以及工程质量的影响必须有明确的反应。

7.3.4　事故调查报告内容

（1）事故调查报告应包括事件发生的时间、地点及周围环境情况；事故调查的基本事实；人员伤亡情况、经济损失情况、工期损失情况及其他方面的影响等；施工现场负责人、事故受害人的情况；事故破坏程度的基本描述。

（2）事故的主要原因。通过调查查明事故发生的经过，分析各种因素如人员、技术、设备、机械等可能的事故隐患，找出事故产生的主要原因。

（3）事故调查小组在报告中，要充分反映事故发生的经过、原因、责任、教训、损失情况、处理意见及改进安全措施的意见和建议，报有关部门审批。

（4）附有关调查材料的原件。

7.3.5　事故的审理和结案

（1）事故调查报告上报后，经有关部门审批后才能结案。

（2）对事故主要责任人应根据事故的损失大小和责任轻重区别对待，严肃处理。

（3）安全事故资料进行专案存档。

7.3.6　事故处理方案

一般情况下追究与安全质量事故有关的直接责任人、主要责任人和领导责任人的责任，主要有行政处理、经济赔偿、法律责任三方面的内容，视具体情况的轻重而定。

参 考 文 献

[1] 付元初．水利水电工程施工手册：混凝土工程［M］．北京：中国电力出版社，2002.
[2] 刘道南．水工混凝土施工［M］．北京：中国水利水电出版社，2010.
[3] 毛锡玉．水工混凝土施工［M］．北京：中国水利水电出版社，2017.
[4] 刘道南．混凝土工艺［M］．北京：中国水利水电出版社，2000.
[5] 蔡跃．职业教育活页式教材开发指导手册［M］．上海：华东师范大学出版社，2010.
[6] 国家能源局．水工混凝土施工规范（DL/T 5144—2015）［S］．北京：中国电力出版社，2015.
[7] 中华人民共和国住房和城乡建设部．普通混凝土配合比设计规程（JGJ 55—2011）［S］．北京：中国建筑工业出版社，2011.
[8] 中华人民共和国水利部．水工混凝土施工规范（SL 677—2014）［S］．北京：中国水利水电出版社，2014.
[9] 中华人民共和国水利部．水工混凝土试验规程（SL/T 352—2020）［S］．北京：中国水利水电出版社，2020.
[10] 国家能源局．水工碾压混凝土施工规范（DL/T 5112—2009）［S］．北京：中国电力出版社，2009.
[11] 中华人民共和国住房和城乡建设部．混凝土泵送施工技术规程（JGJ/T 10—2011）［S］．北京：中国建筑工业出版社，2011.
[12] 国家能源局．水电水利工程水下混凝土施工规范（DL/T 5309—2013）［S］．北京：中国电力出版社，2014.
[13] 张四维．水利工程施工［M］．北京：中国水利水电出版社，2007.
[14] 杨康宁．水利水电工程施工技术［M］．北京：中国水利水电出版社，2001.
[15] 袁光裕．水利工程施工［M］．4版．北京：中国水利水电出版社，2005.
[16] 司兆乐．水利水电枢纽施工技术［M］．北京：中国水利水电出版社，2002.
[17] 谭靖夷．中国水利发电工程：施工卷［M］．北京：中国电力出版社，2000.
[18] 牛欣欣，韩漪．建筑材料［M］．西安：西安交通大学出版社，2013.
[19] 水利部建设与管理司，水利工程协会．施工员［M］．北京：中国水利水电出版社，2009.
[20] 毛建平，金文良．水利水电工程施工［M］．郑州：黄河水利出版社，2004.
[21] 刘祥柱．水利水电工程施工［M］．郑州：黄河水利出版社，2009.
[22] 马保国．新型泵送混凝土技术及施工［M］．北京：化学工业出版社，2006.
[23] 黄世涛．水利工程施工技术［M］．武汉：华中科技大学出版社，2013.
[24] 《水利水电工程施工手册》编委会．水利水电工程施工手册［M］．北京：中国电力出版社，2002.
[25] 中华人民共和国国家经济贸易委员会．水工混凝土施工规范（DL/T 5150—2001）［S］．北京：中国电力出版社，2001.
[26] 中华人民共和国住房和城乡建设部．混凝土质量控制标准（GB 50164—2011）［S］．北京：中国建筑工业出版社，2011.
[27] 李立权．混凝土工操作技巧［M］．北京：中国建筑工业出版社，2003.
[28] 蔡兵．混凝土工基本技能［M］．北京：中国劳动社会保障出版社，2006.
[29] 蒋泽汉．预应力混凝土实用施工技术［M］．成都：四川科学技术出版社，2000.

[30] 熊学玉，黄鼎业．预应力工程设计施工手册［M］．北京：中国建筑工业出版社，2003.
[31] 王雨群．混凝土工程施工与质量验收实用手册［M］．北京：中国建材工业出版社，2004.
[32] 国家发展和改革委员会．水工混凝土配合比设计规程（DL/T 5330—2005）［S］．北京：中国电力出版社，2005.
[33] 中华人民共和国国家经济贸易委员会．水工混凝土试验规程（DL/T 5150—2001）［S］．北京：中国电力出版社，2001.
[34] 中华人民共和国建设部．混凝土用水标准（JGJ 63—2006）［S］．北京：中国建筑工业出版社，2006.
[35] 中华人民共和国水利部．水工混凝土结构设计规范（SL 191—2008）［S］．北京：中国水利水电出版社，2008.
[36] 中国工程建设标准化协会标准．建筑工程预应力施工规程（CECS 180—2005）［S］．北京：中国计划出版社，2005.
[37] 中华人民共和国建设部．无粘结预应力混凝土结构技术规程（JGJ 92—2004）［S］．北京：中国建筑工业出版社．2004.
[38] 国家质量监督检验检疫总局．预应力混凝土用钢材（CCGF 305.4—2008）［S］．北京：中国标准出版社，2008.
[39] 国家质量监督检验检疫总局．预应力混凝土用钢绞线（GB/T 5224—2003）［S］．北京：中国标准出版社，2003.
[40] 中华人民共和国建设部．无粘结预应力钢绞线（JG 161—2004）［S］．北京：中国建筑工业出版社，2004.